# 非线性分析

## (第二版)

薛小平　秦泗甜　吴玉虎　编著

科学出版社

北京

# 内 容 简 介

本书是一本非线性分析方面的基础理论教材，内容包括拓扑度理论及其应用、凸分析与最优化、单调算子理论、变分与临界点理论、分支理论简介. 本书重视问题背景，理论阐述简明易懂，内容精心选取，每章后配有适量习题，便于读者阅读和巩固.

本书可用作数学类及相关专业研究生教材，也可供从事非线性问题研究的科技人员参考.

图书在版编目(CIP)数据

非线性分析/薛小平，秦泗甜，吴玉虎编著. —2版. —北京：科学出版社，2018.1

ISBN 978-7-03-055047-7

Ⅰ. ① 非… Ⅱ. ① 薛… ② 秦… ③ 吴… Ⅲ. ① 非线性-泛函分析-研究生-教材 Ⅳ. ① O177.91

中国版本图书馆 CIP 数据核字(2017) 第 265193 号

责任编辑：张中兴 梁 清 / 责任校对：张凤琴
责任印制：赵 博 / 封面设计：迷底书装

科学出版社 出版
北京东黄城根北街 16 号
邮政编码：100717
http://www.sciencep.com
固安县铭成印刷有限公司印刷
科学出版社发行 各地新华书店经销
*
2011 年 6 月第 一 版 开本：720 × 1000 B5
2018 年 1 月第 二 版 印张：12 1/2
2025 年 5 月第五次印刷 字数：252 000

**定价：45.00 元**

(如有印装质量问题，我社负责调换)

# 第二版前言

本书自 2011 年第一版发行以来, 作为规划教材, 在哈尔滨工业大学校本部和威海校区数学专业研究生各使用了五次. 同学们普遍认为, 该书选材注重问题背景, 理论阐述广泛而深刻, 论证过程有启发性, 简明易懂, 容易接受, 在使用过程中也发现了书中仍然存在某些细节处理不妥和部分排版错误. 另外, 我们也收到了其他院校读者的反馈意见, 这些意见也包括对本书较高的评价及不足之处的建议.

本书第二版在充分吸收各种意见和建议的基础上, 结合我们在教学过程中发现的问题, 修改了第一版中部分证明方法及某些不妥之处, 修订了排版错误, 适当增加了课后习题.

最后, 对提出宝贵意见的广大读者及一直关心和支持本书再版的科学出版社各位编辑表示衷心感谢! 同时, 对于书中的疏漏和不足之处, 希望读者批评指正!

作　者

2017 年 10 月 31 日于哈尔滨

# 第一版前言

自然科学与工程技术领域中广泛出现的非线性问题越来越受到科学家与工程师的重视, 有关非线性的研究课题遍及不同的学科和领域, 而非线性分析是对众多非线性现象进行建模与分析的有力工具.

本书从数学的角度展现处理非线性问题的基本理论、方法、技巧和结果, 其目的是为数学专业及相关专业的研究生提供一本非线性分析的入门书. 本书在编写上重视问题的背景与来源, 突出解决问题的核心思想, 精炼细节、简明扼要. 本书是作者在为哈尔滨工业大学数学系硕士生和博士生讲授“非线性分析”课的讲稿基础上, 融合五年来的教学实践, 考虑研究生基本需求, 经过整理、加工后成书的. 本书内容精心选取, 覆盖全面, 重点突出, 既有理论深度, 又有方法、技巧在典型模型中的应用. 希望对阅读本书的读者有所帮助.

书中的第 0 章是预备知识, 叙述了线性泛函分析、Sobolev 空间、二阶椭圆型方程、抽象函数的积分、单位分解各方面的基础知识, 为以后各章的学习作知识准备. 第 1 章到第 6 章是主体部分, 涉及拓扑度理论、凸分析、单调映射理论、经典变分原理、临界点与分支理论. 在每章后面, 配有适量习题, 供读者演练巩固.

在本书的编写过程中, 作者参阅了大量的国内外文献, 深受启发. 在此, 对这些文献的作者表示感谢!

本书的出版得到国家自然科学基金 (10571035, 10971043)、黑龙江省杰出青年基金 (JC200810) 和哈尔滨工业大学优秀科技创新团体项目的资助! 感谢为本书的出版付出辛勤劳动的科学出版社张中兴编辑! 感谢哈尔滨工业大学数学系打字室的同志们!

虽经不断努力, 鉴于作者水平有限, 书中疏漏和不足在所难免, 望读者批评指正!

作　者

2010 年 11 月 29 日

# 目　　录

# 第0章 预备知识

本章的目的是为以后各章的学习提供简要的知识准备, 内容包括线性泛函分析、拓扑、Sobolev 空间、二阶椭圆型方程及抽象函数积分的相关基础理论.

## 0.1 Banach 空间与 Hilbert 空间

设 $X$ 表示数域 $K$ 上的一个线性空间, $K$ 为实数域或复数域. $||\cdot|| : X \to [0, +\infty)$ 称为 $X$ 上的一个**范数**, 如果满足

(1) $||x|| = 0 \Leftrightarrow x = 0$(零元);

(2) $||\alpha x|| = |\alpha|\,||x||, \forall x \in X, \alpha \in K$;

(3) $||x + y|| \leqslant ||x|| + ||y||$.

此时 $X$ 按范数 $||\cdot||$ 成为一个**赋范线性空间**; 又 $\{x_n\} \subset X, x \in X$, 称 $\{x_n\}$**依范数收敛于**$x$, 是指 $||x_n - x|| \to 0\,(n \to \infty)$; 称 $\{x_n\}$ 为 Cauchy 列, 是指 $||x_n - x_m|| \to 0\ (n, m \to \infty)$.

**定义 0.1.1** 称赋范线性空间 $X$ 是**Banach 空间**, 是指 $X$ 中每个 Cauchy 列都是收敛的; 换言之, 完备的赋范线性空间称为**Banach 空间**.

$f : X \to K$ 称为 $X$ 上的**连续线性泛函**, 是指

(1) $f(\alpha x + \beta y) = \alpha f(x) + \beta f(y), \forall x, y \in X, \alpha, \beta \in K$;

(2) 若 $x_n \to 0$, 则 $f(x_n) \to 0$.

记 $X^*$ 表示 $X$ 上连续线性泛函的全体, 则 $X^*$ 构成一个线性空间, 定义范数为

$$||f|| = \sup\{|f(x)| \ : \ ||x|| \leqslant 1\},$$

此时, $X^*$ 构成一个赋范线性空间, 而且是 Banach 空间; $X^*$ 称为 $X$ 的**共轭空间**.

**定理 0.1.1** (Hahn-Banach 定理) 设 $X$ 是赋范线性空间, $X_0$ 表示 $X$ 的线性子空间, $f_0$ 是 $X_0$ 上定义的连续线性泛函, 则存在 $X$ 上的连续线性泛函 $f$ 满足:

(1) $\forall x \in X_0, f_0(x) = f(x)$;

(2) $||f_0|| = ||f||$, 其中 $||f_0|| = \sup\{|f_0(x)| : ||x|| \leqslant 1, x \in X_0\}$.

定理 0.1.1 称为**Hahn-Banach 保范扩张定理**.

**推论 0.1.1** 设 $X$ 是赋范线性空间, $x_0 \in X$ 且 $x_0 \neq 0$, 则存在 $f \in X^*$ 满足 $f(x_0) = ||x_0||$ 且 $||f|| = 1$.

推论 0.1.1 表明赋范线性空间 $X$ 上的连续线性泛函是丰富的, 它可以分离 $X$ 中任何两点即 $\forall x, y \in X, x \neq y$, 则存在 $f \in X^*$, 使 $f(x) \neq f(y)$.

设 $X$ 是一个 Banach 空间, $\forall x \in X$, 定义

$$J_x(f) = f(x), \quad \forall f \in X^*,$$

则 $J_x$ 是定义在 $X^*$ 上的一个连续线性泛函, 即 $J_x \in X^{**}$.

**定义 0.1.2**　称 Banach 空间 $X$ 是自反的, 是指 $\forall x^{**} \in X^{**}$, 存在 $x \in X$ 满足 $x^{**} = J_x$, 即 $\forall f \in X^*$ 有

$$x^{**}(f) = J_x(f).$$

对于赋范空间 $X, \{x_n\} \subset X, x \in X$, 有以下两种收敛:

(1) 强收敛 (按范数收敛)　$||x_n - x|| \to 0\ (n \to \infty)$;

(2) 弱收敛　$\forall f \in X^*, f(x_n) \to f(x)\ (n \to \infty)$.

对于共轭空间 $X^*, \{f_n\} \subset X^*, f \in X^*$, 有以下三种收敛:

(1) 强收敛　$||f_n - f|| \to 0\ (n \to \infty)$;

(2) 弱收敛　$\forall x^{**} \in X^{**}, x^{**}(f_n) \to x^{**}(f)\ (n \to \infty)$;

(3) 弱 * 收敛　$\forall x \in X, f_n(x) \to f(x)\ (n \to \infty)$.

用 “$\xrightarrow{||\cdot||}$”, “$\xrightarrow{W}$”, “$\xrightarrow{W^*}$” 分别表示强收敛、弱收敛、弱 * 收敛.

当 $X$ 是自反 Banach 空间时, 弱收敛与弱 * 收敛等价. 一般情况, 强收敛 $\Rightarrow$ 弱收敛 $\Rightarrow$ 弱 * 收敛.

**定理 0.1.2**　设 $X$ 是自反 Banach 空间, $\{x_n\}$ 是 $X$ 中有界列, 则存在 $\{x_n\}$ 的子列 $\{x_{n_k}\}$ 及 $x \in X$, 使 $x_{n_k} \xrightarrow{W} x$.

设 $X, Y$ 是两个赋范线性空间, $L(X, Y)$ 表示从 $X$ 到 $Y$ 的连续线性算子全体, 赋予范数

$$||T|| = \sup\{||Tx|| : ||x|| \leqslant 1\},$$

那么 $L(X, Y)$ 是一个赋范空间. 特别地, 当 $Y$ 是 Banach 空间时, $L(X, Y)$ 也是Banach空间.

下面给出支撑线性泛函分析理论的几个著名定理.

**定理 0.1.3** (共鸣定理)　设 $X$ 是 Banach 空间, $Y$ 是赋范线性空间, $\{T_\lambda\}_{\lambda \in \Lambda} \subset L(X, Y)$. 若对每个 $x \in X$, 有

$$\sup_{\lambda \in \Lambda} ||T_\lambda x|| < +\infty,$$

则 $\sup\limits_{\lambda} ||T_\lambda|| < +\infty$.

**定理 0.1.4** (逆算子定理)　设 $X, Y$ 是两个 Banach 空间, $T \in L(X, Y)$, 若 $T$ 既是单射又是满射, 则 $T^{-1} \in L(Y, X)$.

**定理 0.1.5** (闭图像定理) 设 $X,Y$ 是两个 Banach 空间, $T$ 是从 $X$ 到 $Y$ 的线性算子, 如果图像

$$\text{Graph}(T)=\{(x,y)\in X\times Y: y=Tx, x\in X\}$$

是 $X\times Y$ 中的闭集, 则 $T\in L(X,Y)$.

**定义 0.1.3** 设 $M$ 是 Banach 空间 $X$ 中一闭子空间, 称 $M$ 是**拓扑可补的**, 是指存在闭子空间 $N$, 满足

(1) $M\cap N=\{0\}$;

(2) $M+N=X$.

根据拓扑可补子空间的定义, 对每个 $x\in X$, 存在唯一的 $y\in M, z\in N$ 使

$$x=y+z.$$

于是, 定义投影算子 $P_M: X\to M$ 及 $P_N: x\to N$ 分别为 $P_Mx=y, P_Nx=z$. 由逆算子定理可以证明 $P_M\in L(X,M), P_N\in L(X,N)$.

一般情况, Banach 空间 $X$ 中的任一闭子空间未必存在拓扑可补的空间, 常用的拓扑可补子空间包括有限维子空间与有限余维子空间.

在大多数偏微分方程中, 微分算子不能成为某个 Banach 空间上定义的连续线性算子, 它只能定义在一个稠密的子空间上.

设 $X$ 和 $Y$ 是两个 Banach 空间, $X_0$ 是 $X$ 的一个稠密子空间 (即 $\bar{X}_0=X$), $T: X_0\to Y$ 是线性算子, 记 $X_0=D(T)$ 为 $T$ 的定义域; 图像 $\text{Graph}(T)=\{(x,Tx): x\in D(T)\}$ 及值域 $R(T)=\{Tx: x\in D(T)\}$, 核空间 $\ker(T)=\{x\in X: Tx=0\}$.

**定义 0.1.4** 称算子 $T$ 是**闭的**, 如果图像 $\text{Graph}(T)$ 是 $X\times Y$ 中的闭集.

注意, 这里不能用闭图像定理推出 $T\in L(X,Y)$, 因为 $D(T)$ 一般不等于 $X$, 所以 $D(T)$ 不一定是 Banach 空间.

设 $T$ 是闭算子, 定义

$$Y_0^*=\{g\in Y^*: \text{存在常数}c>0, \text{成立}\quad |g(Tu)|=|\langle g,Tu\rangle|\leqslant c\|u\|, \forall u\in D(T)\},$$

则 $Y_0^*$ 是 $Y^*$ 的子空间. 对每个固定的 $g\in Y_0^*$, 定义 $D(T)$ 上的线性泛函为

$$f(u)=g(Tu),$$

那么 $f$ 是 $D(T)$ 上连续线性泛函, 根据 Hahn-Banach 定理, $f$ 可保范扩张为 $X$ 上连续线性泛函. 又 $\overline{D(T)}=X$, 则扩张是唯一的, 即 $f\in X^*$. 于是定义 $T$ 的共轭算子为 $T^*g=f, D(T^*)=Y_0^*, T^*: D(T^*)\to X^*$.

设 $X$ 是 Banach 空间, $X^*$ 是 $X$ 的共轭空间, $M,N$ 是 $X,X^*$ 中的非空集合, 记

$$M^{\perp}=\{f\in X^*:f(x)=0,\forall x\in M\},\quad N^{\perp}=\{x\in X:f(x)=0,\forall f\in N\}.$$

**定理 0.1.6** (闭值域定理) 设 $T$ 是闭算子且 $R(T)$ 是闭的, 则

(1) $R(T^*)$ 是闭的;

(2) $R(T)=\ker(T^*)^{\perp}$;

(3) $R(T^*)=\ker(T)^{\perp}$.

**定义 0.1.5** 设 $T\in L(X,Y)$, 称 $T$ 是紧的, 是指 $T$ 将 $X$ 中有界集映成 $Y$ 中相对紧集.

对于从 $X$ 到 $X$ 的紧算子, 有如下定理.

**定理 0.1.7** 设 $T\in L(X,X)$, $T$ 是紧的, 则

(1) $\ker(I-T)$ 是有限维的;

(2) $R(I-T)$ 是闭的;

(3) $\ker(I-T)=\{0\}$ 当且仅当 $R(I-T)=X$;

(4) $\dim(\ker(I-T))=\dim(\ker(I-T^*)$.

下面给出算子正则集与谱集的概念.

**定义 0.1.6** 设 $T\in L(X,X)$,

$$\rho(T)=\{\lambda\in\mathbb{C}:(\lambda I-T)^{-1}\in L(X,X)\},$$

$$\sigma(T)=\mathbb{C}\backslash\rho(T)$$

分别称为 $T$ 的正则集与谱集.

根据定义, 容易证明, $\rho(T)$ 是开集, $\sigma(T)$ 是闭集. 特别当 $\lambda\in\mathbb{C}$ 满足: 存在 $x\in X,x\neq 0$ 使 $Tx=\lambda x$ 时, 称 $\lambda$ 为 $T$ 的特征值, 记 $T$ 的特征值全体为 $\sigma_P(T)(\subset\sigma(T))$, 称 $\sigma_P(T)$ 为 $T$ 的点谱.

**定理 0.1.8** (Riesz-Schauder) 设 $T\in L(X,X)$ 且 $T$ 是紧算子, $\dim X=\infty$, 则

(1) $0\in\sigma(T)$, 且当 $\lambda\neq 0\in\sigma(T)$ 时, $\lambda\in\sigma_P(T)$;

(2) $\sigma(T)$ 是一个至多可列集; 特别地, 当 $\sigma(T)$ 是可列集时, 有

$$\sigma(T)=\{0,\lambda_1,\lambda_2,\cdots\},$$

且 $\lambda_n\to 0(\lambda_n\neq 0)$.

设 $X$ 是数域 $K$ 上的一个线性空间, $\langle\cdot\,,\,\cdot\rangle:X\times X\to K$ 满足

(1) $\langle x,x\rangle\geqslant 0,\langle x,x\rangle=0$ 当且仅当 $x=0$;

(2) $\langle\alpha x+\beta y,z\rangle=\alpha\langle x,z\rangle+\beta\langle y,z\rangle,\forall x,y,z\in X,\alpha,\beta\in K$;

(3) $\langle x,y\rangle=\overline{\langle y,x\rangle}$,

称 $\langle\cdot\,,\,\cdot\rangle$ 为 $X$ 上定义的一个内积, 此时称 $X$ 在该内积下为内积空间. 定义

$$||x||=\sqrt{\langle x,x\rangle},$$

则内积空间也是赋范线性空间.

**定义 0.1.7** 称内积空间 $X$ 是Hilbert 空间, 是指该内积空间作为赋范线性空间是 Banach 空间.

为了方便, 下面仅讨论 Hilbert 空间.

对于一个 Hilbert 空间 $X$, 可引入正交的概念. $x,y\in X, x\perp y\Leftrightarrow\langle x,y\rangle=0$. 在 Hilbert 空间中, 常用的是平行四边形公式即

$$||x+y||^2+||x-y||^2=2(||x||^2+||y||^2),\quad \forall x,y\in X.$$

**定理 0.1.9** 设 $M$ 是 Hilbert 空间 $X$ 的一个非空闭凸子集, $x\in X$, 定义

$$d(x,M)=\inf\{||x-y||:y\in M\},$$

则存在 $M$ 中唯一元素 $y_*$ 满足

$$||x-y_*||=d(x,M).$$

特别地, 当 $M$ 是 $X$ 的闭子空间时, 有 $x-y_*\perp M$, 即

$$\langle x-y_*,y\rangle=0,\quad \forall y\in M.$$

由此可以推出下面著名的投影定理.

**定理 0.1.10** 设 $M$ 是 $X$ 的闭子空间, 记

$$M^{\perp}=\{y\in X:\forall x\in M,\ \text{有}x\perp y\},$$

则对每个 $x\in X$, 存在唯一 $y\in M, z\in M^{\perp}$ 使

$$x=y+z.$$

根据定理 0.1.10, Hilbert 空间中每一个闭子空间都是拓扑可补的.

**定理 0.1.11** (Riesz) 设 $X$ 是 Hilbert 空间, $f\in X^*$, 则存在唯一 $z\in X$, 满足 $f(x)=\langle x,z\rangle$ 且 $||f||=||z||$.

**定义 0.1.8** 设 $T\in L(X,X)$, 称 $T$ 是自共轭的, 是指

$$\langle Tx,y\rangle=\langle x,Ty\rangle,\quad \forall x,y\in X.$$

**定理 0.1.12** 设 $T$ 是自共轭紧算子, 记

$$\sigma(T)=\{\lambda_0,\lambda_1,\lambda_2,\cdots\},\quad X_n=\ker(I-\lambda_nT),$$

这里 $\lambda_0=0, \lambda_n \neq 0\ (n=1,2,\cdots)$, 那么对每个 $x\in X$, 有

$$Tx=\sum_{n=1}^{\infty}\lambda_n x_n,$$

这里 $x_n\in X_n$.

有关线性泛函的进一步内容, 读者可参见参考文献 [1]~[3].

## 0.2 仿紧空间与单位分解

仿紧空间是极其重要的一类拓扑空间, 它能保证每个闭集上的连续函数都能扩张成整个空间上的连续函数. 这里假定拓扑空间都是 Hausdorff 空间.

**定义 0.2.1** 设 $X$ 是一个 Hausdorff 拓扑空间, 称 $X$ 是*仿紧的*, 是指 $X$ 的每个开覆盖都有局部有限的加细开覆盖, 即对 $X$ 的任意开覆盖 $\{U_\alpha\}_{\alpha\in I}$, 存在开覆盖 $\{V_\lambda\}_{\lambda\in\Lambda}$ 满足

(1) 对每个 $V_\lambda$, 存在某个 $U_\alpha$ 使 $V_\lambda\subset U_\alpha$;

(2) 对每个 $x\in X$, 存在 $x$ 的邻域 $U(x)$ 使

$$\{\alpha\in I: U_\alpha\cap U(x)\neq\varnothing\}$$

是有限集.

**定理 0.2.1** (Stone) 度量空间是仿紧的.

**定义 0.2.2** 设 $X$ 是一个 Hausdorff 拓扑空间, $\{f_\alpha\}_{\alpha\in\Lambda}$ 是从 $X$ 到 [0, 1] 的连续函数族, 称 $\{f_\alpha\}_{\alpha\in\Lambda}$ 是 $X$ 的单位分解, 是指

(1) 对每个 $x\in X$, 存在邻域 $U(x)$ 满足

$$\{\alpha: f_\alpha|_{X\setminus U(x)}\neq 0\}$$

是有限集;

(2) 对每个 $x\in X$,

$$\sum_{\alpha\in\Lambda}f_\alpha(x)=1,$$

其中上面求和项中 $f_\alpha(x)\neq 0$ 的项数是至多可数的.

**定理 0.2.2** 设 $X$ 是一个仿紧空间, $\{U_\alpha\}_{\alpha\in\Lambda}$ 是 $X$ 的一个局部有限开覆盖, 则存在 $X$ 的单位分解 $\{f_\alpha\}_{\alpha\in\Lambda}$ 满足

(1) $f_\alpha|_{X\setminus U_\alpha}=0$;

(2) 对每个 $x\in X$,

$$\sum_{\alpha\in\Lambda}f_\alpha(x)=1,$$

其中求和项中仅有有限项非零.

设 $f:\mathbb{R}^n\to\mathbb{R}$, 记

$$\operatorname{supp} f=\overline{\{x\in\mathbb{R}^n: f(x)\neq 0\}},$$

称 $f$ 是紧支撑的, 是指 $\operatorname{supp} f$ 是 $\mathbb{R}^n$ 中紧集. 又若 $f$ 是无穷次可微的, 记 $f\in C_c^\infty(\mathbb{R}^n)$. 对于 $\mathbb{R}^n$ 中的任何一个开集我们有如下的单位分解定理.

**定理 0.2.3** 设 $U\subset\mathbb{R}^n$ 是开集, $\mathscr{B}$ 是 $U$ 的任何一个开覆盖, 则存在可数多个 $f_i\in C_c^\infty(\mathbb{R}^n), i=1,2,\cdots$, 满足

(1) 对每个 $i$, 存在某个 $V\in\mathscr{B}$, 使 $\operatorname{supp} f_i\subset V$;

(2) 对每个 $x\in U$, 存在邻域 $N(x)$ 使

$$(\operatorname{supp} f_i)\cap N(x)\neq\varnothing$$

成立的 $i$ 仅有有限多个;

(3) 对每个 $x\in U$, $f_i(x)\geqslant 0$ 且

$$\sum_{i=1}^{\infty} f_i(x)=1,$$

其中求和项中仅有有限项非零.

有关拓扑空间的知识, 可参见文献 [4].

## 0.3 广义导数与 Sobolev 空间

由于微分算子在经典的连续函数空间中是无界的, 所以需将普通定义下的导函数定义作适当扩充, 以适应现代微分方程的发展. 相关理论是由苏联数学家 Sobolev 于 20 世纪三四十年代建立的. 广义导数定义的核心思想是通过分部积分公式, 以积分为工具, 将光滑性差的函数导数通过光滑性好的函数导数来代替.

设 $\Omega\subset\mathbb{R}^n$ 是开集, $\varphi:\Omega\to\mathbb{R}$ 是具有紧支撑的无穷次可微函数, 记这类函数的全体为 $C_c^\infty(\Omega)$, 通常称为试验空间.

设 $u:\Omega\to\mathbb{R}$ 可测, 且对每个有界闭集 $K\subset\Omega$, 有

$$\int_K |u(x)|\,\mathrm{d}x<+\infty,$$

记这类函数为 $L_{\mathrm{loc}}(\Omega)$ 即局部 Lebesgue 可积函数空间.

**定义 0.3.1** 对 $u\in L_{\mathrm{loc}}(\Omega)$, 如果存在 $v\in L_{\mathrm{loc}}(\Omega)$, 满足

$$\int_\Omega v\varphi\mathrm{d}x=(-1)^{|\alpha|}\int_\Omega uD^\alpha\varphi\mathrm{d}x,\quad \forall\varphi\in C_c^\infty(\Omega),$$

这里 $\alpha=(\alpha_1,\alpha_2,\cdots,\alpha_n)$ 是 $n$ 个非负整数组, $|\alpha|=\alpha_1+\alpha_2+\cdots+\alpha_n$, $D^\alpha\varphi=$

$\dfrac{\partial^{|\alpha|}\varphi}{\partial x_1^{\alpha_1}\partial x_2^{\alpha_2}\cdots\partial x_n^{\alpha_n}}$. 此时称 $v$ 为 $u$ 的 $\alpha$阶广义导数, 记 $D^\alpha u = v$.

由实变函数的知识可很容易证明广义导数在几乎处处定义下是唯一的, 即在 $L_{\rm loc}\,(\Omega)$ 中, 广义导数如果存在, 则必是唯一的.

设 $p \geqslant 1$, 记

$$L^p_{\rm loc}(\Omega) = \{u: 对任何有界闭集K \subset \Omega, 有\ u \in L^p(K)\}.$$

**定理 0.3.1** 设 $p \geqslant 1$. 函数 $u \in L^p_{\rm loc}(\Omega)$ 有弱导数 $D^\alpha u \in L^p_{\rm loc}(\Omega)$ 的充要条件是存在函数序列 $\{u_m\} \subset C_{\rm c}^\infty(\Omega)$ 满足

(1) $\{u_m\}$ 在 $L^p_{\rm loc}(\Omega)$ 中收敛于 $u$, 即对任何有界闭集 $K \subset \Omega$ 成立

$$\int_K |u_m - u|^p {\rm d}x \to 0 \quad (m \to \infty);$$

(2) $\{D^\alpha u_m\}$ 在 $L^p_{\rm loc}(\Omega)$ 中收敛于 $D^\alpha u$, 即对任何有界闭集 $K \subset \Omega$ 成立

$$\int_K |D^\alpha u_m - D^\alpha u|^p {\rm d}x \to 0 \quad (m \to \infty).$$

利用定理 0.3.1, 可以证明一个十分有用的事实, 即若 $u \in L_{\rm loc}(\Omega)$ 且一阶弱导数 $Du$ 存在, 则 $u^+ = \max\{u, 0\}, u^- = \min\{u, 0\}, |u| = u^+ - u^-$ 的弱导数均存在且有如下表示:

$$Du^+ = \begin{cases} Du, & u > 0, \\ 0, & u \leqslant 0. \end{cases}$$

$$Du^- = \begin{cases} 0, & u > 0, \\ Du, & u \leqslant 0. \end{cases}$$

$$D|u| = \begin{cases} Du, & u > 0, \\ -Du, & u \leqslant 0. \end{cases}$$

**定义 0.3.2** 设 $k$ 是正整数, $p \geqslant 1$, 记

$W^{k,p}(\Omega) = \{u \in L^p(\Omega): u$ 存在 $\alpha$ 阶广义导数 $D^\alpha u \in L^p(\Omega), |\alpha| \leqslant k\}$,

赋予范数

$$||u||_{W^{k,p}} = \sum_{|\alpha| \leqslant k} ||D^\alpha u||_{L^p(\Omega)},$$

这里 $\alpha = (0, 0, \cdots, 0)$ 时, $D^\alpha u = u$. 此时, 称 $W^{k,p}(\Omega)$ 为 Sobolev 空间.

**定理 0.3.2** Sobolev 空间 $W^{k,p}(\Omega)$ 是 Banach 空间; 特别地, 当 $p = 2$ 时, 在如下内积:

$$\langle u, v\rangle_{W^{k,2}} = \sum_{|\alpha| \leqslant k} \langle D^\alpha u, D^\alpha v\rangle_{L^2}$$

下是 Hilbert 空间.

下面给出 Sobolev 空间的嵌入定理.

**定义 0.3.3** 设 $X, Y$ 是两个 Banach 空间, 如果 $X \subset Y$, 且存在常数 $c > 0$, 满足

$$||x||_Y \leqslant c||x||_X, \quad \forall x \in X,$$

即恒等算子 $I : X \to Y$ 是有界线性算子, 称 $X$ 连续嵌入 $Y$, 记为 "$X \subset Y$"; 如果 $I$ 还是紧算子, 称 $X$ 紧嵌入 $Y$, 记为 "$X \subseteq Y$".

对于 $\Omega = \mathbb{R}^n$ 的情形, 有如下常用的嵌入不等式:

**定理 0.3.3** (Sobolev-Gagllardo-Nirenberg) 设 $1 \leqslant p < n$, 记

$$p^* = \frac{np}{n-p}$$

为 $p$ 的 Sobolev 指数, 则

$$W^{1,p}(\mathbb{R}^n) \subset L^{p^*}(\mathbb{R}^n)$$

且存在常数 $c = c(p, n) > 0$, 满足

$$||u||_{L^{p^*}} \leqslant c||\nabla u||_{L^p}.$$

**推论 0.3.1** 设 $1 \leqslant p < n$, 那么 $W^{1,p}(\mathbb{R}^n) \subset L^q(\mathbb{R}^n), \forall q \in [p, p^*]$.

**推论 0.3.2** 设 $p = n$, 那么 $W^{1,p}(\mathbb{R}^n) \subset L^q(\mathbb{R}^n), \forall q \in [0, +\infty)$.

**定理 0.3.4** (Morrey) 设 $p > n$, 那么 $W^{1,p}(\mathbb{R}^n) \subset L^\infty(\mathbb{R}^n)$; 进一步有常数 $c = c(p, n) > 0$, 满足

$$|u(x) - u(y)| \leqslant c|x - y|^\alpha ||\nabla u||_{L^p},$$

这里 $\alpha = 1 - \dfrac{n}{p}$.

**注** 由定理 0.3.4 知, 对每个 $u \in W^{1,p}(\mathbb{R}^n)$, 都存在一个 $\tilde{u} \in C(\mathbb{R}^n)$, 满足 $u = \tilde{u}$ 几乎处处成立; 换言之, 每个 $u \in W^{1,p}(\mathbb{R}^n)$, 都有唯一的连续表示.

设 $\Omega \subset \mathbb{R}^n$ 是有界开集, 为了研究 $W^{1,p}(\Omega)$ 的嵌入问题, 需要 $\Omega$ 的边界 $\partial\Omega$ 有一定的光滑性.

对于 $x \in \mathbb{R}^n$, $\quad x = (x_1, x_2, \cdots, x_{n-1}, x_n) = (\tilde{x}, x_n)$, $\quad \mathbb{R}^n_+ = \{(\tilde{x}, x_n) : x_n > 0\}$,

$$Q = \{x \in \mathbb{R}^n : |x| < 1\}, \quad Q_+ = Q \cap \mathbb{R}^n_+, \quad Q_0 = \{x = (\tilde{x}, 0) : |\tilde{x}| < 1\}.$$

**定义 0.3.4** 称 $\Omega$ 是 $C^m$ 类的, 如果对任一 $x \in \partial\Omega$, 有 $x$ 的 $\mathbb{R}^n$ 中的一个邻域 $U$ 和一个映射 $H : Q \to U$ 满足

$$H \in C^m(\bar{Q}), \quad H^{-1} \in C^m(\bar{U}), \quad H(Q_+) = U \cap \Omega, \quad H(Q_0) = U \cap \partial\Omega,$$

这里 $m=1,2,\cdots,\infty$.

**定理 0.3.5**　设 $\Omega$ 是 $\mathbb{R}^n$ 中有界开集且是 $C^1$ 类的, 那么

(1) 若 $1\leqslant p<n$, 则 $W^{1,p}(\Omega)\hookrightarrow L^{p^*}(\Omega)$;

(2) 若 $p=n$, 则 $W^{1,p}(\Omega)\hookrightarrow L^q(\Omega),\forall q\in[1,+\infty)$;

(3) 若 $p>n$, 则 $W^{1,p}(\Omega)\hookrightarrow L^\infty(\Omega)$.

关于紧嵌入我们有如下定理:

**定理 0.3.6** (Rellich-Kondrachov)　设 $\Omega$ 是 $\mathbb{R}^n$ 中有界开集且是 $C^1$ 类的, 那么

(1) 若 $1\leqslant p<n$, 则 $W^{1,p}(\Omega)\subset\subset L^q(\Omega),\forall q\in[1,p^*)$;

(2) 若 $p=n$, 则 $W^{1,p}(\Omega)\subset\subset L^q(\Omega),\forall q\in[1,+\infty)$;

(3) 若 $p>n$, 则 $W^{1,p}(\Omega)\subset\subset C(\bar{\Omega})$.

在研究椭圆型方程的 Dirichlet 边界问题时, 需要一类特殊的 Sobolev 空间.

**定义 0.3.5**　设 $1\leqslant p$, 用 $W_0^{k,p}(\Omega)$ 表示 $C_{\mathrm{c}}^\infty(\Omega)$ 在 $W^{k,p}(\Omega)$ 中的闭包, 即

$$W_0^{k,p}(\Omega)=\overline{C_{\mathrm{c}}^\infty(\Omega)}\ \text{在}W^{k,p}(\Omega)\text{中}.$$

根据定义, $W_0^{k,p}(\Omega)$ 仍然是 Banach 空间, 特别地, 当 $p=2$ 时, $W_0^{k,p}(\Omega)$ 是 Hilbert 空间, 此时记为 $H_0^k(\Omega)$.

**注**　对于 $W_0^{k,p}(\Omega)$, 不需要边界是 $C^1$ 类的, 上述关于 $W^{k,p}(\Omega)$ 的嵌入定理均成立.

设 $\Omega\subset\mathbb{R}^n$ 是有界区域, $u$ 是定义在 $\bar{\Omega}$ 上的函数, 且满足 $\beta$ 阶 ($\beta\in(0,1)$)Hölder 条件即

$$|u(x)-u(y)|\leqslant c|x-y|^\beta,\quad \forall x,y\in\bar{\Omega},$$

$c>0$是常数. 记

$$[u]_\beta\triangleq\sup_{x\neq y}\frac{|u(x)-u(y)|}{|x-y|^\beta}$$

及函数空间

$$C^{m,\beta}(\bar{\Omega})=\{u\in C^m(\bar{\Omega}):[D^\alpha u]_\beta<\infty\text{当}|\alpha|=m\}.$$

定义范数

$$||u||_{m,\beta}=\max_{x\in\bar{\Omega}}\left(\sum_{|\alpha|\leqslant m}|D^\alpha u|+\sum_{|\alpha|=m}[D^\alpha u]_\beta\right),$$

则 $C^{m,\beta}(\bar{\Omega})$ 是一个 Banach 空间.

**定理 0.3.7**　设 $k$ 是正整数, $1\leqslant p<+\infty$, $\Omega\subset\mathbb{R}^n$ 有界开集, 则

(1) 当 $k<\dfrac{n}{p}$ 时, $W_0^{k,p}(\Omega)\hookrightarrow L^q(\Omega),q=\dfrac{np}{n-kp}$;

(2) 当 $k\geqslant\dfrac{n}{p}$ 时, $W_0^{k,p}(\Omega)\hookrightarrow L^q(\Omega),\forall q\in[1,+\infty)$;

(3) 当 $k > \frac{n}{p}$ 且存在非负整数 $m$ 使得 $m < k - \frac{n}{p} < m+1$ 时,

$$W_0^{k,p}(\Omega) \subset C^{m,\beta}(\bar{\Omega}),$$

这里 $\beta = k - \frac{n}{p} - m$;

(4) 当 $k = \frac{n}{p} = m+1$($m$ 为非负整数), 则

$$W_0^{k,p}(\Omega) \subset C^{m,\beta}(\bar{\Omega}),$$

这里 $\beta \in (0,1)$ 是任意的.

**定义 0.3.6** 记 $W^{-k,p'}(\Omega)$ 表示 $W_0^{k,p}(\Omega)$ 的共轭空间, 这里 $p'$ 是 $p$ 的共轭数即 $\frac{1}{p} + \frac{1}{p'} = 1, 1 \leqslant p < +\infty$. 当 $p=2$ 时, $W^{-k,p'}(\Omega) = H^{-k}(\Omega)$.

有关 Sobolev 空间的内容, 读者可参见文献 [2], [5], [6].

## 0.4 关于拉普拉斯算子 $-\Delta$ 的性质

下面 Poisson 方程 Dirichlet 问题

$$\begin{cases} -\Delta u = f, & \text{在}\Omega\text{中}, \\ u = 0, & \text{在}\partial\Omega\text{上} \end{cases} \tag{0.4.1}$$

的研究, 导出拉普拉斯算子 $-\Delta$ 的许多重要性质, 这些重要性质可平行推广到一般二阶椭圆型方程 Dirichlet 问题的研究中去, 是今后进一步研究椭圆型方程的基础.

如果 $u \in C_0^2(\Omega), v \in C_0^\infty(\Omega)$, 由分部积分

$$\int_\Omega (-\Delta u) v \mathrm{d}x = \int_\Omega \nabla u \cdot \nabla v \mathrm{d}x \tag{0.4.2}$$

可知, 若 $u$ 是 Poisson 问题的解, 则 $u$ 必满足

$$\int_\Omega \nabla u \cdot \nabla v \mathrm{d}x = \int_\Omega f v \mathrm{d}x.$$

为了进一步使用泛函分析的工具, 定义问题 (0.4.1) 的广义解.

**定义 0.4.1** 称 $u \in H_0^1(\Omega)$ 是问题 (0.4.1) 的广义解, 是指 $\forall v \in C_0^\infty(\Omega)$, 式 (0.4.2) 成立, 即

$$\int_\Omega \nabla u \cdot \nabla v \mathrm{d}x = \int_\Omega f v \mathrm{d}x.$$

**注** 由于 $C_0^\infty(\Omega)$ 在 $H_0^1(\Omega)$ 中稠密, 所以式 (0.4.2) 中 $v\in C_0^\infty(\Omega)$ 可用 $v\in H_0^1(\Omega)$ 来代替.

**定理 0.4.1** $u\in H_0^1(\Omega)$ 是问题 (0.4.1) 的广义解的充要条件是

$$J(u)=\min_{v\in H_0^1(\Omega)} J(v),$$

其中

$$J(v)=\frac{1}{2}\int_\Omega |\nabla v|^2\mathrm{d}x-\int_\Omega fv\mathrm{d}x.$$

为证定理 0.4.1, 需要一个十分重要的不等式, 即 Poincaré 不等式.

**定理 0.4.2** (Poincaré不等式) 设 $u\in C_0^1(\Omega)$, 则存在仅依赖于 $\Omega$ 的常数 $c=c(\Omega)$, 满足

$$\int_\Omega |u|^2\mathrm{d}x\leqslant c\int_\Omega |\nabla u|^2\mathrm{d}x.$$

**证** 由于 $\Omega$ 有界, 取常数 $a>0$, 使正方体 $[-a,a]^n\supset\Omega$. 又 $u\in C_0^1(\Omega)$, 将 $u$ 延拓成 $[-a,a]^n$ 上的函数 (即在 $\Omega$ 以外取 0), 则有

$$u(x)=\int_{-a}^{x_1}\frac{\partial u}{\partial x_1}(t,x_2,x_3,\cdots,x_n)\mathrm{d}t,\quad x=(x_1,x_2,\cdots,x_n)\in[-a,a]^n.$$

故

$$\begin{aligned}\int_\Omega |u|^2\mathrm{d}x=&\int_{[-a,a]^n}\left|\int_{-a}^{x_1}\frac{\partial u}{\partial x_1}(t,x_2,x_3,\cdots,x_n)\mathrm{d}t\right|^2\mathrm{d}x\\ \leqslant&\int_{[-a,a]^n}\left(\int_{-a}^{x_1}1^2\mathrm{d}t\right)\left(\int_{-a}^{x_1}\left[\frac{\partial u}{\partial x_1}(t,x_2,\cdots,x_n)\right]^2\mathrm{d}t\right)\mathrm{d}x\\ \leqslant&(2a)^2\int_{[-a,a]^n}\left[\frac{\partial u}{\partial x_1}(x_1,x_2,\cdots,x_n)\right]^2\mathrm{d}x_1\mathrm{d}x_2\cdots\mathrm{d}x_n\\ \leqslant&4a^2\int_\Omega|\nabla u|^2\mathrm{d}x.\end{aligned}$$

□

**注** 由 Poincaré 不等式知 $H_0^1(\Omega)$ 上如下两个范数等价:

$$\|u\|=\left(\int_\Omega u^2\mathrm{d}x\right)^{\frac{1}{2}}+\left(\int_\Omega|\nabla u|^2\mathrm{d}x\right)^{\frac{1}{2}},$$

$$\|u\|=\left(\int_\Omega|\nabla u|^2\mathrm{d}x\right)^{\frac{1}{2}}.$$

定理 0.4.1 的证明留给读者练习.

对于 $f\in L^2(\Omega)$, 定义泛函 $F_f(v)=\displaystyle\int_\Omega fv\mathrm{d}x,\forall v\in H_0^1(\Omega)$, 则

$$|F_f(v)| = \left|\int_\Omega fv\mathrm{d}x\right| \leqslant ||f||_{L^2}||v||_{L^2} \leqslant c||f||_{L^2}||v||_{H_0^1(\Omega)},$$

即 $F_f$ 是 $H_0^1(\Omega)$ 上的有界线性泛函, 又 $H_0^1(\Omega)$ 的内积为

$$\langle u, v\rangle = \int_\Omega \nabla u \cdot \nabla v\mathrm{d}x,$$

于是由 Riesz 表示定理知存在唯一的 $u \in H_0^1(\Omega)$, 满足

$$\int_\Omega \nabla u \cdot \nabla v\mathrm{d}x = \int_\Omega fv\mathrm{d}x, \quad \forall v \in H_0^1(\Omega).$$

这说明问题 (0.4.1) 有解. 若有另一解 $u_1 \in H_0^1(\Omega)$, 则有

$$\int_\Omega \nabla u_1 \cdot \nabla v\mathrm{d}x = \int_\Omega fv\mathrm{d}x,$$

即

$$\int_\Omega (\nabla u - \nabla u_1) \cdot \nabla v\mathrm{d}x = 0,$$

由 $v$ 的任意性, 得 $\nabla u = \nabla u_1$, 即 $u = u_1$. 另一方面, 当 $u \in C_0^2(\Omega)$ 时,

$$\int_\Omega (-\Delta u)v\mathrm{d}x = \int_\Omega \nabla u \cdot \nabla v\mathrm{d}x = \int_\Omega fv\mathrm{d}x.$$

$C_0^2(\Omega)$ 在 $H_0^1(\Omega)$ 中稠密, 故算子 $-\Delta$ 可延拓到 $H_0^1(\Omega)$ 上, 成为 $H_0^1(\Omega) \to L^2(\Omega)$ 上的线性算子, 且是满射故

$$(-\Delta)^{-1} : L^2(\Omega) \to H_0^1(\Omega)$$

是有界线性算子, 进一步有如下定理.

**定理 0.4.3** $(-\Delta)^{-1} : L^2(\Omega) \to H_0^1(\Omega)$ 是紧算子.

**证** 设 $M \subset L^2(\Omega)$ 是有界集, 即存在常数 $\lambda > 0$, 使

$$||f||_{L^2} \leqslant \lambda, \quad \forall f \in M.$$

又

$$\int_\Omega |\nabla u|^2\mathrm{d}x = \int_\Omega fu\mathrm{d}x,$$

故

$$||u||_{H_0^1(\Omega)} \leqslant ||f||_{L^2},$$

即 $||(-\Delta)^{-1}f||_{H_0^1(\Omega)} \leqslant ||f||_{L^2} \leqslant \lambda$, 这说明 $\{(-\Delta)^{-1}f : f \in M\}$ 是 $H_0^1(\Omega)$ 中有界集, 再由嵌入定理知, $H_0^1(\Omega)$ 紧嵌入 $L^2(\Omega)$, 故 $\{(-\Delta)^{-1}f : f \in M\}$ 在 $L^2(\Omega)$ 中是相对紧集.

记 $-\Delta u_k = f_k$, $f_k \in M$, $u_k \to u$ 在 $L^2(\Omega)$ 中, $-\Delta u = f_0, f_0 \in L^2(\Omega)$, 根据广义解的定义有

$$\begin{aligned}\int_\Omega |\nabla u_k - \nabla u|^2 \mathrm{d}x &= \int_\Omega (f_k - f_0)(u_k - u)\mathrm{d}x \\ &\leqslant (\lambda + ||f_0||_{L^2})||u_k - u||_{L^2(\Omega)},\end{aligned}$$

于是 $||u_k - u||_{H_0^1(\Omega)} \to 0$, 这说明 $\{(-\Delta)^{-1} f : f \in M\}$ 也是 $H_0^1(\Omega)$ 中相对紧集. □

下面我们研究 $-\Delta$ 的广义特征值.

**定义 0.4.2**　称 $\lambda \in \mathbb{R}$ 为下面 Dirichlet 问题:

$$\begin{cases} -\Delta u = \lambda u, & \text{在}\Omega\text{中}, \\ u = 0, & \text{在}\partial\Omega\text{上} \end{cases}$$

的广义特征值, 是指存在函数 $u \neq 0, u \in H_0^1(\Omega)$ 满足

$$\int_\Omega \nabla u \cdot \nabla v \mathrm{d}x = \lambda \int_\Omega uv \mathrm{d}x, \quad \forall v \in H_0^1(\Omega). \tag{0.4.3}$$

此时称 $u$ 为对应于特征值 $\lambda$ 的特征向量.

由式 (0.4.3), 取 $v = u$, 得

$$\int_\Omega |\nabla u|^2 \mathrm{d}x = \lambda \int_\Omega u^2 \mathrm{d}x,$$

又由 Poincaré 不等式

$$\int_\Omega u^2 \mathrm{d}x \leqslant c \int_\Omega |\nabla u|^2 \mathrm{d}x,$$

得

$$\lambda \geqslant \frac{1}{c} > 0.$$

记

$$\lambda_1 = \inf_{\substack{u \neq 0 \\ u \in H_0^1(\Omega)}} \frac{\displaystyle\int_\Omega |\nabla u|^2 \mathrm{d}x}{\displaystyle\int_\Omega u^2 \mathrm{d}x}.$$

**定理 0.4.4**　$\lambda_1$ 是上面 Dirichlet 问题的特征值, 即存在 $u \in H_0^1(\Omega)$, $u \neq 0$, 使

$$\lambda_1 = \frac{\displaystyle\int_\Omega |\nabla u|^2 \mathrm{d}x}{\displaystyle\int_\Omega u^2 \mathrm{d}x}$$

且

$$\int_\Omega \nabla u \cdot \nabla v \mathrm{d}x = \lambda_1 \int_\Omega uv \mathrm{d}x, \quad \forall v \in H_0^1(\Omega).$$

根据定理 0.4.3, $(-\Delta)^{-1}|_{H_0^1(\Omega)}: H_0^1(\Omega) \to H_0^1(\Omega)$ 是紧算子, 因此 $\lambda_1$ 是 $(-\Delta)^{-1}$ 的最大特征值. 由 Riesz-Schauder 理论 (定理 0.1.8) 有

**定理 0.4.5** $-\Delta$ 的特征值满足

$$0 < \lambda_1 \leqslant \lambda_2 \leqslant \lambda_3 \leqslant \cdots,$$

$$\lim_{n\to\infty} \lambda_n = +\infty.$$

进一步, 对应的特征值 $\lambda_n$ 的特征向量 $\{u_n\}$ 构成了 $H_0^1(\Omega)$ 的完全标准正交基. $-\Delta$ 的相关性质可参见文献 [5]~[7].

## 0.5 椭圆型方程的正则化理论

下面我们来研究一般的二阶椭圆型方程.

设 $\Omega \subset \mathbb{R}^n$ 是有界开集, $a_{ij}(\cdot) \in C^1(\bar{\Omega})(i,j=1,2,\cdots,n)$, 一般二阶椭圆型方程写成

$$\begin{cases} -\sum_{i,j} \dfrac{\partial}{\partial x_j}\left(a_{ij}\dfrac{\partial u}{\partial x_i}\right) + a_0 u = f, & 在\Omega中, \\ u = 0, & 在\partial\Omega上, \end{cases} \tag{0.5.1}$$

这里系数 $a_{ij}(\cdot)$ 满足椭圆条件: 存在 $\lambda > 0$, 使得

$$\sum_{i,j} a_{ij}(x)\xi_i\xi_j \geqslant \lambda|\xi|^2, \quad \forall \xi = (\xi_1, \xi_2, \cdots, \xi_n) \in \mathbb{R}^n, x \in \mathbb{R}^n,$$

其中 $a_0(\cdot) \in C(\bar{\Omega})$.

**定义 0.5.1** 称函数 $u \in H_0^1(\Omega)$ 为方程 (0.5.1) 的广义解, 如果满足

$$\int_\Omega \sum_{i,j} a_{ij}\frac{\partial u}{\partial x_i}\frac{\partial v}{\partial x_j}\mathrm{d}x + \int_\Omega a_0 uv\mathrm{d}x = \int_\Omega fv\mathrm{d}x, \quad \forall v \in H_0^1(\Omega).$$

为了给出广义解的存在性, 需要一个著名的定理即 Lax-Milgram 定理.

**定义 0.5.2** 设 $H$ 是一个实 Hilbert 空间, $a(u,v): H\times H \to \mathbb{R}$ 是双线性泛函 (即分别关于 $u$ 和 $v$ 是线性的), 称 $a(\cdot\,,\,\cdot)$ 是

(1) 连续的, 是指存在常数 $\alpha > 0$, 使

$$|a(u,v)| \leqslant \alpha||u||\,||v||, \quad \forall u, v \in H;$$

(2) 强制的, 是指存在常数 $\beta > 0$, 使

$$a(u,u) \geqslant \beta||u||^2, \quad \forall u \in H.$$

**定理 0.5.1** (Lax-Milgram定理) 设 $a(u,v)$ 是 Hilbert 空间 $H$ 上定义的双线性连续且强制的泛函, 则存在一个有界线性算子 $A: H \to H$ 是一对一满射且

$$a(u,v) = \langle Au, v\rangle, \quad \forall u, v \in H.$$

特别地, 若 $a(u,v) = a(v,u)$, 即 $a(\cdot\,,\,\cdot)$ 是对称的, 则算子 $A$ 是自共轭的.

**证** 对每个固定的 $u \in H$, 定义 $H$ 上的线性泛函 $F_u(v)$ 为

$$F_u(v) = a(u,v).$$

由 $a(\cdot\,,\,\cdot)$ 连续知

$$|F_u(v)| = |a(u,v)| \leqslant \alpha||u||\,||v||,$$

故 $F_u(\cdot) \in H^*$, 于是由 Riesz 定理知, 存在唯一的元素记为 $Au$ 使

$$F_u(v) = \langle Au, v\rangle.$$

很容易看出 $A: H \to H$ 是线性算子且有

$$||Au|| \leqslant \alpha||u||.$$

由 $a(u,u) \geqslant \beta||u||^2$ 得

$$||Au|| \geqslant \beta||u||,$$

故 $A$ 是一对一的. 下面来证 $A$ 是满射. 首先来证 $A$ 的值域 $R(A)$ 是闭的. 设 $Au_k \to w$. 于是由

$$||Au_k - Au_l|| \geqslant \beta||u_k - u_l||$$

知 $\{u_k\}$ 是 $H$ 中的 Cauchy 列, 从而存在 $u \in H$ 使 $u_k \to u$. 又 $A$ 连续, 故 $Au_k \to Au$, 即 $w = Au \in R(A)$. 由投影定理得

$$H = R(A) \oplus R(A)^{\perp}.$$

任取 $v \in R(A)^{\perp}$, 则对 $Au \in H$, 有

$$\langle Au, v\rangle = 0.$$

特别地, 令 $u = v$, 得 $\langle Av, v\rangle = 0$. 又 $a(v,v) = \langle Av, v\rangle \geqslant \beta||v||^2$, 故 $v = 0$, 即 $R(A)^{\perp} = \{0\}$. 因此 $A$ 是满射, 进而 $A^{-1}: H \to H$ 也是有界线性算子.

当 $a(u,v) = a(v,u)$ 时, 由 $a(u,v) = \langle Au, v\rangle, a(v,u) = \langle Av, u\rangle$ 得

$$\langle Au, v\rangle = \langle Av, u\rangle = \langle u, Av\rangle,$$

即 $A$ 是自共轭算子. □

**定理 0.5.2** 设 $a_0(x)$ 在 $\Omega$ 上非负, 那么 $\forall f \in L^2(\Omega)$, 方程 (0.5.1) 存在唯一的弱解 $u \in H_0^1(\Omega)$.

**证** 在 $H_0^1(\Omega)$ 上定义双线性泛函 $a(u,v)$ 为

$$a(u,v) = \int_\Omega \sum_{i,j} a_{ij} \frac{\partial u}{\partial x_i} \frac{\partial v}{\partial x_j} \mathrm{d}x + \int_\Omega a_0 uv \mathrm{d}x.$$

由于 $a_{ij} \in C^1(\bar{\Omega})$ 及 $a_0 \in C(\Omega)$, 利用 Cauchy 不等式, 存在 $\alpha > 0$, 使

$$|a(u,v)| \leqslant \alpha ||u||_{H_0^1(\Omega)} ||v||_{H_0^1(\Omega)}. \tag{0.5.2}$$

再利用系数满足椭圆条件, 即存在 $\beta > 0$, 使

$$a(u,u) \geqslant \beta ||u||_{H_0^1(\Omega)}^2. \tag{0.5.3}$$

故由式 (0.5.2)、式 (0.5.3) 及定理 0.5.1, 存在一对一满的有界线性算子 $A: H_0^1(\Omega) \to H_0^1(\Omega)$ 使

$$a(u,v) = \langle Au, v \rangle_{H_0^1(\Omega)}. \tag{0.5.4}$$

另一方面, 对 $f \in L^2(\Omega)$, 定义 $H_0^1(\Omega)$ 上的泛函 $F_f(v)$ 为

$$F_f(v) = \int_\Omega fv \mathrm{d}x.$$

由 Poincaré 不等式知存在常数 $c > 0$, 使

$$|F_f(v)| \leqslant ||f||_{L^2} ||v||_{L^2} \leqslant c ||f||_{L^2} ||v||_{H_0^1(\Omega)},$$

那么 $F_f \in (H_0^1(\Omega))^*$, 再由 Riesz 定理, 有 $\tilde{f} \in H_0^1(\Omega)$ 满足

$$F_f(v) = \left\langle \tilde{f}, v \right\rangle_{H_0^1(\Omega)}.$$

又算子 $A$ 是满射, 因此存在唯一的 $u \in H_0^1(\Omega)$ 使 $Au = \tilde{f}$, 由 (0.5.4) 得

$$a(u,v) = F_f(v) = \int_\Omega fv \mathrm{d}x, \quad \forall v \in H_0^1(\Omega),$$

这说明 $u$ 是方程 (0.5.1) 的广义解. □

下面给出广义解的光滑性理论即正则化理论.

**定理 0.5.3** (De Giorgi, Stampacchia) 设 $\Omega$ 是 $\mathbb{R}^n$ 中 $C^\infty$ 类有界开集, $a_{ij} \in L^\infty(\Omega)$ 满足椭圆型条件. 设 $f \in L^2(\Omega) \cap L^p(\Omega), p > \dfrac{n}{2}, u \in H_0^1(\Omega)$ 是方程 (0.5.1)

的弱解, 那么存在某个 $\alpha \in (0,1)$, 使得 $u \in C^{0,\alpha}(\bar{\Omega})$.

**定理 0.5.4** (Agmon-Douglia-Nirenberg) 设 $\Omega$ 是 $\mathbb{R}^n$ 中 $C^\infty$ 类有界开集, $a_{ij} \in C^\infty(\bar{\Omega})$, $a_0 \in C^\infty(\bar{\Omega})$ 满足椭圆型条件. $1 < p < \infty$, 那么 $\forall f \in L^p(\Omega)$, 存在方程 (0.5.1) 的唯一解 $u \in W^{2,p}(\Omega) \cap W_0^{1,p}(\Omega)$. 若 $f \in W^{m,p}(\Omega)$, 则 $u \in W^{m+2,p}(\Omega), ||u||_{W^{m+2,p}(\Omega)} \leqslant c||f||_{W^{m,p}(\Omega)}$($c$ 是一个不依赖于 $u$ 的常数).

**定理 0.5.5**(Schauder) 设 $\Omega$ 是 $C^\infty$ 类有界开集, $a_{ij}, a_0 \in C^\infty(\bar{\Omega})$, $\forall f \in C^{0,\alpha}(\bar{\Omega})$, 方程 (0.5.1) 存在唯一解 $u \in C^{2,\alpha}(\bar{\Omega})$; 进一步, 若 $f \in C^{m,\alpha}(\bar{\Omega})$, 则 $u \in C^{m+2,\alpha}(\bar{\Omega})$ 并且 $||u||_{C^{m+2,\alpha}(\bar{\Omega})} \leqslant c||f||C^{m,\alpha}(\bar{\Omega})$($c$ 是一个不依赖于 $u$ 的常数).

## 0.6 Bochner 可积与向量值分布

在这一节中, 我们将有限维空间上的 Lebesgue 积分理论推广到 Banach 空间上, 建立抽象函数的积分理论即 Bochner 积分.

设 $T = [0, a], a > 0$, $X$ 是一个 Banach 空间.

**定义 0.6.1** 称 $x(t): T \to X$ 是**弱可测**的, 是指对每个 $x^* \in X^*$, 普通函数 $x^*(x(t))$ 是 Lebesgue 可测的. 称 $x(t)$ 是**简单函数**, 是指存在 $T$ 的有限个互不相交可测集 $T_1, T_2, \cdots, T_n$ 及相应的 $x_1, x_2, \cdots, x_n \in X$ 满足

$$x(t) = \sum_{i=1}^{n} \psi_{T_i}(t) x_i,$$

这里 $\psi_{T_i}(\cdot)$ 表示 $T_i$ 在 $T$ 上的特征函数.

**定义 0.6.2** 称 $x(t): T \to X$ 是**强可测**的, 是指存在简单函数列 $\{x_n(t)\}$ 满足对几乎所有的 $t \in T$ 成立

$$||x(t) - x_n(t)|| \to 0, \quad n \to \infty.$$

由定义可见, 简单函数是强可测的, 强可测函数一定是弱可测的, 但反之不然.

**性质 0.6.1** 设 $x(t)$ 是强可测的, 则 $||x(t)||$ 是 Lebesgue 可测的.

**定义 0.6.3** 设 $x(t): T \to X$, 称 $x(\cdot)$ 是取可分值的, 是指存在 $T$ 的一个零测度集 $T_0$, 满足

$$\{x(t):\ \ t \in T \backslash T_0\}$$

是可分的.

**定理 0.6.1**(Pettis) 设 $x(t): T \to X$ 是弱可测的, 且是取可分值的, 那么 $x(t)$ 是强可测的.

**注** 特别地, 若 Banach 空间 $X$ 是可分的, 则强可测与弱可测等价.

**定义 0.6.4** 设 $x(t): T \to X$ 是简单函数, 记

$$x(t) = \sum_{i=1}^{n} \psi_{T_i}(t) x_i,$$

那么 $x(\cdot)$ 在 $T$ 上的 Bochner 积分定义为

$$\int_T x(t)\mathrm{d}t \triangleq \sum_{i=1}^{n} \mu(T_i) x_i,$$

这里 $\mu(T_i)$ 表示 $T_i$ 的 Lebesgue 测度.

**性质 0.6.2** 设 $x(t): T \to X$ 是强可测的, $\{x_n^{(1)}(t)\}, \{x_n^{(2)}(t)\}$ 是两个简单函数列, 满足

(1) $||x(t) - x_n^{(i)}(t)|| \to 0 \quad (n \to \infty, i = 1, 2)$ 对 $t \in T$ 几乎处处成立;

(2) $\displaystyle\int_T ||x(t) - x_n^{(i)}(t)||\mathrm{d}t \to 0 \quad (n \to \infty, i = 1, 2)$,

那么 $\left\{\displaystyle\int_T x_n^{(i)}(t)\mathrm{d}t\right\}$ 极限存在 $(i = 1, 2)$ 且

$$\lim_{n\to\infty} \int_T x_n^{(1)}(t)\mathrm{d}t = \lim_{n\to\infty} \int_T x_n^{(2)}(t)\mathrm{d}t.$$

**证** 由于对任何自然数 $n, m$, 成立

$$\begin{aligned}
&\left|\left|\int_T x_n^{(i)}(t)\mathrm{d}t - \int_T x_m^{(i)}(t)\mathrm{d}t\right|\right| \\
\leqslant &\int_T ||x_n^{(i)}(t) - x_m^{(i)}(t)||\mathrm{d}t \\
\leqslant &\int_T ||x_n^{(i)}(t) - x(t)||\mathrm{d}t + \int_T ||x_m^{(i)}(t) - x(t)||\,\mathrm{d}t,
\end{aligned}$$

可见 $\left\{\displaystyle\int_T x_n^{(i)}(t)\mathrm{d}t\right\}$ $(i = 1, 2)$ 是 $X$ 中 Cauchy 列, 又 $X$ 完备, 因此极限存在. 进一步,

$$\begin{aligned}
&\left|\left|\int_T x_n^{(1)}(t)\mathrm{d}t - \int_T x_n^{(2)}(t)\mathrm{d}t\right|\right| \\
\leqslant &\int_T ||x_n^{(1)}(t) - x(t)||\mathrm{d}t + \int_T ||x_n^{(2)}(t) - x(t)||\mathrm{d}t \to 0, \quad n \to \infty,
\end{aligned}$$

故

$$\lim_{n\to\infty} \int_T x_n^{(1)}(t)\mathrm{d}t = \lim_{n\to\infty} \int_T x_n^{(2)}(t)\mathrm{d}t. \qquad \square$$

利用性质 0.6.2, 给出 Bochner 积分的定义.

**定义 0.6.5**　称强可测函数 $x(t)$ 是Bochner 可积的, 是指存在简单函数列 $\{x_n(t)\}$ 满足

(1) $||x(t)-x_n(t)||\to 0\ (n\to\infty)$ 对几乎所有的 $t\in T$ 成立;

(2) $\displaystyle\int_T ||x(t)-x_n(t)||\mathrm{d}t\to 0\ (n\to\infty)$,

此时, 定义 $x(t)$ 在 $T$ 上的 Bochner 积分为

$$\int_T x(t)\mathrm{d}t=\lim_{n\to\infty}\int_T x_n(t)\mathrm{d}t.$$

**定理 0.6.2**　设 $x(t)$ 是强可测的, 且 $||x(t)||$ 是 Lebesgue 可积的, 则 $x(t)$ 是 Bochner 可积的.

**证**　由于 $x(t)$ 是强可测的, 于是存在简单函数列 $\{x_n(t)\}$ 满足

$$||x_n(t)-x(t)||\to 0\ (n\to\infty)\text{几乎对所有}t\in T.$$

又 $\mu(T)=a<+\infty$, 根据 Egoroff 定理, 对任何自然数 $m$, 存在一列可测集 $\{T_m\}$ 满足

(1) $T_m\subset T_{m+1}\ (m=1,2,\cdots)$;

(2) $\mu(T\backslash T_m)\to 0\ (m\to\infty)$;

(3) $\{x_n(t)\}$ 在 $T_m$ 上一致收敛于 $x(t)$.

根据 (3), 可选取自然数的子列 $n_1<n_2<\cdots<n_m<\cdots$, 满足

$$||x_{n_m}(t)-x(t)||<\frac{1}{m},\quad t\in T_m.$$

定义简单函数列 $\{\tilde{x}_m(t)\}$ 为

$$\tilde{x}_m(t)=\begin{cases} x_{n_m}(t), & t\in T_m,\\ 0, & t\in T\backslash T_m.\end{cases}$$

由 $\mu\left(T\backslash\bigcup\limits_{m=1}^{\infty}T_m\right)=\mu\left(\bigcap\limits_{m=1}^{\infty}(T\backslash T_m)\right)=0$ 可知 $||\tilde{x}_m(t)-x(t)||\to 0\ (n\to\infty)$ 几乎处处成立.

另一方面, 由于

$$\begin{aligned}&\int_T ||\tilde{x}_m(t)-x(t)||\mathrm{d}t\\ =&\int_{T_m}||x_m(t)-x(t)||\mathrm{d}t+\int_{T\backslash T_m}||x(t)||\mathrm{d}t\\ =&\int_{T_m}||x_{n_m}(t)-x(t)||\mathrm{d}t+\int_{T\backslash T_m}||x(t)||\mathrm{d}t\end{aligned}$$

$$\leqslant \frac{1}{m}\mu(T) + \int_{T\setminus T_m} ||x(t)||\mathrm{d}t,$$

于是利用 $||x(t)||$ 的积分绝对连续性有

$$\lim_{n\to\infty}\int_T ||\widetilde{x}_m(t) - x(t)||\mathrm{d}t = 0,$$

故 $x(t)$ 是 Bochner 可积的. □

**注** 若 $x(t)$ 是 Bochner 可积的, 则 $||x(t)||$ 是 Lebesgue 可积的.

关于 Bochner 积分的许多性质都是与 Lebesgue 积分相同的, 这里不再一一列出. 下面简要介绍另一种常用的积分 ——Pettis 积分.

**定义 0.6.6** 设 $x(t)$ 是弱可测的, 且对每个 $x^* \in X^*, x^*(x(t))$ 是 Lebesgue 可积的, 如果对 $T$ 的每个可测子集 $A$, 存在 $x_A \in X$ 使得

$$x^*(x_A) = \int_A x^*(x(t))\mathrm{d}t,$$

则称 $x(t)$ 是Pettis 可积的, 记 $x_A$ 为 $x(t)$ 在 $A$ 上的 Pettis 积分.

**性质 0.6.3** 若 $x(t)$ 是 Bochner 可积的, 则 $x(t)$ 也是 Pettis 可积的, 且在同一可测集上的积分值是相同的.

**定理 0.6.3** 若 Banach 空间 $X$ 是自反的, 并且弱可测函数 $x(t)$ 满足对每个 $x^* \in X^*$, 有

$$|x^*(x(t))| \in L^1(T),$$

则 $x(t)$ 是 Pettis 可积的.

**证** 设 $A \subset T$ 是任一可测集, 定义算子 $P_A : X^* \to L^1(T)$ 为

$$P_A(x^*) = \psi_A \cdot x^*(x(t)), \quad t \in T.$$

首先来证明 $P_A$ 是有界线性算子. 设 $x_n^* \to x^*$, 则 $f_n(t) = \psi_A \cdot x_n^*(x(t)) \to f(t) = \psi_A \cdot x^*(x(t))$对几乎处处$t \in T$成立.

由于 $(x_n^*, f_n(t)) \in \mathrm{Graph}(P_A)$, 不妨设 $f_n \to g$ 在 $L^1(T)$ 中, 即

$$\int_T |f_n(t) - g(t)|\mathrm{d}t \to 0,$$

根据实变函数论的知识, 存在子列 $\{f_{n_k}\}$, 使 $f_{n_k}(t) \to g(t)$对几乎处处$t \in T$成立. 于是有 $f = g$, 可见 $\mathrm{Graph}(P_A)$ 是闭的. 根据闭图像定理, 存在常数 $M > 0$, 满足

$$||P_A(x^*)||_{L^1(T)} \leqslant M||x^*||,$$

即

$$\int_A |x^*(x(t))|\mathrm{d}t \leqslant M\|x^*\|.$$

定义线性泛函 $F_A : X^* \to \mathbb{R}$ 为

$$F_A(x^*) = \int_A x^*(x(t))\mathrm{d}t,$$

则 $|F_A(x^*)| \leqslant M\|x^*\|$, 故 $F_A \in X^{**}$. 又 $X$ 自反, 因此存在 $x_A \in X$, 使

$$F_A(x^*) = x^*(x_A),$$

即

$$\int_A x^*(x(t))\mathrm{d}t = x^*(x_A),$$

这说明 $x(t)$ 是 Pettis 可积的. □

**注** 如果空间 $X$ 不是自反的, 定理 0.6.3 一般不成立.

**定义 0.6.7** 设 $1 \leqslant p \leqslant +\infty$, 记

$$L^p(T,X) = \{x(\cdot) : x(t)\text{在}T\text{上强可测, 且}\|x(t)\| \in L^p(T)\},$$

称 $L^p(T,X)$ 为Bochner **可积函数空间**.

在 $L^p(T,X)$ 中定义范数如下

$$\text{当}1 \leqslant p < +\infty\text{时}, \|x\|_p = \left(\int_T \|x(t)\|^p\mathrm{d}t\right)^{\frac{1}{p}},$$
$$\text{当}p = +\infty\text{时}, \|x\|_\infty = \inf_{\mu(E)=0} \sup_{t\in T\setminus E} \|x(t)\|,$$

那么 $L^p(T,X)$ 是一个 Banach 空间.

**定理 0.6.4** 当 Banach 空间 $X$ 是自反时, 成立

(1) $(L^p(T,X))^* = L^q(T,X^*)\left(p>1, q>1, \text{且 } \dfrac{1}{p}+\dfrac{1}{q}=1\right)$;

(2) $(L(T,X))^* = L^\infty(T,X^*)$,

这里的 "=" 表示等距同构.

**(1) 的注** 定理 0.6.4 可理解为若 $f \in (L^p(T,X))^*$, 则存在唯一 $g \in L^q(T,X^*)$, 满足 $\forall x(\cdot) \in L^p(T,X)$, 有

$$f(x) = \int_T \langle x(t), g(t)\rangle\,\mathrm{d}t.$$

**(2) 的注** 定理 0.6.4 除 $X$ 是自反情况以外, 对具有特殊性质的 Banach 空间也成立, 读者可参见文献 [8].

向量值分布理论是研究无穷维发展方程的重要工具, 下面对相关的基本概念和理论作一简要介绍.

记 $\mathscr{D}(T)=\{\varphi|\varphi$ 在 $T$ 上 $C^{\infty}$ 可微且 $\mathrm{supp}\varphi\subset(0,a)\}$.

**定义 0.6.8** 设 $\{\varphi_n\}\subset\mathscr{D}(T),\varphi\in\mathscr{D}(T)$, 如果满足

(1) 存在 $(0,a)$ 的紧集 $K$, 使 $\forall n=1,2,\cdots$, 有

$$\mathrm{supp}\varphi_n\subset K;$$

(2) 对任何自然数 $m$, $\dfrac{\mathrm{d}^m\varphi_n}{\mathrm{d}t^m}$ 在 $K$ 上一致收敛于 $\dfrac{\mathrm{d}^m\varphi}{\mathrm{d}t^m}$, 则称 $\{\varphi_n\}$ 在 $\mathscr{D}(T)$ 中收敛于 $\varphi$, 记为 $\varphi_n\to\varphi$.

**定义 0.6.9** 设 $X$ 是一个 Banach 空间, $L:\mathscr{D}(T)\to X$ 是一个线性算子, 若满足: $\forall\varphi_n\to\varphi$ 有 $L(\varphi_n)\to L(\varphi)$, 则称 $L$ 是定义在 $X$ 上的一个向量值分布.

用 $\mathscr{D}'(T,X)$ 表示向量值分布全体.

**定义 0.6.10** 设 $L\in\mathscr{D}'(T,X)$, 定义 $\dfrac{\mathrm{d}^kL}{\mathrm{d}t^k}$ 为

$$\frac{\mathrm{d}^kL}{\mathrm{d}t^k}(\varphi)=(-1)^kL\left(\frac{\mathrm{d}^k\varphi}{\mathrm{d}t^k}\right),\quad\forall\varphi\in\mathscr{D}(T),$$

则 $\dfrac{\mathrm{d}L^k}{\mathrm{d}t^k}\in\mathscr{D}'(T,X)$, 称之为 $L$ 的 $k$阶分布导数.

**例 0.6.1** 设 $u\in L^1(T,X)$, 定义

$$L_u(\varphi)=\int_0^a u(t)\varphi(t)\mathrm{d}t,$$

则容易验证 $L_u\in\mathscr{D}'(T,X)$, 即 $L_u$ 是 $X$ 上的一个向量分布. 在不引起混淆的情况下, 常将 $u$ 认为是 $X$ 上的分布, 即 $L^1(T,X)\subset\mathscr{D}'(T,X)$.

对于 $p\geqslant 1, L^p(T,X)\subset L^1(T,X)$, 因此每个 $u\in L^p(T,X)$ 也是 $X$ 上的一个分布, 利用这种关系, 来定义向量值 Sobolev 空间.

**定义 0.6.11** 设 $X$ 是一个 Banach 空间, $k\geqslant 1, 1\leqslant p\leqslant\infty$, 记

$$W^{k,p}(T,X)=\left\{u:u:T\to X\text{满足}\frac{\mathrm{d}^mu}{\mathrm{d}t^m}\in L^p(T,X),\ m=0,1,2,\cdots,k\right\},$$

称 $W^{k,p}(T,X)$ 为向量值 Sobolev 空间.

**注** 记

$$||u||_{k,p}=\sum_{m=0}^{k}\left|\left|\frac{\mathrm{d}^mu}{\mathrm{d}t^m}\right|\right|_p,$$

则 $||\cdot||_{k,p}$ 是 $W^{k,p}(T,X)$ 上定义的范数, 并且在此范数意义下, $W^{k,p}(T,X)$ 是一个 Banach 空间.

**性质 0.6.4**　设 $x \in L^1(T, X), y(t) = \int_0^t x(s)\mathrm{d}s$, 则 $\forall \varepsilon > 0, \exists \delta > 0$, 使对包含在 $T$ 内的互不重叠有限开区间系 $\{(\alpha_i, \beta_i)\}_{i=1}^n$ 如果满足

$$\sum_{i=1}^n (\beta_i - \alpha_i) < \delta,$$

则 $\sum\limits_{i=1}^n ||y(\beta_i) - y(\alpha_i)|| < \varepsilon$.

**证**　由于 $||x(t)|| \in L^1(T)$, 于是由 Lebesgue 积分的绝对连续性, $\forall \varepsilon > 0$, 存在 $\delta > 0$, 当可测集 $e \subset T$ 且 $\mu(e) < \delta$ 时, 有

$$\int_e ||x(t)||\mathrm{d}t < \varepsilon.$$

因此当 $\sum\limits_{i=1}^n (\beta_i - \alpha_i) < \delta$ 时, 有

$$\begin{aligned}\sum_{i=1}^n ||y(\beta_i) - y(\alpha_i)|| &= \sum_{i=1}^n \left|\left| \int_{\alpha_i}^{\beta_i} x(t)\mathrm{d}t \right|\right| \\ &\leqslant \sum_{i=1}^n \int_{\alpha_i}^{\beta_i} ||x(t)||\mathrm{d}t \\ &= \int_{\bigcup\limits_{i=1}^n (\alpha_i, \beta_i)} ||x(t)||\mathrm{d}t < \varepsilon.\end{aligned}$$

□

**性质 0.6.5**　设 $x \in L^1(T, X)$, $y(t) = \int_0^t x(s)\mathrm{d}s$, 则对几乎所有的 $t \in T$, 成立

$$\lim_{h \to 0} \left\| \frac{y(t+h) - y(t)}{h} - x(t) \right\| = 0.$$

**证**　由于对几乎所有的 $t$, 成立

$$\begin{aligned}&\left\| \frac{y(t+h) - y(t)}{h} - x(t) \right\| \\ =& \left\| \frac{1}{h} \int_t^{t+h} x(s)\mathrm{d}s - \frac{1}{h} \int_t^{t+h} x(t)\mathrm{d}s \right\| \\ \leqslant& \left| \frac{1}{h} \int_t^{t+h} ||x(s) - x(t)||\mathrm{d}s \right| \to 0, \quad h \to 0,\end{aligned}$$

故结论成立. □

**注** 上述性质说明对几乎所有的 $t\in T, y(t)$ 是强可导的, 且 $\dot{y}(t)=x(t)$.

**定义 0.6.12** 称 $y(t):T\to X$ 是绝对连续的, 是指 $\forall\varepsilon>0$, 存在 $\delta>0$, 对任何互不重叠且包含在 $T$ 内的有限开区间系 $\{(\alpha_i,\beta_i)\}_{i=1}^n$, 若 $\sum\limits_{i=1}^n(\beta_i-\alpha_i)<\delta$ 时, 有

$$\sum_{i=1}^n\|y(\beta_i)-y(\alpha_i)\|<\varepsilon.$$

**定义 0.6.13** 称 Banach 空间 $X$ 是具有 RNP(Radon-Nikodym 性质) 的, 是指每个绝对连续函数 $y(t):T\to X$ 是几乎处处强可导的, $\dot{y}(t)\in L^1(T,X)$, 且成立

$$y(t_2)-y(t_1)=\int_{t_1}^{t_2}\dot{y}(s)\mathrm{d}s,\quad \forall t_1,t_2\in T.$$

**注** 具有 RNP 的 Banach 空间是一类十分重要且有用的空间, 特别地, 若 Banach 空间是自反的, 则一定具有 RNP. 另外, RNP 可用向量值测度的方法给出定义, 可参见文献 [8].

**定理 0.6.5** 设 $X$ 具有 RNP, 对于 $x\in L^p(T,X)$ $(1\leqslant p\leqslant\infty)$, 下面两条等价:

(1) $x\in W^{1,p}(T,X)$;

(2) 存在绝对连续函数 $y:T\to X$ 使对几乎处处 $t\in T, y(t)=x(t)$, 且 $\dot{y}\in L^p(T,X)$.

**证** (1)⇒(2) 设 $x\in W^{1,p}(T,X)$, 则 $\dfrac{\mathrm{d}x}{\mathrm{d}t}\in L^p(T,X)$, 取 $\rho_n\in C_0^\infty(\mathbb{R})$, 满足 $\displaystyle\int_0^a\rho_n(t)\mathrm{d}t=1, \rho_n(t)=\rho_n(-t), \mathrm{supp}\rho_n\subset\left(-\frac{1}{n},\frac{1}{n}\right)$. 令

$$x_n(t)=\int_0^a\rho_n(t-s)x(s)\mathrm{d}s,$$

那么 $x_n\in C^\infty((0,a),X)$, 且在 $L^p(T,X)$ 中成立 $x_n\to x$, 因此设 $x_n(t)\to x(t)$. 设 $\varphi\in\mathscr{D}(T)$, 那么当 $n$ 充分大时, 有 $\mathrm{supp}\varphi\subset\left(\dfrac{1}{n},a-\dfrac{1}{n}\right)$.

于是

$$\varphi_n(t)=\int_0^a\rho_n(t-s)\varphi(s)\mathrm{d}s,$$

满足 $\mathrm{supp}\varphi_n\subset(0,a)$. 根据定义有

$$\begin{aligned}\int_0^a\dot{x}_n(t)\varphi\mathrm{d}t&=-\int_0^a x_n(t)\dot{\varphi}(t)\mathrm{d}t\\&=-\int_0^a\left(\int_0^a\rho_n(t-s)x(s)\mathrm{d}s\right)\dot{\varphi}(t)\mathrm{d}t\end{aligned}$$

$$
\begin{aligned}
&= -\int_0^a \left(\int_0^a \rho_n(t-s)\dot{\varphi}(s)\mathrm{d}s\right) x(t)\mathrm{d}t \\
&= -\int_0^a x(t)\dot{\varphi}_n(t)\mathrm{d}t \\
&= \int_0^a \frac{\mathrm{d}x}{\mathrm{d}t}(t)\varphi_n(t)\mathrm{d}t \\
&= \int_0^a \left(\int_0^a \rho_n(t-s)\frac{\mathrm{d}x}{\mathrm{d}s}(s)\mathrm{d}s\right)\varphi(t)\mathrm{d}t,
\end{aligned}
$$

故

$$\dot{x}_n(t) = \int_0^a \rho_n(t-s)\frac{\mathrm{d}x}{\mathrm{d}s}(s)\mathrm{d}s$$

几乎处处成立. 进而有 $\dot{x}_n(t) \to \dfrac{\mathrm{d}x}{\mathrm{d}t}(t)$ 几乎处处成立.

另一方面, 设 $T_0$ 是 Lebesgue 测度为零的集合, 满足

$$\lim_{n\to\infty} x_n(t) = x(t), \quad \forall t \in T\backslash T_0.$$

$\forall t_1, t_2 \in T\backslash T_0$ 且 $t_1 < t_2$, 由

$$x_n(t_2) - x_n(t_1) = \int_{t_1}^{t_2} \dot{x}_n(s)\mathrm{d}s$$

及 Lebesgue 控制收敛定理有

$$x(t_2) - x(t_1) = \int_{t_1}^{t_2} \frac{\mathrm{d}x(s)}{\mathrm{d}s}\mathrm{d}s,$$

又 $\dfrac{\mathrm{d}x(s)}{\mathrm{d}s} \in L^p(T, X)$, 故 $\lim\limits_{\substack{t\to 0\\ t\in T\backslash T_0}} x(t)$ 存在. 记 $y(0) = \lim\limits_{\substack{t\to 0\\ t\in T\backslash T_0}} x(t)$, 令

$$y(t) = y(0) + \int_0^t \frac{\mathrm{d}x(s)}{\mathrm{d}s}\mathrm{d}s,$$

则 $y(t)$ 是绝对连续的, 且 $x(t) = y(t)$ 几乎处处成立.

(2) $\Rightarrow$(1) 设 $y(t)$ 在 $T$ 上绝对连续且 $\dot{y} \in L^p(T, X)$. 根据定义, 对 $\varphi \in \mathscr{D}(T)$,

$$
\begin{aligned}
\frac{\mathrm{d}y(\varphi)}{\mathrm{d}t} &= -\int_0^a y(t)\dot{\varphi}(t)\mathrm{d}t \\
&= -\int_0^a y(t)\lim_{h\to 0}\frac{1}{h}(\varphi(t) - \varphi(t-h))\mathrm{d}t \\
&= -\lim_{h\to 0}\frac{1}{h}\int_0^a y(t)(\varphi(t) - \varphi(t-h))\mathrm{d}t
\end{aligned}
$$

$$
\begin{aligned}
&= -\lim_{h\to 0}\frac{1}{h}\int_0^a (y(t)-y(t+h))\varphi(t)\mathrm{d}t \\
&= \int_0^a \dot{y}(t)\varphi(t)\mathrm{d}t,
\end{aligned}
$$

故 $\dfrac{\mathrm{d}y(t)}{\mathrm{d}t} = \dot{y}(t) \in L^p(T,X)$. □

与本节相关的内容, 读者可见文献 [1], [8], [9].

# 习 题

1. 举一个例子, 说明 Banach 空间的闭子空间未必是拓扑可补的.

2. 设 $X$ 是 Banach 空间, $M \subset X$ 是有限维子空间, 证明: $M$ 是拓扑可补的.

3. 设 $M, L$ 是定义 0.1.3 的两个闭子空间, 证明: 投影算子 $P_M : X \to M$ 及 $P_L : X \to L$ 是有界线性算子.

4. 证明定理 0.1.7.

5. 设 $u \in L_{\mathrm{loc}}(\Omega)$, 且一阶弱导数 $Du$ 存在, 证明: $u^+ = \max\{u, 0\}, u^- = \min\{0, u\}$ 及 $|u| = u^+ - u^-$ 的弱导数也存在.

6. 证明定理 0.4.1.

7. 证明定理 0.4.4.

8. 设 $\Omega \subset \mathbb{R}$ 是开区间, $f \in L_{\mathrm{loc}}(\Omega)$ 满足

$$
\int_\Omega f\varphi'\mathrm{d}x = 0, \quad \forall \varphi \in C_c^1(\Omega),
$$

则 $f$ 几乎处处等于常数.

9. 设 $\Omega \subset \mathbb{R}$ 是有界开集, $1 \leqslant p \leqslant \infty$. 证明:

(1) $W^{1,p}(\Omega) \hookrightarrow\hookrightarrow C(\bar{\Omega}) \quad (p > 1)$;

(2) $W^{1,1}(\Omega) \hookrightarrow\hookrightarrow L^q(\Omega) \quad (\forall q \in [1, +\infty))$.

10. 设 $a(u, v)$ 是定义在 Hilbert 空间 $H$ 上的连续强制双线性泛函, $K \subset H$ 是闭凸集. 设 $f \in H^*$, 证明: 存在唯一的 $u \in K$ 满足

$$
a(u, v - f) \geqslant \langle f, v - u \rangle, \quad \forall v \in K.
$$

11. 若 $x(t)$ 在 $T = [0, a]$ 上是 Bochner 可积的, 证明: $x(t)$ 也是 Pettis 可积的.

12. 若 $f \in L^p(\mathbb{R}^n), 1 \leqslant p < +\infty$, 证明: 存在 $f_n \in C_0(\mathbb{R}^n)$ 使

$$
||f - f_n||_{L^p(\mathbb{R}^n)} \to 0.
$$

13. 设 $x \in L^p(T, X), \rho_n \in C_0^\infty(\mathbb{R})$ 且 $\rho_n(-t) = \rho_n(t), \mathrm{supp}\rho_n \subset \left(-\dfrac{1}{n}, \dfrac{1}{n}\right)$, 令

$$
x_n(t) = \int_0^a x(t)\rho_n(t)\mathrm{d}t,
$$

证明: 在 $L^p(T, X)$ 中有 $x_n \to x$.

# 第1章　拓　扑　度

拓扑度这个概念最早出现在代数拓扑中, 设 $S_1$ 是一个圆周, $f: S_1 \to S_1$ 为连续映射, 可以假定 $f(S_1) = S_1$, 则 $f$ 的拓扑度可以定义为由映射 $f$ 产生的曲线在 $S_1$ 上缠绕的圈数. 见图 1.1.

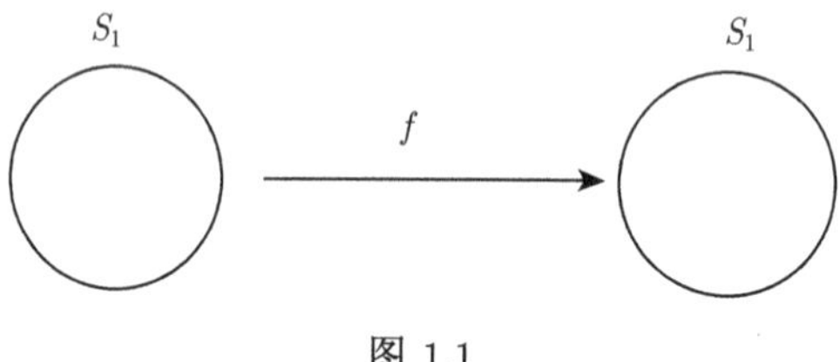


图 1.1

分析学上的拓扑度, 是指方程 $f(x) = y$ 解个数的代数和以及它在小扰动下的不变性 (同伦不变性). 考察图 1.2.

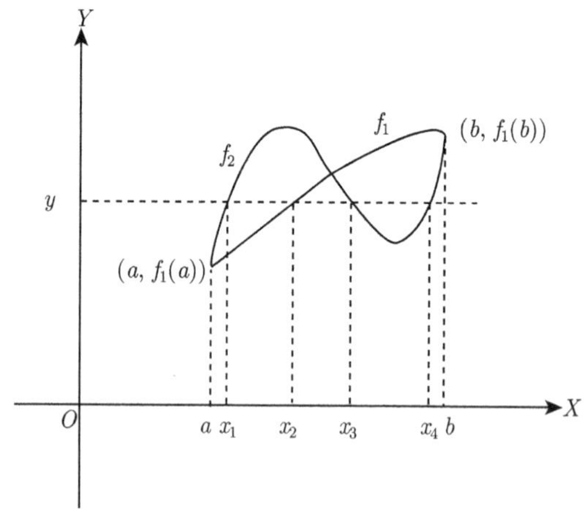


图 1.2

设 $f_1$ 是 $[a, b]$ 上的光滑函数, $y \notin \{f_1(a), f_1(b)\}$, 函数 $f_2$ 看成是 $f_1$ 的一个端点固定的光滑扰动, 即

$$f_1(a) = f_2(a), \quad f_1(b) = f_2(b).$$

由于

$$\mathrm{sgn} f_1'(x_2) = \mathrm{sgn} f_2'(x_1) = \mathrm{sgn} f_2'(x_4) = 1, \quad \mathrm{sgn} f_2'(x_3) = -1,$$

可知

$$\sum_{x\in\{f_1(x)=y\}} \text{sgn} f_1'(x) = \sum_{x\in\{f_2(x)=y\}} \text{sgn} f_2'(x) = 1.$$

其实对 $f_1$ 的任意一个端点固定的光滑扰动 $f$ 而言, 若每一个 $x \in S = \{f(x) = y\}$ 处有非零导数存在, 则

$$\sum_{x\in S} \text{sgn}(f'(x)) = 1.$$

即方程 $f(x) = y$ 的解个数的代数和不发生变化. 这个拓扑不变量就是要介绍的拓扑度.

有穷维空间上的拓扑度 (Brouwer 拓扑度) 直接推广到无穷维空间中有一定困难. 例如, 无穷维空间中 Brouwer 不动点定理不再成立. 无穷维空间的拓扑度仅能由单位算子的紧扰动来定义. 拓扑度是非线性分析的基本内容, 许多文献都有记述, 如文献 [10]~[15] 等.

## 1.1 可 微 映 射

设 $X, Y$ 是两个 Banach 空间, $L(X,Y)$ 表示从 $X$ 到 $Y$ 的有界线性算子全体, $\Omega \subset X$ 是开集, $f: \Omega \to Y$ 是一个映射, $x_0 \in \Omega$.

**定义 1.1.1** 称 $f$ 在 $x_0$ 点处Fréchet 可微(F 可微) 是指存在 $A \in L(X,Y)$, $\forall h \in X$, $x_0 + h \in \Omega$ 成立如下等式:

$$f(x_0 + h) = f(x_0) + Ah + \omega(x_0, h),$$

并且 $\omega(x_0, h)$ 满足 $\lim\limits_{||h||\to 0} \dfrac{||\omega(x_0, h)||}{||h||} = 0$, 称 $A$ 为 $f$ 在 $x_0$ 点的 F 导算子, 记为 $f'(x_0)$.

**定义 1.1.2** 称 $f$ 在 $x_0$ 点 Gâtaux 可微 (G 可微) 是指 $\forall h \in X$, $\exists A(x_0, h) \in Y$ 满足

$$\lim_{t\to 0^+} \frac{||f(x_0 + th) - f(x_0) - tA(x_0, h)||}{t} = 0,$$

称 $A(x_0, \cdot): X \to Y$ 为 $f$ 在 $x_0$ 点的 G 导算子.

**注** 如果 $f$ 在 $x_0$ 点 F 可微, 则在 $x_0$ 点 G 可微, 并且 $A(x_0, h) = f'(x_0)h$, 但反之不一定成立. 一般而言, G 导数比 F 导数更容易计算. 下面给出由 G 可微推出 F 可微的一个充分条件.

**性质 1.1.1** 设 $f$ 在 $x_0$ 点的一个邻域 $\Omega$ 内 G 可微, 若 $\forall x \in \Omega$, 存在 $A(x) \in L(X,Y)$, 使 $A(x, h) = A(x)h$ 且 $A:\ \Omega \to L(X,Y)$ 连续, 则 $f$ 在 $x_0$ 点 F 可微且 $f'(x_0) = A(x_0)$.

**证**　由 $A$ 在 $x_0$ 点连续可知, $\forall \varepsilon > 0,\ \exists \delta > 0$, 当 $||h|| \leqslant \delta$ 时

$$||A(x_0+h) - A(x_0)|| \leqslant \varepsilon, \quad x_0 + h \in \Omega.$$

仅需要证明如下不等式成立:

$$||f(x_0+h) - f(x_0) - A(x_0)h|| \leqslant \varepsilon ||h||.$$

由 Hahn-Banach 定理的推论可知, $\exists y^* \in Y^*$ 满足 $||y^*|| = 1$ 且

$$y^*(f(x_0+h) - f(x_0) - A(x_0)h) = ||f(x_0+h) - f(x_0) - A(x_0)h||.$$

不妨假设 $\forall t \in [0,1],\ x_0 + th \in \Omega$. 令 $\varphi(t) = y^*(f(x_0+th) - f(x_0) - tA(x_0)h)$, 由 $f$ 在 $\Omega$ 内是 G 可微的, 可知 $\varphi(t)$ 在 $[0,1]$ 上可微, 并且 $\varphi(1) = y^*(f(x_0+h) - f(x_0) - A(x_0)h)$, $\varphi(0) = 0$. 由普通函数的中值定理知 $\exists \xi \in (0,1)$ 满足 $\varphi'(\xi) = y^*(A(x_0+\xi h)h - A(x_0)h)$. 则

$$\begin{aligned}\varphi(1) = \varphi(1) - \varphi(0) = \varphi'(\xi) &\leqslant ||y^*||\ ||A(x_0+\xi h)h - A(x_0)h|| \\ &\leqslant ||A(x_0+\xi h) - A(x_0)||\ ||h|| \leqslant \varepsilon ||h||.\end{aligned}$$ □

**性质 1.1.2** (链式法则)　设 $Z$ 是另一个 Banach 空间, $\Omega_1 \subset Y$ 是开集, $g: \Omega_1 \to Z, \Omega \subset X$ 是开集, $f:\ \Omega \to Y$ 且 $f(\Omega) \subset \Omega_1$. 若 $f$ 在 $x_0$ 点 F 可微, $g$ 在 $y_0 = f(x_0)$ 点 F 可微, 则复合映射 $g \circ f:\ \Omega \to Z$ 在 $x_0$ 点 F 可微, 并且 $(g \circ f)'(x_0) = g'(y_0)f'(x_0)$.

**证**　由定义, $\forall h \in X,\ \ k \in Y$, 当 $x_0 + h \in \Omega$, $y_0 + k \in \Omega_1$ 时, 如下两个等式成立:

$$f(x_0+h) - f(x_0) - f'(x_0)h = \omega(x_0,h) = o(||h||),$$

$$g(y_0+k) - g(y_0) - g'(y_0)k = \omega(y_0,k) = o(||k||).$$

取特殊的 $k = f(x_0+h) - f(x_0) = f'(x_0)h + \omega(x_0,h)$ 代入第二个方程中, 则

$$g \circ f(x_0+h) - g \circ f(x_0) - g'(y_0)(f'(x_0)h + \omega(x_0,h)) = \omega(y_0,k),$$

即

$$g \circ f(x_0+h) - g \circ f(x_0) - g'(y_0)f'(x_0)h = g'(y_0)\omega(x_0,h) + \omega(y_0,k).$$

由 $k = f(x_0+h) - f(x_0)$ 可知, $||k|| \leqslant ||f'(x_0)||\ ||h|| + ||\omega(x_0,h)||$, 这意味着, 当 $||h|| \to 0$ 时 $||k|| \to 0$.

那么

$$\lim_{||h|| \to 0} \frac{||g \circ f(x_0+h) - g \circ f(x_0) - g'(y_0)f'(x_0)h||}{||h||}$$

$$
\begin{aligned}
&= \lim_{||h||\to 0} \frac{||g'(y_0)\omega(x_0,h)+\omega(y_0,k)||}{||h||} \\
&\leqslant \lim_{||h||\to 0} \frac{||g'(y_0)\omega(x_0,h)||}{||h||} + \lim_{||k||\to 0} \frac{||\omega(y_0,k)||}{||k||} \cdot \lim_{||h||\to 0} \frac{||k||}{||h||} \\
&=0,
\end{aligned}
$$

这里

$$
\lim_{||h||\to 0} \frac{||k||}{||h||} = ||f'(x_0)||. \qquad \square
$$

为了介绍中值定理和高阶的 Taylor 公式, 先简单介绍一下抽象函数的一些基本概念.

**定义 1.1.3** 设 $X$ 是一个 Banach 空间, $x(t):\ [0,1]\to X$, $t_0\in[0,1]$. 称 $x(t)$ 在 $t_0$ 点强连续是指

$$
\lim_{\Delta t\to 0} ||x(t_0+\Delta t)-x(t_0)|| = 0,
$$

称 $x(t)$ 在 $t_0$ 点弱连续是指 $\forall x^*\in X^*$, $\langle x^*,\ x(t)\rangle$ 在 $t_0$ 点连续.

**注** 若 $x(t)$ 在 $t_0$ 点强连续, 则 $x(t)$ 在 $t_0$ 点必弱连续.

**定义 1.1.4** 称 $x(t)$ 在 $t_0$ 点强可导, 是指存在 $x'(t_0)\in X$ 满足

$$
\lim_{\Delta t\to 0} \frac{||x(t_0+\Delta t)-x(t_0)-x'(t_0)\Delta t||}{\Delta t} = 0.
$$

称 $x(t)$ 在 $t_0$ 点弱可导, 是指存在 $x'(t_0)\in X$ 满足 $\forall x^*\in X^*$, $\langle x^*,\ x(t)\rangle$ 在 $t_0$ 点可导且 $(\langle x^*,x(t)\rangle)'_{t=t_0} = \langle x^*,\ x'(t_0)\rangle$.

**注** 强可导 $\Rightarrow$ 弱可导, 弱可导 $\not\Rightarrow$ 强可导.

抽象函数的积分定义. 设 $x(t):\ [0,1]\to X$, 称 $x(t)$ 在 [0,1] 上 Riemann 可积 (简称 R 可积) 是指 $\exists I\in X$ 满足 $\forall \varepsilon>0$, $\exists\delta>0$ 使得对任意划分

$$
\Delta:\ 0=t_0<t_1<\cdots<t_n=1,
$$

当 $||\Delta||<\delta$ 时, 有

$$
\left\|\sum_{i=1}^{n} x(\xi_i)\Delta t_i - I\right\| \leqslant \varepsilon,
$$

其中 $\xi_i$ 是 $[t_{i-1},t_i]$ 中任意一点, 记 $I=\displaystyle\int_0^1 x(t)\mathrm{d}t$.

**定理 1.1.1** 若 $x(t):[0,1]\to X$ 强连续, 则 $x(t)$ 在$[0,1]$上是 Riemann 可积的.

对于抽象函数 Riemann 积分而言, 很多 $\mathbb{R}^n$ 中成立的性质在无穷维 Banach 空间中不再成立. 比如, $\mathbb{R}^n$ 中 R 可积函数的不连续点集是一个零测集, 但 Banach 空间 $X$ 中 R 可积, 但处处不连续的函数大量存在.

**定理 1.1.2** (Newton-Leibnitz 公式)　设 $x(t)$ 在 $[0,1]$ 上强可微, 且 $x'(t)$ 在 $[0,1]$ 上 R 可积, 则

$$x(1)-x(0)=\int_0^1 x'(t)\mathrm{d}t.$$

**性质 1.1.3** (中值定理)　设 $X,Y$ 是两个 Banach 空间, $\Omega\subset X$ 是一个凸的开集, $f:\Omega\to Y$ 具有连续的 F 导数, $f':\Omega\to L(X,Y)$ 连续. 设 $x_0\in\Omega,\ h\in X, x_0+h\in\Omega$, 则

$$||f(x_0+h)-f(x_0)-f'(x_0)h||\leqslant\int_0^1 ||f'(x_0+th)-f'(x_0)||\ ||h||\mathrm{d}t.$$

**证**　令 $x(t):\ [0,1]\to Y$ 为 $x(t)=f(x_0+th)$, 则 $x(t)$ 在 $[0,1]$ 上强可微且 $x'(t)$ 强连续, $x'(t)=f'(x_0+th)h$. 由 Newton-Leibnitz 公式, 可知 $x(1)-x(0)=\int_0^1 f'(x_0+th)h\mathrm{d}t$, 那么

$$f(x_0+th)-f(x_0)-f'(x_0)h=\int_0^1 [f'(x_0+th)h-f'(x_0)h]\mathrm{d}t.$$

取范数得到中值定理. □

类似地, 还可定义偏导算子的概念.

**定义 1.1.5**　设 $U,\ V$ 分别是 $X,Y$ 的两个开子集, $Z$ 是另一个 Banach 空间. $f:\ U\times V\to Z$, 对 $y_0\in Y,\ \ f(\cdot,y_0):\ U\to Z$ 在 $x_0$ 点是 F 可微的, 记导算子为 $f'_x(x_0,y_0)\in L(X,Z)$, 同理可定义 $f'_y(x_0,y_0)$.

**性质 1.1.4**　设 $f:\ U\times V\to Z$ 在 $(x_0,y_0)$ 的一个邻域内有连续的偏导算子 $f'_x(x,y)$ 及 $f'_y(x,y)$, 则 $f$ 在 $(x_0,y_0)$ 处是 F 可微的, 且对 $h=(u,v)\in X\times Y$ 有

$$f'(x_0,y_0)(u,v)=f'_x(x_0,y_0)u+f'_y(x_0,y_0)v.$$

**证**　由 $f'_x(x,y)$ 及 $f'_y(x,y)$ 在 $(x_0,y_0)$ 点的连续性知, $\forall\varepsilon>0,\ \exists\delta>0$, 当 $||h||=||(u,v)||=||u||+||v||<\delta$ 时, 有

$$||f'_x(x_0+u,\ y_0+v)-f'_x(x_0,y_0)||<\varepsilon,\quad ||f'_y(x_0+u,\ y_0+v)-f'_y(x_0,y_0)||<\varepsilon.$$

令

$$\omega(x_0,y_0,h)\equiv\omega(x_0,y_0,u,v)=f(x_0+u,\ y_0+v)-f(x_0,y_0)-f'_x(x_0,y_0)u-f'_y(x_0,y_0)v.$$

由 Hahn-Banach 定理, $\exists z^*\in Z^*$ 及 $||z^*||=1$ 满足

$$z^*(\omega(x_0,y_0,h))=||\omega(x_0,y_0,h)||.$$

令 $\varphi(t)=z^*(f(x_0+tu,y_0+tv)-f(x_0,y_0))$, 则 $\varphi(t)$ 在 $[0,1]$ 上连续可微, 且

$$\varphi'(t)=z^*(f'_x(x_0+tu,\ y_0+tv)u+f'_y(x_0+tu,\ y_0+tv)v).$$

故根据微分中值定理, $\exists\theta\in(0,1)$ 使

$$\varphi(1)-\varphi(0)=\varphi'(\theta).$$

于是有

$$\begin{aligned}&||\omega(x_0,y_0,h)||\\ =&z^*(f'_x(x_0+\theta u,\ y_0+\theta v)u-f'_x(x_0,y_0)u+f'_y(x_0+\theta u,\ y_0+\theta v)v-f'_y(x_0,y_0)v)\\ \leqslant&||f'_x(x_0+\theta u,\ y_0+\theta v)-f'_x(x_0,y_0)||\ ||u||+||f'_y(x_0+\theta u,\ y_0+\theta v)-f'_y(x_0,y_0)||\ ||v||\\ \leqslant&\varepsilon(||u||+||v||)=\varepsilon||h||,\end{aligned}$$

可见 $f$ 在 $(x_0,y_0)$ 处 F 可微且

$$f'(x_0,y_0)(u,v)=f'_x(x_0,y_0)u+f'_y(x_0,y_0)v. \qquad \square$$

设 $f:\Omega\to Y, x_0\in\Omega$, 若 $f$ 在 $\Omega$ 内连续可微, 则 $f$ 的 F 导算子 $f':\Omega\to L(X,Y)$, 那么 $f'$ 在 $x_0$ 处的导算子, 即 $f$ 的二阶导算子 $f''(x_0)$ 应该在 $L(X,\ L(X,Y))$, 以此类推, 得

$$\begin{aligned}&f:\ \Omega\to Y,\\ &f':\ \Omega\to L(X,Y),\\ &f'':\Omega\to L(X,\ L(X,Y)),\\ &\qquad\cdots\cdots\\ &f^{(n)}:\ \Omega\to L(X,\ \underbrace{L(\cdots,\ L(X,Y))}_{n-1}).\end{aligned}$$

并且 $h\in X, f'(x)h\in Y, f''(x)h\in L(X,Y), (f''(x)h)h\in Y$. 同理有 $(\cdots(f^{(n)}(x)h)\cdots)h\in Y$, 其中 $f''(x)(h,k)=(f''(x)h)k$ 是一个双线性映射.

我们引入记号:

$$f'''(x_0)h^3=((f'''(x_0)h)h)h),$$

$$\cdots\cdots$$

$$f^{(n)}(x_0)h^n=(\cdots(f^{(n)}(x_0)h)h)\cdots h).$$

类似于多元函数的情况, 有

**定理 1.1.3**　设 $\Omega \subset X$ 是非空开集, $x_0 \in \Omega, f : \Omega \to Y$ 在 $x_0$ 处有直到 $n$ 阶连续 F 导算子, 那么 $(1, 2, \cdots, n)$ 的任意置换 $\sigma$ 有

$$f^{(n)}(x_0)(h_1, h_2, \cdots, h_n) = f^{(n)}(x_0)(h_{\sigma(1)}, h_{\sigma(2)}, \cdots, h_{\sigma(n)}).$$

**证**　只需证明 $n = 2$ 的情况, 即

$$f''(x_0)(h_1, h_2) = f''(x_0)(h_2, h_1), \quad \forall h_1, h_2 \in X.$$

$\forall y^* \in Y^*$, 考虑如下二元函数:

$$\psi(t, s) = \langle y^*, f(x_0 + th_1 + sh_2) \rangle ,$$

易知 $\psi : \mathbb{R}^2 \to \mathbb{R}$ 在 $(0, 0)$ 点处二次连续可微的, 且

$$\frac{\partial^2}{\partial t \partial s}\psi(0, 0) = \frac{\partial^2}{\partial s \partial t}\psi(0, 0).$$

由 $|t|, |s|$ 足够小时, $f'(x_0 + th_1 + sh_2)$ 是连续的可知

$$\left.\frac{\partial}{\partial s}\psi(t, \cdot)\right|_{s=0} = \langle y^*, f'(x_0 + th_1)h_2 \rangle ;$$

当 $|t|$ 足够小时, 进而有 $\left.\dfrac{\partial^2}{\partial t \partial s}\psi(t, s)\right|_{t=s=0} = \langle y^*, f''(x_0)(h_1, h_2)\rangle.$

同理有

$$\left.\frac{\partial^2}{\partial s \partial t}\psi(t, s)\right|_{t=s=0} = \langle y^*, f''(x_0)(h_2, h_1)\rangle .$$

由 $y^* \in Y^*$ 的任意性可得 $f''(x_0)(h_1, h_2) = f''(x_0)(h_2, h_1), \forall h_1, h_2 \in X.$ □

特别地, 当 $Y = \mathbb{R}$ 时, 根据上面定理的证明, 有

**推论 1.1.1**　设 $\Omega \subset X$ 是非空开集, $x_0 \in \Omega, f : \Omega \to \mathbb{R}$ 有二阶连续 F 导数子, 那么 $f''(x_0) : X \times X \to \mathbb{R}$ 是对称的双线性泛函.

**性质 1.1.5** (Taylor *展开*)　设 $\Omega \subset X$ 非空开凸, $f : \Omega \to Y$ 有直到 $n$ 阶连续 F 导算子, 且存在 $M > 0$, 满足 $||f^{(n)}(x)|| \leqslant M$, $\forall x \in \Omega$, 那么 $\forall x_0 \in \Omega$, $h \in X$, $x_0 + h \in \Omega$, 有

$$f(x_0 + h) = f(x_0) + \sum_{i=1}^{n-1} \frac{f^{(i)}(x_0)h^i}{i!} + \omega(x_0, h)$$

且 $||\omega(x_0, h)|| \leqslant M\dfrac{||h||^n}{n!}$.

**证** 记 $\omega(x_0,h)=f(x_0+h)-f(x_0)-\sum\limits_{i=1}^{n-1}\dfrac{f^{(i)}(x_0)h^i}{i!}$, 由 Hahn-Banach 定理, 取 $y^*\in Y^*$, 且 $||y^*||=1$, 使 $y^*(\omega(x_0,h))=||\omega(x_0,h)||$, 令 $\varphi(t)=y^*(f(x_0+th))$, 则 $\varphi(t)$ 直到 $n$ 阶连续可导, 并且 $\varphi^{(i)}(t)=y^*(f^{(i)}(x_0+th)h^i)$ $(i=1,2,\cdots,n)$, 由普通函数的 Taylor 展开知

$$\varphi(1)=\varphi(0)+\sum_{i=1}^{n-1}\frac{\varphi^{(i)}(0)}{i!}+\frac{\varphi^{(n)}(\theta)}{n!},\quad \theta\in(0,1),$$

那么

$$\begin{aligned}||\omega(x_0,h)||=&y^*(\omega(x_0,h))\\=&y^*\left(f(x_0+h)-f(x_0)-\sum_{i=1}^{n-1}\frac{f^{(i)}(x_0)h^i}{i!}\right)\\=&\frac{\varphi^{(n)}(\theta)}{n!}\leqslant\frac{||f^{(n)}(x_0+\theta h)h^n||}{n!}\leqslant M\frac{||h||^n}{n!}.\end{aligned}$$ □

## 1.2 反函数与隐函数定理

反函数与隐函数定理是描述非线性映射局部结构的有效工具, 特别对拓扑度与分支理论的建立, 具有不可替代的作用. 这两个定理的证明, 本质上是经典 Banach 压缩映象原理的直接应用.

**定理 1.2.1** (隐函数定理) 设 $X,Y,Z$ 是三个 Banach 空间, $W\subset X\times Y$ 是 $(x_0,y_0)$ 的一个邻域, $f: W\to Z$ 是 F 可微的, 且满足

(1) $f(x_0,y_0)=0$;

(2) $f'_y(x_0,y_0)$ 存在有界逆算子 $[f'_y(x_0,y_0)]^{-1}(\in L(Z,Y))$;

(3) $f'_y(x,y)$ 在 $(x_0,y_0)$ 点连续,

那么存在 $x_0$ 的邻域 $U(x_0)$ 与 $y_0$ 点的邻域 $V(y_0)$ 及连续映射 $g:U(x_0)\to V(y_0)$, 满足 $g(x_0)=y_0$ 且 $f(x,g(x))=0$, 即 $\forall x\in U(x_0)$, 方程 $f(x,y)=0$ 在 $U(x_0)$ 内存在唯一连续解 $y=g(x)$.

**证** 首先注意到, 若定义映射 $\varphi(x,y)=y-[f'_y(x_0,y_0)]^{-1}f(x,y)$, 则对每个固定的 $x$, $\varphi(x,\cdot)$ 有不动点 $y$, 恰好等价于 $f(x,y)=0$. 下面证明 $\varphi(x,\cdot)$ 不动点的存在性.

记 $M=||[f'_y(x_0,y_0)]^{-1}||$, 根据 (2) 和 (3) 以及 $f$ 的连续性, 选取正数 $\delta>0$, $\lambda>0$, 满足当 $x\in U(x_0)=\bar{B}_\delta(x_0)$, $y\in V(y_0)=\bar{B}_\lambda(y_0)$ 时成立

$$||f'_y(x,y)-f'_y(x_0,y_0)||\leqslant\frac{1}{2M},\tag{1.2.1}$$

$$||f(x,y)|| = ||f(x,y) - f(x_0,y_0)|| \leqslant \frac{\lambda}{2M} . \tag{1.2.2}$$

对每个固定的 $x \in U(x_0)$, 来验证 $\varphi(x,\cdot):\ V(y_0) \to V(y_0)$ 是压缩映射. 事实上由式 (1.2.1) 得

$$\begin{aligned} ||\varphi'_y(x,y)|| =& ||I - [f'_y(x_0,y_0)]^{-1} f'_y(x,y)|| \\ \leqslant& ||[f'_y(x_0,y_0)]^{-1}||\ ||f'_y(x_0,y_0) - f'_y(x,y)|| \\ \leqslant& M \cdot \frac{1}{2M} = \frac{1}{2}, \end{aligned} \tag{1.2.3}$$

于是由中值定理及式 (1.2.2)

$$\begin{aligned} ||\varphi(x,y) - y_0|| \leqslant& ||\varphi(x,y) - \varphi(x,y_0)|| + ||\varphi(x,y_0) - y_0|| \\ \leqslant& \sup_{y\in V(y_0)} ||\varphi'_y(x,y)||\ ||y - y_0|| + ||[f'_y(x_0,y_0)]^{-1}||\ ||f(x,y_0)|| \\ \leqslant& \frac{1}{2}||y - y_0|| + M \cdot \frac{\lambda}{2M} = \lambda, \end{aligned}$$

故 $\varphi(x,\cdot):\ V(y_0) \to V(y_0)$.

另一方面, 设 $y_1, y_2 \in V(y_0)$,

$$\begin{aligned} ||\varphi(x,y_1) - \varphi(x,y_2)|| \leqslant& \sup_{y\in V(y_0)} ||\varphi'_y(x,y)||\ ||y_1 - y_2|| \\ \leqslant& \frac{1}{2}||y_1 - y_2||, \end{aligned} \tag{1.2.4}$$

那么 $\varphi(x,\cdot)$ 是压缩映射. 因此对每个 $x \in U(x_0)$, 在 $V(y_0)$ 中存在唯一的 $y$(记为 $g(x)$) 满足 $f(x,y) = 0$, 即存在映射 $g: U(x_0) \to V(y_0)$ 满足 $f(x,g(x)) = 0$.

最后, 来证映射 $g$ 是连续的. 设 $x_1, x_2 \in U(x_0)$, 记 $y_1 = g(x_1)$, $y_2 = g(x_2)$. 类似于式 (1.2.4) 的证明, 我们有

$$||\varphi(x_2,y_1) - \varphi(x_2,y_2)|| \leqslant \frac{1}{2}||y_1 - y_2||,$$

那么

$$\begin{aligned} ||y_1 - y_2|| =& ||\varphi(x_1,y_1) - \varphi(x_2,y_2)|| \\ \leqslant& ||\varphi(x_1,y_1) - \varphi(x_2,y_1)|| + ||\varphi(x_2,y_1) - \varphi(x_2,y_2)|| \\ \leqslant& ||\varphi(x_1,y_1) - \varphi(x_2,y_1)|| + \frac{1}{2}||y_1 - y_2||, \end{aligned}$$

故

$$||y_1 - y_2|| \leqslant 2||\varphi(x_1,y_1) - \varphi(x_2,y_1)||$$

$$=2\|[f'_y(x_0,y_0)]^{-1}[f(x_2,y_1)-f(x_1,y_1)]\|.$$

利用 $f(x,y)$ 的连续性知 $g(x)$ 连续. □

**注** 若在定理 1.2.1 中, $\forall(x,y)\in W$, $f'(x,y)$ 存在 (即 F 可微) 且连续, 则 $g'(x)$ 存在且连续, 并且有

$$g'(x)=-[f'_y(x,\ g(x)]^{-1}f'_x(x,\ g(x)),$$

证明留作习题.

下面利用隐函数定理来证明反函数定理:

**定理 1.2.2** 设 $X,Y$ 是两个 Banach 空间, $\Omega\subset X$ 是开集, $x_0\in\Omega$, $f:\ \Omega\to Y$ 是 F 可微且 $f'(x)$ 连续, 记 $y_0=f(x_0)$. 若 $f'(x_0)$ 存在有界逆 $[f'(x_0)]^{-1}(\in L(Y,X))$, 则存在 $x_0$ 的邻域 $U(x_0)$ 及 $y_0$ 的邻域 $V(y_0)$ 使 $f:\ U(x_0)\to V(y_0)$ 是同胚, 即 $f^{-1}:\ V(y_0)\to U(x_0)$ 存在且连续. 特别地, $f^{-1}$ 在 $y_0$ 点是 F 可微的, 且 $[f^{-1}(y_0)]'=[f'(x_0)]^{-1}$.

**证** 令 $\varphi(y,x)=y-f(x)$, 则 $\varphi:\ Y\times\Omega\to X$ 满足

(1) $\varphi(y_0,x_0)=0$;

(2) $\varphi'_x(y_0,x_0)=-f'(x_0)$, $[\varphi'_x(y_0,x_0)]^{-1}=-[f'(x_0)]^{-1}\in L(Y,X)$;

(3) $\varphi'_x(y,x)=-f'(x)$ 在 $(y_0,x_0)$ 点连续.

对 $\varphi(y,x)$ 应用定理 1.2.1, 存在 $y_0$ 的邻域 $V(y_0)$ 及 $x_0$ 的邻域 $U(x_0)$ 与唯一连续映射 $g:\ V(y_0)\to U(x_0)$ 满足

$$\varphi(y,\ g(y))=0,$$

即

$$y-f(g(y))=0,$$

因此 $f^{-1}=g:\ V(y_0)\to U(x_0)$.

最后来证 $g$ 在 $y_0$ 点 F 可微. 对 $h\in Y$, 设 $f(x_0+k(h))=y_0+h$, 则

$$\lim_{\|h\|\to 0}\|k(h)\|=0.$$

$$\begin{aligned}
&g(y_0+h)-g(y_0)-[f'(x_0)]^{-1}h\\
=&k-[f'(x_0)]^{-1}h\\
=&[f'(x_0)]^{-1}[f'(x_0)k-h]\\
=&-[f'(x_0)]^{-1}[f(x_0+k)-f(x_0)-f'(x_0)k]\\
=&0(\|k\|)=0\ (\|h\|),
\end{aligned}$$

故 $g'(y_0)=[f'(x_0)]^{-1}$. □

## 1.3 有穷维空间的拓扑度

在这一节中, 我们将引入有穷维空间的拓扑度 (即 Brouwer 度) 理论, 这种理论用于研究代数方程 $f(x)=y$ 解的个数和在同伦映射下的不变性, 从而帮助我们认识非线性映射 $f(x)$ 的性质.

设 $\mathbb{R}^n$ 是欧氏空间, $\Omega\subset\mathbb{R}^n$ 是有界开集. $\forall x=(x_1,x_2,\cdots,x_n)\in\mathbb{R}^n$, 定义 $|x|=\left(\sum\limits_{i=1}^{n}x_i^2\right)^{\frac{1}{2}}$. $f:\Omega\to\mathbb{R}^n$ 是 F 可微的, $x_0\in\Omega$. $f$ 在 $x_0$ 点处的 Jacobi 矩阵是指

$$J_f(x_0)=f'(x_0)=\begin{pmatrix}\dfrac{\partial f_1}{\partial x_1} & \dfrac{\partial f_1}{\partial x_2} & \cdots & \dfrac{\partial f_1}{\partial x_n}\\ \vdots & \vdots & & \vdots\\ \dfrac{\partial f_n}{\partial x_1} & \dfrac{\partial f_n}{\partial x_2} & \cdots & \dfrac{\partial f_n}{\partial x_n}\end{pmatrix}_{x=x_0}.$$

称 $x_0$ 为 $f$ 的**正则点**是指 $|f'(x_0)|\neq 0$, 即 $\det(J_f(x_0))\neq 0$. 称 $x_0$ 为 $f$ 的**奇异点**是指 $\det(J_f(x_0))=0$. 用 $S_f$ 表示 $\Omega$ 中奇异点全体.

本节的目的是建立连续映射的拓扑度, 首先在可微映射的正则点上建立.

Sard 定理在拓扑度的建立中起着关键作用.

**定理 1.3.1** (Sard) 设 $f:\Omega\to\mathbb{R}^n$ 是 F 可微且 $f'(x)$ 连续, 则 $f(S_f)$ 在 $\mathbb{R}^n$ 中是零测度集, 即 $\mu(f(S_f))=0$, 其中 $\mu$ 为 $\mathbb{R}^n$ 中 Lebesgue 测度.

**证** 开集可表示成至多可列多个方体的并, 外测度为零的集合一定是可测集, 且是零测度集. 记 $\Omega=\bigcup\limits_{n=1}^{\infty}H_n$, $H_n$ 是方体. 若能证明, 对每一个 $H_n$,

$$\mu^*(f(S_f\cap H_n))=0,$$

则由

$$\begin{aligned}\mu^*(f(S_f))=&\mu^*\left(f\left(S_f\cap\left(\bigcup_{n=1}^{\infty}H_n\right)\right)\right)\\ \leqslant&\sum_{n=1}^{\infty}\mu^*f(S_f\cap H_n)=0,\end{aligned}$$

知 $f(S_f)$ 可测且 $\mu(f(S_f))=0$. 因此仅需证明对任何方体 $H\subset\Omega$, 有

$$\mu^*f(S_f\cap H)=0.$$

设 $H\subset\Omega$ 是一个方体, 且边长为 $L$, 可知 $f'$ 在 H 上一致连续. $\forall\varepsilon>0$, 取自然

数 $m$ 使 $\forall x, x' \in H$ 且 $|x - x'| \leqslant \delta = \dfrac{\sqrt{n}}{m}L$ 时, $||f'(x) - f'(x')|| < \varepsilon$. 取常数 $C$ 满足 $||f'(x)|| \leqslant C, \ \forall x \in H$. 由中值定理, 当 $|x-x'| \leqslant \delta$ 时 $|f(x)-f(x')-f'(x')(x-x')| \leqslant \int_0^1 ||f'(x'+t(x-x')) - f'(x')||\ |x-x'|\mathrm{d}t \leqslant \varepsilon|x-x'|$. 将方体 $H$ 等分成 $m^n$ 个边长为 $\dfrac{L}{m}$ 的小方体, 记为 $H_j(j=1,2,\cdots,m^n)$, 则 $\forall x, x' \in H_j$ 都有 $|x-x'| \leqslant \delta$.

任取 $x' \in H_j \cap S_f$, 记 $A = f'(x')$, $\tilde{H}_j = H_j - x'$(平移). $\forall y \in \tilde{H}_j$ 有

$$f(x'+y) = f(x') + Ay + \omega(x', y),$$

易知 $|\omega(x', y)| \leqslant \varepsilon\delta$.

定义映射 $\varphi : \tilde{H}_j \to \mathbb{R}^n$ 为 $\varphi(y) = f(x'+y) - f(x') = Ay + \omega(x', y)$, 由于 $|A| = 0$, 所以 $A(\mathbb{R}^n)$ 是包含在 $\mathbb{R}^n$ 中的某个至多 $n-1$ 维的子空间中, 取标准正交基 $\{e_1, e_2, \cdots, e_n\}$ 满足 $e_1 \perp A(\mathbb{R}^n)$, 那么 $\varphi(y) = \sum\limits_{i=1}^{n} \langle \varphi(y), e_i \rangle e_i$. 所以 $\varphi(y)$ 和 $e_1$ 的内积满足

$$\begin{aligned} |\langle \varphi(y), e_1 \rangle| =& |\langle Ay + \omega(x', y), e_1 \rangle| \\ =& |\langle \omega(x', y), e_1 \rangle| \leqslant \varepsilon\delta. \end{aligned}$$

$\varphi(y)$ 和 $e_i$ 的内积满足

$$|\langle \varphi(y),\ e_i \rangle| \leqslant ||A||\delta + \varepsilon\delta \quad (i = 2, 3, \cdots, n),$$

从而可知 $\varphi(\tilde{H}_j)$ 包含在一个长方体内, 第一个坐标边长为 $2\varepsilon\delta$, 其余边长都是 $2(||A||\delta + \varepsilon\delta)$, 所以

$$\mu^*(\varphi(\tilde{H}_j)) \leqslant (2\varepsilon\delta)(2(||A|| + \varepsilon)\delta)^{n-1} \leqslant 2^n \varepsilon \delta^n (C+\varepsilon)^{n-1}.$$

由外测度平移不变性

$$\varphi(\tilde{H}_j) = f(H_j) + f(x') \Rightarrow \mu^*(f(H_j)) = \mu^*(\varphi(\tilde{H}_j)),$$

从而

$$\begin{aligned} \mu^*(f(H \cap S_f)) \leqslant& \sum_{j=1}^{m^n} \mu^*(f(H_j \cap S_f)) \\ \leqslant& m^n 2^n \varepsilon \delta^n (C+\varepsilon)^{n-1} \\ =& 2^n \varepsilon (C+\varepsilon)^{n-1} (\sqrt{n}L)^n. \end{aligned}$$

由 $\varepsilon$ 的任意性可得到

$$\mu^*(f(H\cap S_f))=0.$$

□

**定义 1.3.1**　若 $f:\bar{\Omega}\to\mathbb{R}^n$ 是连续映射, 记为 $f\in C(\bar{\Omega})$. 又 $f$ 在 $\Omega$ 上 F 可微且 $f'(x)$ 连续, 记为 $f\in C^1(\Omega)$. 如果 $f'(x)$ 是 F 可微, 且 $f''(x)$ 连续, 记为 $f\in C^2(\Omega)$.

下面来讨论 $f\in C^1(\Omega)$ 的拓扑度如何来定义.

设 $y\in\mathbb{R}^n$, 称 $y$ 为 $f$ 的正则值是指 $f^{-1}(y)=\varnothing$ 或 $f^{-1}(y)$ 是 $f$ 的正则点集. 在以下总是假定 $y\notin f(\partial\Omega)$, $\partial\Omega$ 表示 $\Omega$ 的边界.

**性质 1.3.1**　设 $f:\bar{\Omega}\to\mathbb{R}^n$ 连续且 $f\in C^1(\Omega)$, $y$ 是 $f$ 的正则值, $y\notin f(\partial\Omega)$, 则 $f(x)=y$ 在 $\Omega$ 内至多存在有限个解.

**证**　记 $K=\{x\in\Omega:f(x)=y\}$. 不妨设 $K$ 非空, 来证 $K$ 是紧集. 任取 $x_n\in K$ 且 $x_n\to x$, 要证 $x\in K$. 由 $f$ 的连续性, 可知 $f(x)=\lim\limits_{n\to\infty}f(x_n)=y$. 又由 $y\notin f(\partial\Omega)$, 可得 $x\notin\partial\Omega$, 即 $x\in\Omega$, 所以 $x\in K$. 这说明 $K$ 是闭集. 又因为 $K$ 是有界的, 所以 $K$ 是紧集. 由 $x\in K$可知$\det(J_f(x))\neq 0$, 由反函数定理知存在 $x$ 的邻域 $U(x)$ 和 $y$ 的邻域 $V_x(y)$, 使 $f:\ U(x)\to V_x(y)$ 同胚, $\{U(x)|x\in K\}$ 覆盖了 $K$. 又 $K$ 是紧集, 必存在有限子覆盖, 即存在有限个 $x_1,x_2,\cdots,x_m\in K$, 使 $\bigcup\limits_{i=1}^m U(x_i)\supset K$. 令 $V(y)=\bigcap\limits_{i=1}^m V_{x_i}(y)$, 则 $f^{-1}:V(y)\to U(x_i)$ 是单射, 直接可以推出 $K=\bigcup\limits_{i=1}^m(U(x_i)\cap K)=\{x_1,x_2,\cdots,x_m\}$.　□

现在给出 $f$ 在正则点处的拓扑度的定义.

**定义 1.3.2**　设 $f:\bar{\Omega}\to\mathbb{R}^n$ 连续, $f\in C^1(\Omega)$, $y$ 是 $f$ 的正则值, 且 $y\notin f(\partial\Omega)$. 定义拓扑度为

$$\deg(f,\Omega,y)\triangleq\sum_{x\in f^{-1}(y)}\operatorname{sgn}(\det(J_f(x)))=\sum_{i=1}^m\operatorname{sgn}(\det(J_f(x_i))),$$

当 $f^{-1}(y)=\varnothing$ 时, 我们约定 $\deg(f,\Omega,y)=0$. 这里 sgn 是符号函数, 即 $\operatorname{sgn}(x)=\begin{cases}-1, & x<0,\\ 0, & x=0,\\ 1, & x>0.\end{cases}$ 这个定义很简单, 但当考虑拓扑度的同伦不变性时, 这个定义是不方便的, 因此需要定义它的积分形式.

先引入磨光函数

$$\varphi:\ \mathbb{R}^n\to\mathbb{R},\quad \varphi(x)=\begin{cases}C\mathrm{e}^{-\frac{1}{1-|x|^2}}, & |x|<1,\\ 0, & |x|\geqslant 1.\end{cases}$$

$\varphi \in C^{\infty}(\mathbb{R}^n)$, 但不能 Taylor 展开, 即不是实解析函数. 记 $\mathrm{supp}\varphi = \overline{\{x : \varphi(x) \neq 0\}} = \{x : |x| \leqslant 1\}$, 取常数 $C$ 满足 $\int_{\mathbb{R}^n} \varphi(x)\mathrm{d}x = 1$, 记 $\varphi_\varepsilon(x) = \varepsilon^{-n}\varphi\left(\frac{x}{\varepsilon}\right), \varepsilon > 0$. 则

$$\int_{\mathbb{R}^n} \varphi_\varepsilon(x)\mathrm{d}x = \int_{\mathbb{R}^n} \varepsilon^{-n}\varphi\left(\frac{x}{\varepsilon}\right)\mathrm{d}x = \int_{\mathbb{R}^n} \varphi(x)\mathrm{d}x = 1.$$

**性质 1.3.2**　设 $f \in C^1(\bar{\Omega})$, $y \notin f(\partial\Omega)$, $y$ 是 $f$ 的正则值, 则当 $\varepsilon > 0$ 充分小时,

$$\deg(f, \Omega, y) = \int_{\Omega} \varphi_\varepsilon(f(x) - y)\det J_f(x)\mathrm{d}x,$$

**证**　记 $I = \int_{\Omega} \varphi_\varepsilon(f(x) - y)\det J_f(x)\mathrm{d}x$. 当 $y \notin f(\bar{\Omega})$ 时, 由拓扑度的定义知 $\deg(f, \Omega, y) = 0$. 同时, 由 $y \notin f(\bar{\Omega})$ 可知 $\inf\{|y - f(x)| : x \in \bar{\Omega}\} = \alpha > 0$. 则对于 $\forall\varepsilon \in (0, \alpha), x \in \Omega$, 都有 $\varphi_\varepsilon(f(x) - y)) = 0$, 故 $I = 0$. 因此 $I = \deg(f, \Omega, y)$.

设 $y \in f(\Omega)$, 由性质 1.3.1, $K = f^{-1}(y) = \{x_1, x_2, \cdots, x_m\}$. 取 $\delta > 0$ 满足 $f : B_\delta(x_i) \to V_i(y)$ 为同胚, 可取 $\{B_\delta(x_i)\}_{i=1}^m$ 两两不交. 令 $V = \bigcap\limits_{i=1}^m V_i(y)$, 则 $f^{-1} : V \to B_\delta(x_i)$ 为单射. 令 $\beta = \inf\{|f(x) - y| : x \in \bar{\Omega}\setminus \bigcup\limits_{i=1}^m B_\delta(x_i)\}$, 取 $0 < \varepsilon < \beta$. 当 $x \in \bar{\Omega}\setminus \bigcup\limits_{i=1}^m B_\delta(x_i)$时, 必有$\varphi_\varepsilon(f(x) - y) = 0$, 故

$$\begin{aligned} I &= \int_{\Omega\setminus\cup B_\delta(x_i)} \varphi_\varepsilon(f(x) - y)\det(J_f(x))\mathrm{d}x + \int_{\cup B_\delta(x_i)} \varphi_\varepsilon(f(x) - y)\det(J_f(x))\mathrm{d}x \\ &= \sum_{i=1}^m \int_{B_\delta(x_i)} \varphi_\varepsilon(f(x) - y)\det(J_f(x))\mathrm{d}x. \end{aligned}$$

可取充分小的 $\delta$, 使得在 $B_\delta(x_i)$ 中 $\mathrm{sgn}(\det(J_f(x)))$ 不发生变化.

$$I = \sum_{i=1}^n \mathrm{sgn}(\det(J_f(x_i))) \int_{B_\delta(x_i)} \varphi_\varepsilon(f(x) - y)|\det(J_f(x))|\mathrm{d}x.$$

令 $z = f(x) - y$, 则

$$\begin{aligned} &\int_{B_\delta(x_i)} \varphi_\varepsilon(f(x) - y)|\det(J_f(x))|\mathrm{d}x \\ =&\int_{\mathbb{R}^n} \varphi_\varepsilon(f(x) - y)|\det(J_f(x))|\mathrm{d}x \\ =&\int_{B_\varepsilon(0)} \varphi_\varepsilon(z)\mathrm{d}z = 1, \end{aligned}$$

所以

$$I = \sum_{i=1}^m \mathrm{sgn}(\det(J_f(x_i))).$$

□

**引理 1.3.1** 设 $f \in C^2(\bar{\Omega})$, $A_{ij}$ 表示 $J_f$ 的行列式的代数余子式, 即去掉第 $i$ 行第 $j$ 列后得到的 $n-1$ 阶行列式, 再乘 $(-1)^{i+j}$ 所得, 则

$$\sum_{j=1}^{n} \frac{\partial A_{ij}}{\partial x_j} = 0 \quad (i = 1, 2, \cdots, n).$$

**证** 对于 $\forall i = 1, 2, \cdots, n$, 记 $n-1$ 维向量 $a_k(x) = \left(\frac{\partial f_1}{\partial x_k}, \frac{\partial f_2}{\partial x_k}, \cdots, \frac{\partial f_{i-1}}{\partial x_k}, \frac{\partial f_{i+1}}{\partial x_k}, \cdots, \frac{\partial f_n}{\partial x_k}\right)^{\mathrm{T}}$.

$$\det(J_f^{ij}(x)) = \det(a_1(x), \cdots, a_k(x), \cdots, \hat{a}_j(x), \cdots, a_n(x)),$$

其中 $\hat{a}_j(x)$ 表示去掉 $a_j(x)$ 向量, $\wedge$ 表示去掉这个向量.

$$\begin{aligned}\frac{\partial}{\partial x_j}(\det(J_f^{ij}(x))) =& \sum_{k<j} (-1)^{k-1} \det\left(\frac{\partial a_k}{\partial x_j},\ a_1, \cdots, \hat{a}_j, \cdots, a_n\right) \\ &+ \sum_{k>j} (-1)^{k-2} \det\left(\frac{\partial a_k}{\partial x_j},\ a_1, \cdots, \hat{a}_j,\ \cdots, a_n\right).\end{aligned}$$

记 $a_{kj} = \det\left(\frac{\partial a_k}{\partial x_j},\ a_1, \cdots, \hat{a}_j, \cdots, a_n\right)$. 由于 $\forall m = 1, 2, \cdots, n$, 有 $\frac{\partial^2 f_m}{\partial x_j \partial x_k} = \frac{\partial}{\partial x_j}\left(\frac{\partial f_m}{\partial x_k}\right) = \frac{\partial}{\partial x_k}\left(\frac{\partial f_m}{\partial x_j}\right)$, 于是 $a_{kj} = a_{jk}$. 从而

$$\begin{aligned}\sum_{j=1}^{n} \frac{\partial A_{ij}}{\partial x_j} =& \sum_{j=1}^{n} (-1)^{i+j} \frac{\partial}{\partial x_j} \det(J_f^{ij}(x)) \\ =& (-1)^i \sum_{j=1}^{n} (-1)^j \left[\sum_{k<j} (-1)^{k-1} a_{kj} + \sum_{k>j} (-1)^{k-2} a_{kj}\right] \\ =& (-1)^i \left(\sum_{k<j} (-1)^{j+k-1} a_{kj} + \sum_{k>j} (-1)^{j+k-2} a_{kj}\right) \\ =& (-1)^i \left(\sum_{k<j} (-1)^{k+j-1} a_{kj} - \sum_{k>j} (-1)^{j+k-1} a_{jk}\right) = 0.\end{aligned}$$

□

**性质 1.3.3** 设 $f \in C^2(\bar{\Omega})$, $y \notin f(\partial\Omega)$. 记 $\delta = \rho(y,\ f(\partial\Omega)) = \inf\{|y - f(x)| : x \in \partial\Omega\}$, 设 $y_1, y_2 \in B_\delta(y)$, 且 $y_1, y_2$ 是 $f$ 的正则值, 则 $\deg(f, \Omega, y_1) = \deg(f, \Omega, y_2)$.

**证** 根据性质 1.3.2 知, $\deg(f, \Omega, y_i) = \int_{\Omega} \varphi_\varepsilon(f(x) - y_i) \det(J_f(x)) \mathrm{d}x,\ i = 1, 2.$

只需要证明

$$\int_{\Omega}[\varphi_\varepsilon(f(x)-y_1)-\varphi_\varepsilon(f(x)-y_2)]\det(J_f(x))\mathrm{d}x=0.$$

由散度公式, 可以找到一个向量 $v\in C^1(\mathbb{R}^n)$ 满足 $\mathrm{supp}v\subset\Omega$, 且

$$[\varphi_\varepsilon(f(x)-y_1)-\varphi_\varepsilon(f(x)-y_2)]\det(J_f(x))=\mathrm{div}v(x)$$

即可. 由中值定理, $\forall z$ 都有

$$\varphi_\varepsilon(z-y_1)-\varphi_\varepsilon(z-y_2)=\int_0^1\varphi_\varepsilon'((z-y_2)+s(y_2-y_1))(y_2-y_1)\mathrm{d}s.$$

记

$$\Phi(z)=\int_0^1\varphi_\varepsilon((z-y_2)+s(y_2-y_1))(y_2-y_1)\mathrm{d}s,$$

则

$$\mathrm{div}\,\Phi(z)=\int_0^1\varphi_\varepsilon'((z-y_2)+s(y_2-y_1))(y_2-y_1)\mathrm{d}s=\varphi_\varepsilon(z-y_1)-\varphi_\varepsilon(z-y_2).$$

令

$$v_j(x)=\sum_{i=1}^n(\Phi_i(f(x))A_{ij}(x)),\quad v=(v_1,\cdots,v_n),$$

那么

$$\frac{\partial v_j}{\partial x_j}=\sum_{i=1}^n\sum_{k=1}^n\frac{\partial\Phi_i}{\partial f_k}\frac{\partial f_k}{\partial x_j}A_{ij}+\sum_{i=1}^n\Phi_i(x)\frac{\partial A_{ij}(x)}{\partial x_j}.$$

由前面的引理 1.3.1 有

$$\mathrm{div}v=\sum_{j=1}^n\frac{\partial v_j}{\partial x_j}=\sum_{j=1}^n\left(\sum_{i=1}^n\sum_{k=1}^n\frac{\partial\Phi_i}{\partial f_k}\frac{\partial f_k}{\partial x_j}A_{ij}(x)\right),$$

并注意到 $A_{ij}$ 是 $J_f(x)$ 对应 $\left(\dfrac{\partial f_i}{\partial x_j}\right)$ 的代数余子式.

由行列式的性质可知

$$\begin{aligned}\mathrm{div}v=&\sum_{k=1}^n\frac{\partial\Phi_k}{\partial f_k}\det(J_f(x))=\mathrm{div}\,\Phi(f(x))\det(J_f(x))\\=&[\varphi_\varepsilon(f(x)-y_1)-\varphi_\varepsilon(f(x)-y_2)]\det(J_f(x)).\end{aligned}$$

□

**性质 1.3.4** 设 $f\in C(\bar{\Omega})$, 那么 $\forall\varepsilon>0$, $\exists g\in C^\infty(\mathbb{R}^n)$ 满足

$$||f-g||_0=\max\{|f(x)-g(x)|:\ x\in\bar{\Omega}\}<\varepsilon.$$

**证** 由于 $f\in C(\bar{\Omega})$, 所以 $f$ 是一致连续的, 即 $\forall\varepsilon>0$, $\exists\delta>0$, 使得当 $x,y\in\bar{\Omega}$ 且 $|x-y|<\delta$ 时有 $|f(x)-f(y)|<\varepsilon$.

令 $f_\rho(x)=\displaystyle\int_{\mathbb{R}^n}f(y)\varphi_\rho(y-x)\mathrm{d}y$, 其中 $\rho$ 充分小, 使得 $\mathrm{supp}(\varphi_\rho)\subset B_\delta(0)$. 显然 $f_\rho(x)\in C^\infty(\mathbb{R}^n)$. 由于 $f(x)=\displaystyle\int_{\mathbb{R}^n}f(x)\varphi_\rho(y-x)\mathrm{d}y$, 所以

$$\begin{aligned}|f_\rho(x)-f(x)|&\leqslant\int_{\mathbb{R}^n}|f(y)-f(x)|\varphi_\rho(y-x)\mathrm{d}y\\&=\int_{B_\delta(0)}|f(y)-f(x)|\varphi_\rho(y-x)\mathrm{d}y<\varepsilon\int_{B_\delta(0)}\varphi_\rho(y-x)\mathrm{d}y=\varepsilon.\end{aligned}$$ □

**性质 1.3.5** 设 $f\in C^2(\bar{\Omega})$, $y\notin f(\partial\Omega)$, $g\in C^2(\bar{\Omega})$, 则存在 $\delta>0$, 使得当 $|t|\leqslant\delta$ 时, 有

$$\deg(f,\Omega,y)=\deg(f+tg,\Omega,y).$$

**证** 令 $h_t=f+tg$. 由 $y\notin f(\partial\Omega)$ 可知，当 $t$ 充分小时, $y\notin h_t(\partial\Omega)$.

(1) 若 $f^{-1}(y)=\varnothing$ 时, 当 $t$ 充分小时, $h_t^{-1}(y)=\varnothing$, 从而直接由拓扑度的定义, 性质 1.3.5 结论成立.

(2) 若 $y$ 是 $f$ 的正则值, 不妨设 $f^{-1}(y)=\{x_1,x_2,\cdots,x_k\}$, $\det(J_f(x_i))\neq0$ $(i=1,2,\cdots,k)$.

由隐函数定理, 存在 $\delta>0$, $r>0$ 及 $x_i(t)$ : $(-\delta,\ \delta)\to B_r(y)$ 满足 $h_t(x_i(t))=y$ 且 $\det(J_{h_t}(x_i(t))$ 与 $\det(J_f(x_i))$ 同号, 并且 $x_i(0)=x_i$ 及

$$h_t^{-1}(y)=\{x_1(t),x_2(t),\cdots,x_k(t)\},$$

故

$$\begin{aligned}\deg(h_t,\Omega,y)&=\sum_{i=1}^k\mathrm{sgn}(\det(J_{h_t}(x_i(t)))\\&=\sum_{i=1}^k\mathrm{sgn}\det(J_f(x_i))=\deg(f,\Omega,y).\end{aligned}$$

(3) 若 $f^{-1}(y)\neq\varnothing$, 但 $y$ 不是正则值时, 记 $\rho(y,\ f(\partial\Omega))=\alpha$. 由定理 1.3.1 知，$B_{\frac{\alpha}{3}}(y)$ 中几乎处处都是 $f$ 的正则值. 由性质 1.3.3 可知 $\exists C$, 使得对于 $B_{\frac{\alpha}{3}}(y)$ 中的任意正则值 $y_1$, 恒有 $\deg(f,\Omega,y_1)=C$. 任取 $B_{\frac{\alpha}{3}}(y)$ 中的正则值 $y_1$, 由 (2) 知, 当 $|t|$ 充分小时, 有

$$\deg(h_t,\Omega,y_1)=\deg(f,\Omega,y_1).$$

另一方面, 取 $|t|$ 充分小, 满足 $|y_1 - h_t(x)| > \frac{2}{3}\alpha \ (\forall x \in \partial\Omega)$, 故

$$|y - y_1| < \frac{2}{3}\alpha < \inf\{\rho(y_1,\ h_t(\partial\Omega)\}.$$

于是有 $\deg(h_t, \Omega, y) = \deg(h_t, \Omega, y_1)$, 因此

$$\deg(h_t, \Omega, y) = \deg(f, \Omega, y).$$ □

**性质 1.3.6** 设 $f \in C(\bar{\Omega}),\ \ y \notin f(\partial\Omega),\ \ \alpha = \rho(y,\ f(\partial\Omega))$, 则 $\forall g_1, g_2 \in C^2(\bar{\Omega})$, 且 $||g_i - f||_0 < \alpha\ \ (i = 1, 2)$, 有

$$\deg(g_1, \Omega, y) = \deg(g_2, \Omega, y).$$

**证** 由 $y \notin g_i(\partial\Omega)$ 可知 $\deg(g_i, \Omega, y)$ 有意义, 记

$$h(t, x) = g_1(x) + t(g_2(x) - g_1(x)), \quad t \in [0, 1].$$

已知 $y \notin h_t(\partial\Omega),\ \ \forall t \in [0, 1]$, 从而 $\deg(h_t, \Omega, y)$ 有意义. 对于固定的 $t_0 \in [0, 1]$, $h(t, x) = h(t_0, x) + (t - t_0)(g_2(x) - g_1(x))$, 则由性质 1.3.5 可知, 当 $|t - t_0|$ 充分小时,

$$\deg(h(t, \cdot), \Omega, y) = \deg(h(t_0, \cdot), \Omega, y).$$

这意味着 $F(t) = \deg(h(t, \cdot), \Omega, y):\ [0, 1] \to \mathbb{Z}$ 是一个连续函数, 又由于 $F(t)$ 的值域为整数, 所以 $F(t) \equiv$ 常值, 即

$$\deg(g_1, \Omega, y) = F(0) = F(1) = \deg(g_2, \Omega, y).$$ □

通过性质 1.3.1~ 性质 1.3.6, 已经定义了拓扑度, 即对每一个 $f \in C(\bar{\Omega}),\ \ y \notin f(\partial\Omega)$, 定义一个整数值 $\deg(f, \Omega, y)$.

可以定义的拓扑度, 是对每一个 $f \in C(\bar{\Omega}), y \notin f(\partial\Omega)$, 都有一个整数 $\deg(f, \Omega, y)$ 与它对应, 具体方法可简述如下:

(1) 若 $f \in C^1(\bar{\Omega}), y \notin f(\partial\Omega)$, $y$ 是 $f$ 的正则值时, 定义

$$\deg(f, \Omega, y) = \sum_{x \in f^{-1}(y)} \operatorname{sgn}\det(J_f(x)).$$

(2) 若 $f \in C^1(\bar{\Omega}), y \notin f(\partial\Omega)$, $y$ 不是 $f$ 的正则值时. 记 $\alpha = \rho(y, f(\partial\Omega))$, 由 Sard 定理, $B_\alpha(y)$ 中几乎处处都是 $f$ 的正则值, 任取正则值 $y_1 \in B_\alpha(y)$, 定义

$$\deg(f, \Omega, y) = \deg(f, \Omega, y_1),$$

这样做是合理的, 见性质 1.3.3.

(3) 若 $f \in C(\bar{\Omega}), y \notin f(\partial\Omega)$, 记 $\alpha = \rho(y, f(\partial\Omega))$, 取 $g \in C^2(\bar{\Omega})$, 满足 $\|f - g\|_0 = \max\{|f(x) - g(x)| : x \in \bar{\Omega}\} < \alpha$, 则 $y \notin g(\partial\Omega)$ 且 $g \in C^1(\bar{\Omega})$, 由 (1), (2) 知 $\deg(g, \Omega, y)$ 有定义, 于是定义

$$\deg(f, \Omega, y) = \deg(g, \Omega, y),$$

这样做也是合理的, 见性质 1.3.6.

## 1.4 Brouwer 度的性质及应用

根据其定义过程可知拓扑度有如下性质.

**性质 1.4.1** (1) 正规性. 当 $y \in \Omega$ 时, $\deg(I, \Omega, y) = 1$, 这里 $I : \Omega \to \Omega$ 表示恒同映射, 即 $I(x) = x$.

(2) 可加性. 设 $\Omega_1, \Omega_2 \subset \Omega$ 是两个开集, $\Omega_1 \cap \Omega_2 = \varnothing, y \notin f(\bar{\Omega} \backslash (\Omega_1 \cup \Omega_2))$, 则

$$\deg(f, \Omega, y) = \deg(f, \Omega_1, y) + \deg(f, \Omega_2, y).$$

(3) 可解性. 若 $\deg(f, \Omega, y) \neq 0$, 则方程 $f(x) = y$ 在 $\Omega$ 内至少有一个解.

(4) 同伦不变性. 设 $h : [0,1] \times \bar{\Omega} \to \mathbb{R}^n$ 连续且 $y \notin h(t, \partial\Omega)(t \in [0,1])$, 则 $\deg(h(t, \cdot), \Omega, y) \equiv$ 常数.

同伦不变性是拓扑度的核心, 它起到的作用有两个: ①抗干扰性; ② 复杂映射可通过简单映射来研究.

**证** (1) 方程 $I(x) = y$ 仅有一个解 $y$ 且 $\operatorname{sgn}[\det(J_I(y))] = 1$, 故由定义有

$$\deg(I, \Omega, y) = 1.$$

(2) 若 $f \in C^1(\bar{\Omega})$ 且 $y$ 是 $f$ 的正则值, 记 $f(x) = y$ 在 $\Omega_1$ 内的解为 $\{x_1, x_2, \cdots, x_k\}$, 在 $\Omega_2$ 内的解为 $\{x'_1, x'_2, \cdots, x'_m\}$, 则

$$\begin{aligned}\deg(f, \Omega, y) &= \sum_{i=1}^{k} \operatorname{sgn}[\det(J_f(x_i))] + \sum_{i=1}^{m} \operatorname{sgn}[\det(J_f(x'_i))] \\ &= \deg(f, \Omega_1, y) + \deg(f, \Omega_2, y).\end{aligned}$$

一般情况, 通过逼近来证.

(3) 显然.

(4) 当 $h \in C^2([0,1] \times \bar{\Omega})$ 时, 由性质 1.3.5 的证明知

$$\deg(h(t, \cdot),\ \Omega,\ y) \equiv \text{常数}.$$

一般情况, 通过逼近及拓扑度的定义立即得到.

下面举几个 Brouwer 拓扑度的应用例子.

**定理 1.4.1** (Brouwer *不动点定理*) 设 $M \subset \mathbb{R}^n$ 是非空有界闭凸集, $f: M \to M$ 连续, 则 $f$ 至少有一个不动点, 即存在 $x_* \in M$, 使得 $f(x_*) = x_*$.

**证** 证明思路, 先证明 $M$ 是闭球的情况, 然后对 $M$ 是一般的有界闭凸集时利用 Dugandji 延拓定理 (见定理 1.4.2) 来把 $f$ 延拓到包含 $M$ 的闭球上来考虑.

(1) $M$ 是一个闭球的情况, 即 $M = \bar{B}_r(0) = \{x : |x| \leqslant r\}$. 令 $h(t,x) = x - tf(x)$, $t \in [0,1]$. 假设 $f$ 在 $\partial B_r$ 上无不动点 (若不然定理自然成立), 即 $f(x) \neq x$, 当 $|x| = r$ 时. 此时, $h(1,x) \neq 0, \forall x \in \partial B_r(0)$. 对于 $\forall t \in [0,1)$ 以及 $\forall x \in \partial B_r(0)$,

$$\begin{aligned}\langle x, h(t,x)\rangle &= |x|^2 - t\langle x, f(x)\rangle \\ &\geqslant |x|^2 - t|x|\,|f(x)| \\ &= r(r - t|f(x)|) > 0.\end{aligned}$$

上式意味着 $\langle x, h(t,x)\rangle \neq 0$, $\forall t \in [0,1)$. 这说明 $0 \notin h(t, \partial B_r(0))$, $\forall t \in [0,1)$. 从而由拓扑度的同伦不变性可知 $\deg(h(t,\cdot),\ B_r(0),\ 0) \equiv$ 常值. 因此

$$\begin{aligned}1 &= \deg(I,\ B_r(0),\ 0) = \deg(h(0,\cdot),\ B_r(0), 0) \\ &= \deg(h(1,\cdot),\ B_r(0), 0).\end{aligned}$$

可知 $h(1,x) = 0$ 有解, 即 $f(x) - x = 0$ 有解.

(2) $M$ 是一个有界闭凸集, 取 $r > 0$, 使得 $M \subset B_r(0)$. 由于 $f: M \to M$ 连续, 根据 Dugundji 延拓定理有 $f$ 的连续延拓 $\hat{f}:\ \mathbb{R}^n \to \mathbb{R}^n$ 满足

$$\hat{f}(\mathbb{R}^n) \subset \mathrm{Co}f(M) \subset \mathrm{Co}M = M.$$

令 $\bar{f} \triangleq \hat{f}\big|_{\bar{B}_r}:\ \bar{B}_r(0) \to M \subset \bar{B}_r(0)$, 则由 (1) 及 $\bar{f}(\bar{B}_r(0)) \subset M$ 可知, 存在 $x_* = \bar{f}(x_*) \in M$, 并且 $\bar{f}(x_*) = f(x_*)$, 即 $f(x_*) = x_*$. □

现在介绍一般情况下的 Dugundji 延拓定理.

**定理 1.4.2** (Dugundji *延拓定理*) 设 $X, Y$ 是两个 Banach 空间, $A \subset X$ 是闭集, $f: A \to Y$ 连续, 那么存在 $f$ 的连续延拓 $\hat{f}:\ X \to Y$ 满足 $\hat{f}(X) \subset \mathrm{Co}f(A)$.

**证** 令 $G = X \backslash A$, 则 $G$ 是开集且 $\forall x \in G$, 都有$\rho(x, A) > 0$. 记 $r(x) = \dfrac{1}{6}\rho(x, A)$, 则 $\{B_{r(x)}(x)\}_{x\in G}$ 是 $G$ 的一个开覆盖. 由于 $G$ 是度量空间 (按 $X$ 中范数诱导的度量), 所以 $G$ 是仿紧的. 从而 $G$ 的开覆盖 $\{B_{r(x)}(x)\}_{x\in G}$ 存在局部有限加细开覆盖 $\{O_i\}_{i\in I}$ 及相应于 $\{O_i\}_{i\in I}$ 的单位分解 $\{g_i\}_{i\in I}$. 先取 $a_i \in A$ 满足 $\rho(a_i,\ O_i) < 2\rho(O_i,\ A)$. 然后定义 $\hat{f}:\ X \to Y$ 为

$$\hat{f}(x)=\begin{cases} f(x), & x\in A,\\ \sum_{i\in I} g_i(x)f(a_i), & x\in G.\end{cases}$$

由 $\{g_i\}_{i\in I}$ 是一个单位分解可知 $\hat{f}(X)\subset \mathrm{Co}f(A)$. 下面证明 $\hat{f}:\ X\to Y$ 是连续的. 显然 $\hat{f}$ 在 $G\cup A$ 上是连续的, 只需要证明 $\hat{f}$ 在 $\partial A$ 上是连续的. 设 $x_0\in\partial A\subset A$, 由 $f$ 在 $A$ 上的连续性, $\forall\varepsilon>0,\ \exists\delta>0$, 当 $x\in A\cap B_\delta(x_0)$ 有 $||f(x)-f(x_0)||<\varepsilon$. 先证明如下论断:

当 $||x-x_0||<\dfrac{\delta}{4}$ 且 $x\in G$ 时,

$$\text{若}g_i(x)\neq 0, \text{则必有}a_i\in B_\delta(x_0). \tag{1.4.1}$$

由于 $g_i(x)\neq 0$, 那么 $x\in O_i$, 并且由于 $\{O_i\}_{i\in I}$ 是 $\{B_{r(y)}(y)\}_{y\in G}$ 的一个加细覆盖, 存在 $y\in G$ 使得 $O_i\subset B_{r(y)}(y)$. $\forall z\in O_i$, 有

$$||a_i-x||\leqslant ||x-z||+||z-a_i||\leqslant \mathrm{dia}(O_i)+||z-a_i||,$$

上式关于 $z$ 取下确界, 有 $||a_i-x||\leqslant \mathrm{dia}(O_i)+\rho(a_i,O_i)$. 又由 $O_i\subset B_{r(y)}(y)$, 以及 $r(y)=\dfrac{1}{6}\rho(y,A)$, 可知

$$\begin{aligned}||a_i-x||&\leqslant\rho(a_i,O_i)+\mathrm{dia}(B_{r(y)}(y))\\&<2\rho(O_i,A)+\rho(B_{r(y)}(y),A)\\&<3\rho(O_i,A)\leqslant 3||x-x_0||,\end{aligned}$$

从而 $||x_0-a_i||\leqslant ||x-x_0||+||x-a_i||\leqslant 4||x-x_0||<\delta$, 即 $a_i\in B_\delta(x_0)$, 证明了式 (1.4.1) 成立. 从而可知 $||f(a_i)-f(x_0)||<\varepsilon$.

那么, 当 $||x-x_0||<\dfrac{\delta}{4}$ 并且 $x\in G$,

$$\begin{aligned}||\hat{f}(x)-f(x_0)||&=\left\|\sum_{i\in I} g_i(x)f(a_i)-\sum_{i\in I} g_i(x)f(x_0)\right\|\\&\leqslant\sum_{g_i(x)\neq 0} g_i(x)||f(a_i)-f(x_0)||<\varepsilon.\end{aligned}$$ □

**定理 1.4.3** 设 $f:\mathbb{R}^n\to\mathbb{R}^n$ 连续, 且 $\lim\limits_{|x|\to+\infty}\dfrac{\langle f(x),\,x\rangle}{|x|}=+\infty$, 则 $f(\mathbb{R}^n)=\mathbb{R}^n$.

**证** 仅需证明 $\forall y\in\mathbb{R}^n$, 方程 $f(x)=y$ 有解. 固定 $y\in\mathbb{R}^n$, 作同伦映射 $h(t,x)=tx+(1-t)f(x)-y$. 由 $\lim\limits_{|x|\to\infty}\dfrac{\langle f(x),x\rangle}{|x|}=+\infty$ 可知, $\exists r>0$ 使得 $\forall|x|\geqslant r$

都有 $\dfrac{\langle f(x),x\rangle}{|x|} > |y|+1$. 不妨设 $r > |y|+1$.

取球 $\bar{B}_r(0)$, 则 $y \in B_r(0)$, 当 $|x| = r$ 时,

$$\begin{aligned}\langle h(t,x),x\rangle =& t|x|^2 + (1-t)\langle f(x),x\rangle - \langle x,y\rangle \\ \geqslant& t|x|^2 + (1-t)\langle f(x),x\rangle - |x|\,|y| \\ =& r[tr + (1-t)\frac{\langle f(x),x\rangle}{|x|} - |y|] \\ \geqslant& r[tr + (1-t)(|\,y\,|+1) - |y|] \\ \geqslant& r[t(|\,y\,|+1) + (1-t)(|\,y\,|+1) - |y|] \\ =& r > 0,\end{aligned}$$

故 $h(t,x) \neq 0, \forall t \in [0,1], x \in \partial B_r(0)$. 由同伦不变性有

$$\deg(f-y,\ B_r(0),0) = \deg(I-y,\ B_r(0),0) = \deg(I,B_r(0),y) = 1,$$

这说明方程 $f(x)-y=0$ 有解. □

设 $\Omega \subset \mathbb{R}^n$, 称 $\Omega$ 是关于零点对称的, 是指 $\Omega = -\Omega$. 称 $f:\ \Omega \to \mathbb{R}^n$ 是奇映射, 是指 $f(-x) = -f(x),\ \forall x \in \Omega$; 称 $f$ 是偶映射, 是指 $f(-x) = f(x),\ \forall x \in \Omega$.

下面的定理是描述奇映射拓扑度一定是奇数的一个定性结果, 即 Borsuk 定理.

**定理 1.4.4** 设 $\Omega \subset \mathbb{R}^n$ 是有界对称的开集, $0 \in \Omega$, $f \in C(\bar{\Omega})$ 是奇映射且 $0 \notin f(\partial\Omega)$, 那么 $\deg(f,\Omega,0)$ 是奇数.

**证** (1) 可选取映射 $g_1 \in C^1(\bar{\Omega})$ 充分逼近 $f$, 令 $g_2(x) = \dfrac{1}{2}(g_1(x) - g_1(-x))$, 则 $g_2 \in C^1(\bar{\Omega})$ 且 $g_2$ 也可充分逼近 $f$. 取 $\varepsilon > 0$ 充分小, 且 $\varepsilon$ 不是 $g_2'(0)$ 的特征值, 则 $g(x) = g_2(x) - \varepsilon x$ 充分逼近 $f$ 且 $g'(0) = g_2'(0) - \varepsilon I$, 故 $\det(g'(0)) \neq 0$. 根据拓扑度的定义有

$$\deg(f,\Omega,0) = \deg(g,\Omega,0).$$

(2) 若能找到可充分逼近 $g$ 的奇映射 $h \in C^1(\bar{\Omega})$, 且 $0 \notin h(S_h)$, $h'(0) = g'(0)$. 那么由拓扑度的定义知

$$\begin{aligned}\deg(g,\Omega,0) =& \deg(h,\Omega,0) \\ =& \operatorname{sgn}\det(h'(0)) + \sum_{\substack{h(x)=0 \\ x\neq 0}} \operatorname{sgn}\det(h'(x)),\end{aligned}$$

注意到 $h$ 是奇映射, 当 $x \neq 0$, 且 $h(x) = 0$ 时有 $h(-x) = 0$. 因此上式右端的求和部分是偶数项, 故 $\deg(g,\Omega,0)$ 是奇数, 从而 $\deg(f,\Omega,0)$ 也是奇数. 为了证明这样的 $h$ 的存在性, 将它写成一个引理.

**引理 1.4.1**　设 $\Omega \subset \mathbb{R}^n$ 是一个有界对称的开集, $0 \in \Omega$, $g \in C^1(\bar{\Omega})$ 是奇映射且 $\det(g'(0)) \neq 0$, 则 $\forall \varepsilon > 0$, 存在奇映射 $h \in C^1(\bar{\Omega})$, 使得 $\|h - g\| < \varepsilon$ 且 $0 \notin h(S_h)$, $h'(0) = g'(0)$.

**证**　记 $\Omega_k = \{x \in \Omega$: 存在某个 $i \leqslant k$, 使 $x_i \neq 0\}$, $k = 1, 2, \cdots, n$, 则 $\Omega_n = \Omega \backslash \{0\}$. 取奇函数 $\varphi \in C^1(\mathbb{R})$ 满足 $\varphi'(0) = 0$, $\varphi(0) = 0$, 且当 $t \neq 0$ 时有 $\varphi(t) \neq 0$. 如 $\varphi(t) = t^3$ 就满足这个要求.

在 $\Omega_1 = \{x \in \Omega : x_1 \neq 0\}$ 上定义 $\bar{g}(x) = \dfrac{g(x)}{\varphi(x_1)}$, 则 $\bar{g} \in C^1(\Omega_1)$. 根据 Sard 定理可选取向量 $a_1 \in \mathbb{R}^n$ 且 $|a_1|$ 充分小, 使 $a_1 \notin \bar{g}(S_{\bar{g}}(\Omega_1))$, 即 $a_1$ 是 $\bar{g}$ 的正则值. 记 $h_1(x) = g(x) - \varphi(x_1)a_1$, 那么当 $h_1(x) = 0$ 时, $\bar{g}(x) = a_1$, 故 0 是 $h_1(x)$ 的正则值. 假设已有奇映射 $h_k \in C^1(\bar{\Omega})$ 且 $0 \notin h_k(S_{h_k}(\Omega_k))$ $(k < n)$. 在 $\Omega_{k+1}$ 上定义 $h_{k+1}(x) = h_k(x) - \varphi(x_{k+1})a_{k+1}$, 可选取 $a_{k+1}$ 使 $|a_{k+1}|$ 充分小, 使 0 是 $h_{k+1}$ 在 $\{x \in \Omega,\ x_{k+1} \neq 0\}$ 上的正则值. 当 $x \in \Omega_{k+1}$ 且 $x_{k+1} = 0$ 时, 因 $h_{k+1}(x) = h_k(x)$, 故 0 也是 $h_{k+1}$ 的正则值, 于是 0 是 $h_{k+1}$ 在 $\Omega_{k+1}$ 上的正则值. 取 $h = h_n$, 则 0 是 $h_n$ 在 $\Omega_n$ 上的正则值. 另一方面, 由于在 $\Omega$ 上有

$$h_n(x) = g(x) - \sum_{i=1}^{n} \varphi(x_i)a_i,$$

则 $h_n(0) = g(0) = 0$, 且 $h_n'(0) = g'(0)$ $(\varphi'(0) = 0)$. □

可以利用 Borsuk 定理来证明下面的开映射原理.

**定理 1.4.5**　设 $\Omega \subset \mathbb{R}^n$ 是开集, $f : \Omega \to \mathbb{R}^n$ 局部一对一且连续, 则 $f$ 是开映射, 即 $f$ 将 $\Omega$ 中的开集映成开集.

**证**　仅需证明 $\forall x_0 \in \Omega$ 及 $\forall \varepsilon > 0$且满足 $B_\varepsilon(x_0) \subset \Omega$, 必存在 $\delta > 0$, 使 $f(B_\varepsilon(x_0)) \supset B_\delta(f(x_0))$. 不失一般性, 可设 $x_0 = f(x_0) = 0$, 且 $f:\ \bar{B}_\varepsilon(0) \to \bar{B}_\varepsilon(0)$ 是一对一映射, 则 $0 \notin f(\partial B_\varepsilon)$. 接下来证存在 $\delta > 0$, 当 $y \in B_\delta(0)$ 存在 $x \in B_\varepsilon(0)$ 使 $f(x) = y$, 即仅需证明 $\deg(f, B_\varepsilon(0), y) \neq 0$. 根据拓扑度的定义, 可选取充分小的 $\delta > 0$, 满足

$$\deg(f, B_\varepsilon(0), y) = \deg(f, B_\varepsilon(0), 0), \quad y \in B_\delta(0).$$

令

$$h(t, x) = f\left(\frac{x}{1+t}\right) - f\left(\frac{-tx}{1+t}\right), \quad \forall (t, x) \in [0, 1] \times \bar{B}_\varepsilon(0),$$

则当 $x \in \partial B_\varepsilon(0)$ 及 $t \in [0, 1]$ 时有 $h(t, x) \neq 0$. 因为若不然, 存在 $t_0 \in [0, 1]$ 及 $x_0 \in \partial B_\varepsilon(0)$, 使

$$f\left(\frac{x_0}{1+t_0}\right) = f\left(\frac{-t_0 x_0}{1+t_0}\right),$$

又 $f$ 是一对一映射, 则必有 $x_0=-t_0x_0$, 从而必有 $x_0=0$, 这与 $x_0\neq 0$ 矛盾. 由同伦不变性及 Borsuk 定理有

$$\deg(f,B_\varepsilon(0),0)=\deg(h(0,\cdot),\Omega,0)=\deg(h(1,\cdot),\Omega,0)=\text{奇数}\neq 0.$$

这表明存在 $\delta>0$, 当 $y\in B_\delta(0)$ 时, 方程 $f(x)=y$ 在 $B_\varepsilon(0)$ 内有解, 故 $f(B_\varepsilon(0))\supset B_\delta(0)$. □

下面给出拓扑度的乘积公式即 Leray 乘积公式.

**定理 1.4.6** 设 $f\in C(\bar{\Omega})$, $g\in C(\mathbb{R}^n)$, $z\notin g\circ f(\partial\Omega)$, $H_i$ 表示 $\mathbb{R}^n\backslash f(\partial\Omega)$ 的连通分支, 那么

$$\deg(g\circ f,\ \Omega,z)=\sum_i \deg(f,\Omega,H_i)\deg(g,H_i,z),$$

这里上式右端求和仅有有限项非零.

**注** (1) 根据拓扑度的定义, 因为 $H_i$ 是连通的, 所以对一切 $y\in H_i$, $\deg(f,\Omega,y)$ 是常数, 因此用 $\deg(f,\Omega,H_i)$ 表示.

(2) 当 $n\geqslant 2$ 时, $\mathbb{R}^n\backslash f(\partial\Omega)$ 仅有一个无界的连通分支, $n=1$ 时有两个无界的连通分支, 如果 $H_1$ 是无界连通分支, 那么可取 $y\in H_1$ 且 $y\notin f(\bar{\Omega})$, 于是 $\deg(f,\Omega,y)=0$, 即 $\deg(f,\Omega,H_1)=0$, 所以可以只考虑有界连通分支.

(3) 取球 $B_r(0)\supset f(\bar{\Omega})$, 则 $\bar{B}_r(0)\cap g^{-1}(z)$ 是紧集且

$$\bar{B}_r(0)\cap g^{-1}(z)\subset\bigcup_{i=1}^{\infty}H_i,$$

所以存在有限个 $H_i$, 不妨设前 $k$ 个, 使

$$\bar{B}_r(0)\cap g^{-1}(z)\subset\bigcup_{i=1}^{k}H_i.$$

那么当 $i>k$ 时, $\bar{B}_r(0)\cap g^{-1}(z)\cap H_i=\varnothing$, 又假设 $H_i$ 有界, 那么 $H_i\subset B_r(0)$, 故 $z\notin g(H_i)$ 又 $\partial H_i\subset f(\partial\Omega)$, $z\notin g\circ f(\partial\Omega)$. 因此 $z\notin g(\bar{H}_i)$, 由拓扑度的定义有 $\deg(g,H_i,z)=0$, 可见定理 1.4.6 中求和项仅有有限项非零.

**定理 1.4.6 的证明** 第一步: 首先设 $f\in C^1(\bar{\Omega})$, $g\in C^1(\mathbb{R}^n)$, $z$ 是 $g\circ f$ 的正则值, 于是

$$[g\circ f(x)]'=g'(f(x))f'(x).$$

当 $g(f(x))=z$ 时, $y=f(x)$ 是 $f(x)$ 的正则值, $z$ 是 $g(y)$ 的正则值, 根据拓扑度的定义

$$\deg(g\circ f,\ \Omega,\ z)$$

$$
\begin{aligned}
&= \sum_{g\circ f(x)=z} \operatorname{sgn}\deg J_{g\circ f}(x) \\
&= \sum_{g\circ f(x)=z} \operatorname{sgn}\deg(J_g(f(x))\operatorname{sgn}(\deg J_f(x)) \\
&= \sum_{\substack{g(y)=z\\ y\in f(\Omega)}} \operatorname{sgn}\deg(J_g(y)) \left(\sum_{f(x)=y} \operatorname{sgn}\deg(J_f(x))\right) \\
&= \sum_{\substack{g(y)=z\\ y\in f(\Omega)}} \operatorname{sgn}\deg(J_g(y)) \deg(f,\Omega,y).
\end{aligned}
$$

因为在同一个连通分支 $H_i$ 中的 $y$, $\deg(f,\Omega,y)$ 相同, 于是上式又可写成

$$
\begin{aligned}
\deg(g\circ f,\Omega,z) &= \sum_i \left(\sum_{\substack{y\in H_i\\ g(y)=z}} \operatorname{sgn}\det(J_g(y))\deg(f,\Omega,H_i)\right) \\
&= \sum_i \deg(g,H_i,z)\deg(f,\Omega,H_i).
\end{aligned}
$$

第二步: 利用逼近, 过渡到第一步上. 注意到当 $f$ 用 $C^1(\bar{\Omega})$ 函数逼近时, 二者的连通分支可能不一样, 所以我们需用拓扑度的可加性来克服此困难.

取一个球 $B_r(0)\supset f(\bar{\Omega})$, 那么 $B_r(0)$ 包含 $\mathbb{R}^n\backslash f(\partial\Omega)$ 的所有有界连通分支. $z\notin g(\partial B_r(0))$, $B_r(0)\backslash f(\partial\Omega)=\left(\bigcup\limits_{i=1}^{\infty} H_i\right)\cup\tilde{H}_1$, 这里 $\tilde{H}_1$ 是 $\mathbb{R}^n\backslash f(\partial\Omega)$ 的无界连通分支与 $B_r(0)$ 的交.

令 $G_k=\{y\in B_r(0):\deg(f,\Omega,y)=k\}$ $(k=0,\pm1,\ \pm2,\ \cdots)$. 则当 $k\neq 0$ 时

$$
G_i=\cup\{H_i:\deg(f,\Omega,H_i)=k\},
$$

$$
G_0=\cup\{H_i:\deg(f,\Omega,H_i)=0\}\cup\tilde{H}_1.
$$

记 $\alpha=\rho(z,g\circ f(\partial\Omega))$, 则 $\alpha>0$, 选取 $\delta>0$, 使当 $||\tilde{f}-f||_0<\alpha$ 时成立

$$
||g\circ f-g\circ\tilde{f}||_0<\frac{\alpha}{2},
$$

则 $z\notin g\circ\tilde{f}(\partial\Omega)$.

再令 $\tilde{G}_k=\{y\in B_r(0):\deg(\tilde{f},\Omega,y)=k\}$, 选取 $\tilde{g}\in C^1(\bar{B}_r(0))$ 使 $||\tilde{g}-g||_{\bar{B}_r(0)}<\rho(z,\ g(\partial B_r(0))\cup g\circ\tilde{f}(\partial\Omega))$. 注意到 $\partial\tilde{G}_k\subset\tilde{f}(\partial\Omega)\cup\partial B_r(0)$, 那么

$$
||\tilde{g}-g||_{\bar{B}_r(0)}<\rho(z,g(\partial\tilde{G}_k)).
$$

因此 $z \notin \tilde{g}(\partial \tilde{G}_k)$. 根据拓扑度定义有

$$\deg(g,\ G_k, z) = \deg(\tilde{g},\ G_k,\ z).$$

又 $g^{-1}(z) \cap G_k = g^{-1}(z) \cap \tilde{G}_k$, 于是由拓扑度的可加性有

$$\deg(g, G_k, z) = \deg(g, G_k \cap \tilde{G}_k, z) = \deg(g, \tilde{G}_k, z),$$

进而有

$$\deg(g, G_k, z) = \deg(\tilde{g},\ \tilde{G}_k,\ z),$$

于是有

$$\begin{aligned}
\deg(g \circ f,\ \Omega,\ z) &= \deg(\tilde{g} \circ \tilde{f},\ \Omega, z) \\
&= \sum_k \deg(\tilde{g},\ \tilde{G}_k,\ z) \deg(\tilde{f}, \Omega, \tilde{G}_k) \\
&= \sum_k k \deg(g,\ G_k, z) \\
&= \sum_k \deg(g,\ G_k, z) \deg(f, \Omega, G_k) \\
&= \sum_i \deg(g,\ H_i,\ z) \deg(f, \Omega, H_i).
\end{aligned}$$

□

## 1.5 无穷维空间的拓扑度

本节将把拓扑度推广到无穷维空间上去, 但是需要指出的是, 不能对无穷维空间上每个连续映射定义拓扑度并保持其相应的性质. 下面举个反例来说明这个问题.

取空间 $X$ 为 $l^2$, 即 $X = l^2 = \left\{x = \{x_i\} : \sum_i |x_i|^2 < \infty\right\}$, 且其范数为 $||x|| = \left(\sum_{i=1}^{\infty} |x_i|^2\right)^{\frac{1}{2}}$. 令

$$f(x) = (\sqrt{1 - ||x||^2},\ x_1, x_2,\ \cdots):\ \bar{B}_1(0) \to \bar{B}_1(0).$$

显然, $f$ 是一个连续映射. 定义 $h(t, x) = x - tf(x)$. $\forall t \in [0, 1), x \in \partial B_1(0)$, 由

$$\langle x, h(t, x)\rangle \geqslant ||x||^2 - t||x||\ ||f(x)|| \geqslant 1 - t > 0,$$

可知 $0 \notin h(t, \partial B_1(0)) \forall t \in [0, 1)$ 成立.

当 $t=1$ 时, 若 $\exists x\in\partial B_1(0)$ 使得 $h(1,x)=0$, 则 $\|x\|=0$ 且 $x=f(x)$. 从而由 $f$ 的定义可知

$$x_1=\sqrt{1-\|x\|^2}=0,\quad x_2=x_1,\ x_3=x_2,\cdots,$$

这与 $\|x\|=1$ 矛盾. 故 $0\notin h(1,\partial B_1(0),\,0)$.

综合以上两种情况, 可知 $0\notin h(t,\partial B_1(0),0)$, $\forall t\in[0,1]$. 若 $h(t,x):\ [0,1]\times B_1(0)\to B_1(0)$ 上可定义拓扑度, 那么由拓扑度的同伦不变性, 可知

$$\begin{aligned}1&=\deg(I,\ B_1(0),0)=\deg(h(0,\cdot),\ B_r(0),0)\\&=\deg(h(1,0),\ B_1(0),\ 0)=\deg(I-f,\ B_1(0),\ 0).\end{aligned}$$

根据可解性, 方程 $x-f(x)=0$ 在 $B_1(0)$ 上有解. 但实际上, 若有 $x_*\in B_1(0)$, 满足 $x_*=f(x_*)$, 则

$$\|x_*\|^2=\|f(x_*)\|^2=1-\|x_*\|^2+\|x_*\|^2=1,$$

这与 $x_*\in B_1(0)$ 矛盾. 这意味着 $l^2$ 上的 $f:\ B_1(0)\to B_1(0)$ 拓扑度没有意义.

下面主要考虑一类特殊的连续映射即恒等映射的紧扰动映射的拓扑度.

**定义 1.5.1**　设 $X$ 是一个 Banach 空间, $\Omega\subset X$, $f:\Omega\to X$ 连续. 称 $f$ 是紧的是指 $f$ 将 $\Omega$ 中的有界集映成 $X$ 中的相对紧集. 特别地, 当 $f(\Omega)$ 是有限维时, 称 $f$ 是有穷秩算子. 用 $\mathscr{K}(\Omega,\ X)$ 表示紧算子全体, $\mathscr{F}(\Omega,X)$ 表示有穷秩算子全体.

显然, $\mathscr{F}(\Omega,X)\subset\mathscr{K}(\Omega,X)$. 下面的性质表明每一个紧算子都可以用有穷秩算子来逼近.

**性质 1.5.1**　设 $\Omega\subset X$ 是有界的, $f\in\mathscr{K}(\Omega,X)$, 则 $\forall\varepsilon>0$, 存在 $f_\varepsilon\in\mathscr{F}(\Omega,X)$ 满足 $\forall x\in\Omega$ 有 $\|f(x)-f_\varepsilon(x)\|<\varepsilon$.

**证**　由 $\overline{f(\Omega)}$ 是紧集可知 $\forall\varepsilon>0$, 存在有限 $\varepsilon$ 网 $B_\varepsilon(y_i)$ $(i=1,2,\cdots,n)$ 满足 $y_i\in f(\Omega)$, 并且 $\overline{f(\Omega)}\subset\bigcup\limits_{i=1}^{n}B_\varepsilon(y_i)$.

令 $\lambda_i(x)=\max\{0,\ \varepsilon-\|f(x)-y_i\|\}$. 当 $x\in\Omega$ 时一定存在某个 $i_0$，使得 $\lambda_{i_0}(x)\neq0$. 令 $H_i(x)=\lambda_i(x)\Big/\sum\limits_{i=1}^{n}\lambda_i(x)$ 并且取 $f_\varepsilon(x)=\sum\limits_{i=1}^{n}H_i(x)y_i$. 显然 $f_\varepsilon(x):\Omega\to Y$ 是连续的, 并且 $\forall x\in\Omega$, $f_\varepsilon(x)\in\operatorname{span}\{y_1,\cdots,y_n\}$, 故 $f_\varepsilon\in\mathscr{F}(\Omega,X)$. 于是

$$\|f(x)-f_\varepsilon(x)\|\leqslant\sum_{i=1}^{n}H_i(x)\|f(x)-y_i\|=\sum_{H_i(x)\neq0}H_i(x)\|f(x)-y_i\|<\varepsilon.\qquad\square$$

**性质 1.5.2**　设 $X$ 是 Banach 空间, $\Omega\subset X$ 是有界开集, $f\in\mathscr{K}(\Omega,\ X)$, $y\notin(I-f)(\partial\Omega)$, 则 $\rho(y,\ (I-f)(\partial\Omega))=\inf\{\|y-x+f(x)\|:\ x\in\partial\Omega\}>0$.

**证** 若不然, $\exists x_n \in \partial\Omega$, 使 $||y - x_n + f(x_n)|| \to 0$. 由于 $f$ 是紧算子, $\partial\Omega$ 有界, 故 $f(\partial\Omega)$ 是相对紧集. 不妨设 $f(x_n) \to y'$, 则

$$||x_n - x_m|| \leqslant ||y - x_n + f(x_n)|| + ||y - x_m + f(x_m)|| + ||f(x_n) - f(x_m)|| \to 0(n, m \to \infty).$$

从而可知 $\{x_n\}$ 是 Cauchy 列. 又 $\partial\Omega$ 是闭集, 所以 $\exists x \in \partial\Omega$ 满足 $\lim\limits_{n\to\infty} x_n = x$. 由于 $f$ 连续, 有 $\lim\limits_{n\to\infty} f(x_n) = f(x)$, 可知 $y' = f(x)$. 于是 $||y - x + f(x)|| = 0$, 从而 $y = x - f(x) \in (I - f)(\partial\Omega)$, 与假设矛盾. □

**引理 1.5.1** 设 $\Omega \subset \mathbb{R}^n$ 是有界开集, $\mathbb{R}^m \subset \mathbb{R}^n$ $(m \leqslant n)$, $f: \bar{\Omega} \to \mathbb{R}^m$ 连续, $y \in \mathbb{R}^m$ 且 $y \notin (I_n - f)(\partial\Omega)$, 这里 $I_n$ 是 $\mathbb{R}^n$ 上的恒等算子, 则

$$\deg(I_n - f,\ \Omega,\ y) = \deg(I_n - f|_{\mathbb{R}^m \cap \bar{\Omega}},\ \mathbb{R}^m \cap \Omega,\ y).$$

**证** 不妨设 $f \in C^1(\bar{\Omega})$, 且 $y$ 是 $I_m - f$ 的正则值 (其他情况可用逼近即可). 则

$$J_{I_n - f}(x) = \begin{pmatrix} I_m - A(x) & -B(x) \\ O & I_{n-m} \end{pmatrix},$$

这里 $A(x) = \left(\dfrac{\partial f_i}{\partial x_j}(x)\right)_{\substack{i=1,\cdots,m \\ j=1,\cdots,m}}$, $\quad B(x) = \left(\dfrac{\partial f_i}{\partial x_j}(x)\right)_{\substack{i=1,2,\cdots,m \\ j=m+1,\cdots,n}}$. 于是

$$\begin{aligned}
\deg(I_n - f,\ \Omega, y) &= \sum_{(I_n - f)(x) = y} \operatorname{sgn}(\deg J_{I_n - f}(x)) \\
&= \sum_{(I_n - f)(x) = y} \operatorname{sgn}(\det J_{I_m - f}(x)) \operatorname{sgn}(\det I_{n-m}) \\
&= \sum_{\substack{(I_m - f)(x) = y \\ x \in \mathbb{R}^m \cap \bar{\Omega}}} \operatorname{sgn}(\det J_{I_m - f}(x)) \\
&= \deg(I_n - f|_{\mathbb{R}^m \cap \bar{\Omega}}, \mathbb{R}^m \cap \Omega,\ y).
\end{aligned}$$

□

**引理 1.5.2** 设 $f: \bar{\Omega} \to X$ 是紧算子, $y \notin (I - f)(\partial\Omega)$, 记

$$\alpha = \rho(y,\ (I - f)(\partial\Omega)) > 0,$$

设 $f_1, f_2 \in \mathcal{F}(\Omega, X)$ 且

$$||f_i - f||_{\bar{\Omega}} = \max_{x \in \bar{\Omega}} |f_i(x) - f(x)| < \alpha, \quad i = 1, 2.$$

记 $Z_1 = \operatorname{span}\{f_1(\bar{\Omega}),\ y\}$(表示由 $f_1(\bar{\Omega})$ 与 $y$ 张成的子空间), $Z_2 = \operatorname{span}\{f_2(\bar{\Omega}), y\}$, 则

$$\deg(I - f_1|_{Z_1 \cap \bar{\Omega}},\ Z_1 \cap \Omega, y) = \deg(I - f_2|_{Z_2 \cap \bar{\Omega}},\ Z_2 \cap \Omega, y). \tag{1.5.1}$$

**证**　由于 $\|y-(I-f_i)(x)\| \geqslant \alpha-\|f_i-f\|_{\bar{\Omega}}>0$, 当 $x\in\partial(Z_i\cap\Omega)(i=1,2)$ 时. 故上式两个拓扑度有定义. 记 $Z=\operatorname{span}\{f_1(\bar{\Omega}),\ f_2(\bar{\Omega}),\ y\}$, 则 $Z_1,Z_2$ 均是 $Z$ 的有限维子空间, 且 $y\notin(I-f_i)(\partial(Z\cap\Omega))$, 从而 $\deg(I-f_i|_{Z\cap\bar{\Omega}},\ Z\cap\Omega,\ y)$ 有定义. 于是由引理 1.5.1 有

$$\deg(I-f_i|_{Z\cap\bar{\Omega}},\ Z\cap\Omega,\ y)=\deg(I-f_i|_{Z_i\cap\bar{\Omega}},Z_i\cap\Omega,\ y),\quad i=1,2.$$

在 $Z\cap\bar{\Omega}$ 上作同伦映射 $h(t,x)=I-tf_1-(1-t)f_2$, 则当 $x\in\partial(Z\cap\Omega)$ 时,

$$\|y-h(t,x)\|\geqslant\alpha-t\|f_1-f\|_{\bar{\Omega}}-(1-t)\|f_2-f\|_{\bar{\Omega}}>\alpha-\alpha=0.$$

故 $y\notin h(t,Z\cap\partial\Omega)$. 于是由拓扑度的同伦不变性可知,

$$\deg(I-f_1|_{Z_1\cap\bar{\Omega}},\ Z_1\cap\Omega,\ y)=\deg(I-f_2|_{Z_2\cap\bar{\Omega}},\ Z_2\cap\Omega,\ y).\qquad\square$$

根据引理 1.5.1 和引理 1.5.2, 下面给出无穷维空间上拓扑度 (Lerey-Schauder 度) 的定义.

**定义 1.5.2**　设 $X$ 是 Banach 空间, $\Omega\subset X$ 为有界开集, $f:\ \bar{\Omega}\to X$ 是紧算子, $y\notin(I-f)(\partial\Omega)$. 记 $\alpha=\rho(y,(I-f)(\partial\Omega))>0$, 则对任意满足条件 $\|f-\tilde{f}\|_{\Omega}<\alpha$ 的有穷秩算子 $\tilde{f}$, 记 $\operatorname{span}\{\tilde{f}(\bar{\Omega}),\ y\}=Z$(有穷维空间), 定义

$$\deg(I-f,\Omega,y)=\deg\left(I-\tilde{f}\Big|_{Z\cap\bar{\Omega}},\ Z\cap\Omega,\ y\right).$$

根据有穷维空间上拓扑度的性质, 可直接得到如下无穷维空间拓扑度的性质.

**性质 1.5.3**　设 $\Omega\subset X$ 为有界开集, $f:\bar{\Omega}\to X$ 是紧算子, 那么,

(1) 正规性: $\deg(I,\Omega,y)=1,\ \ y\in\Omega$;

(2) 可解性: 若 $\deg(I-f,\Omega,y)\neq0$, 则方程 $x-f(x)=y$ 在 $\Omega$ 内有解;

(3) 可加性: 设 $\Omega_1,\Omega_2$ 是 $\Omega$ 的两个开子集, $\Omega_1\cap\Omega_2=\varnothing$, $y\notin(I-f)(\bar{\Omega}\backslash\Omega_1\cup\Omega_2)$, 则

$$\deg(I-f,\ \Omega,\ y)=\deg(I-f,\Omega_1,y)+\deg(I-f,\Omega_2,y);$$

(4) 同伦不变性: 设 $h:\ [0,1]\times\bar{\Omega}\to X$ 是紧算子, 且 $y\notin(I-h)([0,1]\times\partial\Omega)$, 则

$$\deg(I-h(t,\cdot),\ \Omega,\ y)\equiv\text{常数}.$$

下面应用拓扑度来证明 Schauder 不动点定理.

**定理 1.5.1** (Schauder *不动点定理*)　设 $X$ 是 Banach 空间, $M\subset X$ 是非空有界闭凸集, $f:M\to X$ 是紧算子, 且 $f(M)\subset M$, 则 $f$ 有不动点, 即存在 $x_*\in M$, 使 $f(x_*)=x_*$.

**证** (1) 先证 $M=\bar{B}_r(0)$ $(r>0)$ 的情况, 令 $h(t,x)=tf(x)$, $t\in[0,1]$. 假设 $f$ 在 $\partial B_r(0)$ 上无不动点, 即 $\forall x\in\partial B_r(0)$ 有 $(I-f)(x)\neq 0$ (若不然定理自然成立). 故

$$0\notin(I-h(1,\cdot))(\partial B_r(0)).$$

当 $0\leqslant t<1$ 且 $x\in\partial B_r(0)$ 时, 若 $x-h(t,x)=0$, 则 $x=tf(x)$, 从而必有 $r=||x||\leqslant t||f(x)||\leqslant tr$, 这与 $t\in[0,1)$ 矛盾. 于是 $0\notin(I-h(t,\cdot))(\partial B_r(0))$, $\forall t\in[0,1]$. 根据同伦不变性有

$$\begin{aligned}\deg(I-f,B_r(0),0)&=\deg(I-h(1,\cdot),\ B_r(0),\ 0)\\&=\deg(I-h(0,\cdot),B_r(0),0)=\deg(I,B_r(0),0)=1,\end{aligned}$$

故 $x-f(x)=0$ 在 $B_r(0)$ 内有解, 即 $f$ 有不动点.

(2) 对于 $M$ 是一般的情况, 取 $r>0$, 使 $\bar{B}_r(0)\supset M$, 由 Dugundji 定理 (定理 1.4.2), 存在 $f$ 的连续延拓 $\tilde{f}:\ X\to \mathrm{Co}(f(M))\subset M$, 则 $\tilde{f}\Big|_{\bar{B}_r(0)}:\ \bar{B}_r(0)\to\bar{B}_r(0)$. 注意到 $\tilde{f}(\bar{B}_r(0))\subset \mathrm{Co}f(M)$, 而 $f(M)$ 是相对紧集, 故 $\mathrm{Co}f(M)$ 也是相对紧集. 因此 $\tilde{f}:\ \bar{B}_r(0)\to\bar{B}_r(0)$ 是紧算子. 于是由 (1) 知存在不动点 $x_*$ 使 $x_*=\tilde{f}(x_*)\in M$, 故 $\tilde{f}(x_*)=f(x_*)$, 于是 $x_*=f(x_*)$. □

上面的 Schauder 定理有另外一种表示形式, 通常称为Schauder 替换定理.

**定理 1.5.2** (Schauder 替换定理) 设 $f:X\to X$ 是紧算子, 那么下面两条至少有一条成立:

(1) 对每个 $t\in[0,1]$, 方程 $x-tf(x)=0$ 有解;

(2) 集合 $A=\{x$: 存在 $t\in(0,1)$, 使得 $x=tf(x)\}$ 无界.

**证** 仅证 (1) 不成立时, 则 (2) 一定成立. 设 $\exists t_0\in[0,1]$ 使方程 $x-t_0f(x)=0$ 无解. 记 $f_0=t_0f$. 任取 $r>0$, 令 $R:\ X\to\bar{B}_r(0)$ 为

$$R(x)=\begin{cases}x, & ||x||<r,\\ \dfrac{rx}{||x||}, & ||x||\geqslant r.\end{cases}$$

由于 $\bar{B}_r(0)$ 上的收缩映射 $R$ 是连续的, 所以 $R\circ f_0:\ \bar{B}_r(0)\to\bar{B}_r(0)$ 是紧算子. 因为 $f_0$ 是紧算子, 于是据定理 1.5.1 有 $x_r\in\bar{B}_r(0)$ 满足 $R\circ f_0(x_r)=x_r$. 由于方程 $x-t_0f(x)=0$ 无解, 所以必有 $||t_0f(x_r)||>r$, 故

$$R\circ f_0(x_r)=\frac{rt_0f(x_r)}{||t_0f(x_r)||}=x_r.$$

记 $H=\dfrac{r}{||f(x_r)||}$, 则 $0<H<1$, 且 $x_r=Hf(x_r)$, 即 $x_r\in A$. 由 $||x_r||=r$ 及 $r$ 的

任意性可见 (2) 成立. □

Schauder 不动点定理在各类方程解的存在性问题有广泛的应用, 下面举两个例子.

**定理 1.5.3** (Peano 定理) 设 $f(t,x):[0,a]\times\mathbb{R}^n\to\mathbb{R}^n$ 连续且存在常数 $M>0$, 使 $|f(t,x)|\leqslant M$, 则下列初值问题

$$\begin{cases}\dot{x}=f(t,x),\\ x(0)=x_0\end{cases}$$

有解.

**证** 取 $X=C([0,a],\mathbb{R}^n)$. 上述方程等价于如下积分方程,

$$x(t)=x_0+\int_0^t f(s,x(s))\mathrm{d}s,\quad t\in[0,a].$$

令 $r=aM,\chi(t)\equiv x_0,\forall t\in[0,a]$. 在 $X$ 中取球 $\bar{B}_r(\chi)$, 考察映射 $T$ 为

$$(Tx)(t)=x_0+\int_0^t f(s,x(s))\mathrm{d}s,$$

则 $T:\bar{B}_r(\chi)\to\bar{B}_r(\chi)$ 连续. 显然, $T$ 的不动点恰好是上述积分方程的解. 下面来证 $T$ 是紧算子, 只需证明 $T(\bar{B}_r(\chi))$ 是 $C([0,a],\mathbb{R}^n)$ 中的相对紧集. 当 $x\in\bar{B}_r(\chi)$ 时

$$|(Tx)(t_1)-(Tx)(t_2)|\leqslant M|t_2-t_1|,$$

因此 $T(\bar{B}_r(\chi))$ 是等度连续的. 又

$$\sup_{x\in\bar{B}_r(\chi)}||Tx||\leqslant|x_0|+r,$$

这说明 $T(\bar{B}_r(\chi))$ 也是一致有界的. 根据 Arzela-Ascoli 定理, $T(\bar{B}_r(\chi))$ 是相对紧集. 根据 Schauder 不动点定理, $T$ 有不动点, 从而方程有解. □

对于无穷维空间, Peano 定理一般不成立.

**例 1.5.1** 取 $X=c_0=\left\{x=\{a_i\}:\lim\limits_{i\to\infty}a_i=0\right\}$, 范数 $||x||=\sup\limits_{i\geqslant1}|a_i|$.

设 $x_0=\left\{1^2,\dfrac{1}{2^2},\dfrac{1}{3^2},\cdots\right\}$, 定义 $f(x):X\to X$ 为

$$f(x)=\left\{\sqrt{|x_1|},\sqrt{|x_2|},\cdots\right\},$$

则如下方程:

$$\begin{cases}\dot{x}=f(x),\\ x(0)=x_0\end{cases}\tag{1.5.2}$$

无论 $a>0$ 如何小, 均无解.

**证** 设方程 (1.5.2) 在 $[0,a]$ 上有解, 那么下面一组标量方程:

$$\begin{cases} \dot{x}_i(t)=\sqrt{|x_i(t)|}, \\ x_i(0)=i^{-2}, \end{cases} \quad i=1,2,\cdots$$

在 $[0,a]$ 上有解, 解得

$$x_i(t)=\left(\frac{1}{2}t+\frac{1}{i}\right)^2, \quad i=1,2,\cdots,$$

那么 $\forall t\in(0,a], x(t)=(x_1(t),x_2(t),\cdots)\notin c_0$, 这是因为

$$\lim_{i\to\infty}x_i(t)=\frac{1}{2}t\neq 0,$$

故与方程 (1.5.1) 在 $[0,a]$ 内有解矛盾. □

下面给出一个无穷维空间上常微分方程有解的一个例子.

**定理 1.5.4** 设 $X$ 是 Banach 空间, $f:[0,a]\times X\to X$ 是紧算子, 且满足下面的线性增长条件, 即

$$||f(t,x)||\leqslant c(1+||x||), \quad c>0\text{是常数},$$

那么初值问题

$$\begin{cases} \dot{x}(t)=f(t,x), \\ x(0)=x_0 \end{cases}$$

在 $[0,a]$ 上有解.

**证** 记 $Y=C([0,a],X)$, 上述方程等价于如下积分方程:

$$x(t)=x_0+\int_0^t f(s,x(s))\mathrm{d}s.$$

定义映射 $(Tx)(t)=x_0+\int_0^t f(s,x(s))\mathrm{d}s$, 则 $T:Y\to Y$ 是连续的. 下面来证 $T$ 是紧算子. 设 $B\subset Y$ 是一个有界集, 来证 $T(B)$ 是 $Y$ 中相对紧集. 由于 $B$ 有界, 所以存在 $M>0$, 使得

$$||x(\cdot)||_Y\leqslant M, \quad \forall x(\cdot)\in B,$$

故

$$||Tx(\cdot)||_Y\leqslant||x_0||+\int_0^t c(1+||x(\cdot)||_Y)\mathrm{d}s$$

$$\leqslant ||x_0|| + ac(1+M),$$

这说明 $T(B)$ 是一致有界的. $\forall t_1, t_2$ 有

$$||(Tx)(t_1) - (Tx)(t_2)|| \leqslant c(1+M)|t_1 - t_2|, \quad \forall x \in B,$$

即 $T(B)$ 是等度连续的. 另一方面, 因为

$$\left\{\int_0^t f(s, x(s))\mathrm{d}s : x(\cdot) \in B\right\} \subset t\overline{\mathrm{Co}}\{f(s, x(s)) : s \in [0, t], x(\cdot) \in B\},$$

并且 $f$ 是紧算子, 故上式右边的集合是 $X$ 中紧集. 这样, 由 Arzela-Ascoli 定理, $T : Y \to Y$ 是紧算子.

下面来证集 $A = \{x : \exists \lambda \in (0, 1), x = \lambda Tx\}$ 在 $Y$ 中有界. $\forall x \in A$,

$$x(t) = \lambda x_0 + \lambda \int_0^t f(s, x(s))\mathrm{d}s,$$

则

$$\begin{aligned}||x(t)|| &\leqslant ||x_0|| + \int_0^t c(1 + ||x(s)||)\mathrm{d}s \\ &\leqslant c_1 + c\int_0^t ||x(s)||\mathrm{d}s \ ,\end{aligned}$$

其中 $c_1 = ||x_0|| + ca$. 解得

$$||x(t)|| \leqslant c_1 \mathrm{e}^{ct} \leqslant c_1 \mathrm{e}^{ca}.$$

故 $||x(\cdot)||_Y \leqslant c_1 \mathrm{e}^{ca}$, 这说明 $A$ 有界. 根据 Schauder 替换定理 1.5.2, 算子 $T$ 有不动点, 此不动点便是方程在 $[0, a]$ 上的解. □

**注** (Arzela-Ascoli 定理) 设 $X$ 是一个 Banach 空间, 记从 $[0, a]$ 到 $X$ 的连续函数全体为 $C([0, a], X) = Y$, 赋范数

$$||x(\cdot)||_Y = \max_{t \in [0, a]} ||x(t)||, \quad x(\cdot) \in Y,$$

那么 $Y$ 是一个 Banach 空间. 设 $K \subset Y$, 如果满足

(1) 一致有界性: 即存在常数 $M > 0$, 使 $\forall x(\cdot) \in K$ 有

$$||x||_Y \leqslant M;$$

(2) 等度连续性: 即 $\forall \varepsilon > 0, \exists \delta > 0$, 当 $t_1, t_2 \in [0, a]$ 且 $|t_1 - t_2| < \delta$ 时, 对一切 $x(\cdot) \in K$ 有

$$||x(t_1) - x(t_2)|| < \varepsilon;$$

(3) 相对紧性：即 $\forall t\in[0,a]$, 集合

$$\{x(t):x(\cdot)\in K\}$$

是 $X$ 中相对紧集, 那么 $K$ 是 $Y$ 中相对紧集. 特别地, 当 $X$ 是有穷维空间时, 条件 (3) 自动由条件 (1) 推出. 因此, Arzela-Ascoli 定理在 $X$ 是有穷维空间时, 仅需满足条件 (1) 和条件 (2).

## 习　题

1. 设 $\Omega\subset\mathbb{R}^n$ 是有界开集, $f:\bar{\Omega}\to\mathbb{R}^n$ 连续, $y\notin f(\partial\Omega)$, 如果 $\deg(f,\Omega,y)=0$, 是否方程 $f(x)=y$ 在 $\Omega$ 内一定无解? 为什么?

2. 利用拓扑度证明：若 $f:\mathbb{R}^n\to\mathbb{R}^n$ 是局部一对一连续且 $\lim\limits_{|x|\to\infty}|f(x)|=\infty$, 则 $f(\mathbb{R}^n)=\mathbb{R}^n$.

3. 利用 Brouwer 定理证明 Perron-Frobenius 定理：若 $A=(a_{ij})_{n\times n}$ 是非负矩阵, 则存在非负特征值 $\lambda$ 及非负特征向量 $x$ 使 $Ax=\lambda x$.

4. 设 $f:\mathbb{R}^n\to\mathbb{R}^n$ 是有界连续函数, 证明下面微分方程:

$$\dot{x}_i=\alpha x_i+\sum_{i=1}^{n}a_{ij}f_j(x_i)+I_i\quad(i=1,2,\cdots,n,x=(x_1,x_2,\cdots,x_n)\in\mathbb{R}^n)$$

均衡点存在, 这里 $\alpha\neq0$ 是常数, $a_{ij}$ 及 $I_i$ 均是常数.

5. 设 $\Omega=B_1(0)\subset\mathbb{R}^{2m+1}, f:\partial\Omega\to\partial\Omega$ 连续, 证明：存在 $x\in\partial\Omega$ 要么 $x=f(x)$ 成立, 要么 $x=-f(x)$ 成立, 二者必属其一.

6. 举例：$\Omega\subset\mathbb{R}$ 是有界开集, 满足对任何整数 $P$, 存在连续函数 $f:\bar{\Omega}\to\mathbb{R}$ 及 $y\notin f(\partial\Omega)$, 使

$$\deg(f,\Omega,y)=P.$$

7. 设 $A$ 是一个 $n\times n$ 实矩阵, $0\in\Omega\subset\mathbb{R}^n$ 是有界开集, 那么

$$\deg(A,\Omega,0)=(-1)^{\beta},$$

这里 $\beta$ 是 $A$ 所对应的负特征值的个数 (重数重复计算).

8. 利用 Brouwer 不动点定理证明 Schauder 不动点定理.

9. 设 $X$ 是 Hilbert 空间, $\Omega\subset X$ 是有界开集, $f:\bar{\Omega}\to X$ 是紧算子, $0\notin\partial\Omega$ 且对 $x\in\partial\Omega$ 有 $\langle f(x),x\rangle\leqslant||x||^2$. 证明：$f$ 在 $\bar{\Omega}$ 中有不动点.

10. 设 $B_1(0)=\{x:||x||<1\}$ 是 Banach 空间中的单位开球, $f:\bar{B}_1(0)\to X$ 是紧算子, 且对每个 $||x||=1$ 有

$$||x-f(x)||^2\geqslant||f(x)||^2-||x||^2.$$

证明：$f$ 在 $\bar{B}_1(0)$ 中有不动点.

11. 设 $X$ 是 Banach 空间, $f: X \to X$ 是紧算子, 满足

$$||f(x) - f(y)|| \geqslant c||x - y||^{\alpha},$$

这里 $\alpha > 0$ 是一个常数, $c > 0$ 也是常数. 证明: $f: X \to X$ 是同胚.

12. 设 $X_0 \subset X$ 是闭子空间, $\varOmega \subset X$ 是有界开集, $f: \bar{\varOmega} \to X_0$ 是紧算子, $y \notin (I-f)(\partial\varOmega)$, 这里 $I$ 是 $X$ 上的恒等算子. 证明: $\deg(I - f, \varOmega, y) = \deg(I - f|_{\overline{\varOmega \cap X_0}}, \varOmega \cap X_0, y)$.

13. 设 $X, Y$ 是两个 Banach 空间, $f: X \to Y$ 是 $F$ 可微的, $x_0 \in X$, $y^* \in Y^*$, 令 $\varphi(t) = y^*(f(x_0 + th) - f(x_0) - tf'(x_0)h): [0,1] \to \mathbb{R}$, 试证 $\varphi(t)$ 在区间 $[0,1]$ 上可微, 并求出其导数.

14. 设 $\Omega$ 是 $\mathbb{R}^n$ 中有界开集, $0 \in \Omega$. 设 $f: \bar{\Omega} \to \mathbb{R}^n$ 连续, 并且当 $x \in \partial\Omega$ 时有 $x^T f(x) \geqslant 0$, 试证明方程 $f(x) = 0$ 在 $\bar{\Omega}$ 中必有解.

15. 试举例说明一个 $G$ 可微的算子未必是 $F$ 可微的.

# 第 2 章　凸分析与最优化

本章主要介绍凸函数的基本性质及其与凸性相关的几个主要定理, 如 Yosida 逼近、Von-Neumann 极小极大定理、Fan 不等式、KKM 定理等. 凸分析是非线性分析的一个重要组成部分, 在经济学、对策论中有广泛的应用. 与本章相关的内容, 读者可见参考文献 [9], [16]~[18].

## 2.1　凸函数的连续性和可微性

**定义 2.1.1**　$X$ 是一个 Banach 空间, 一个映射 $f: X \to \mathbb{R} \cup \{+\infty\}$ 称为凸的, 是指

$$f(\lambda x + (1-\lambda)y) \leqslant \lambda f(x) + (1-\lambda) f(y), \quad \forall x, y \in X, \lambda \in [0,1].$$

记 $\mathrm{Dom}(f) = \{x \in X : f(x) < +\infty\}$, 称为 $f$ 的有效域. 当 $\mathrm{Dom}(f) \neq \varnothing$ 时, 称 $f$ 是真的.

**引理 2.1.1**　设 $f: B(x_0, r) \to \mathbb{R}$ 是凸的且 $\sup\limits_{x \in B(x_0,r)} f(x) < \infty$, 则 $f$ 在 $x_0$ 点连续.

**证**　令 $\varphi(y) = f(y + x_0) - f(x_0)$, 则 $\varphi(y)$ 在 $B(0,r)$ 上是凸的, 且 $\varphi(0) = 0$, 来证 $\varphi$ 在 $y = 0$ 点连续.

$$\sup_{y \in B(0,r)} \varphi(y) = \sup_{x \in B(x_0,r)} [f(x) - f(x_0)] := b < +\infty.$$

$\forall \varepsilon \in (0,1)$, 若 $v \in B(0, \varepsilon r)$, 则 $\pm\dfrac{v}{\varepsilon} \in B(0,r)$. 因此, 对于 $\forall v \in B(0,\varepsilon r)$, 由 $\varphi(v) = \varphi\left((1-\varepsilon)0 + \varepsilon\dfrac{v}{\varepsilon}\right) \leqslant (1-\varepsilon)\varphi(0) + \varepsilon\varphi\left(\dfrac{v}{\varepsilon}\right)$ 可知

$$\varphi(v) \leqslant \varepsilon b. \tag{2.1.1}$$

另一方面,

$$\begin{aligned}\varphi(0) &= \varphi\left(\frac{v}{1+\varepsilon} + \frac{\varepsilon}{1+\varepsilon}\left(-\frac{v}{\varepsilon}\right)\right) \\ &\leqslant \frac{1}{1+\varepsilon}\varphi(v) + \frac{\varepsilon}{1+\varepsilon}\varphi\left(-\frac{v}{\varepsilon}\right)\end{aligned}$$

于是有

$$\varphi(v) \geqslant -\varepsilon\varphi\left(-\frac{v}{\varepsilon}\right) \geqslant -\varepsilon b. \tag{2.1.2}$$

由式 (2.1.1) 和式 (2.1.2) 意味着 $\varphi$ 在 0 点连续. □

**定理 2.1.1**　$f: X \to \mathbb{R} \cup \{+\infty\}$ 是一个真凸函数, 且 $\mathrm{In}(\mathrm{Dom}(f)) \neq 0$, 这里 $\mathrm{In}(\cdot)$ 表示集合的内部, 那么下面两条等价:

(1) $\exists B(x_0, r) \subset \mathrm{In}(\mathrm{Dom}(f))$ 及常数 $a$ 满足

$$\sup_{x \in B(x_0, r)} f(x) < a;$$

(2) $\forall x \in \mathrm{In}(\mathrm{Dom}(f))$, $f$ 在 $x$ 点连续.

**证**　仅需证明由 (1) 可以推出 (2).

取 $\delta > 0$, 使 $B(x_1, 2\delta) \subset \mathrm{In}(\mathrm{Dom}(f))$. 任取 $x_1 \in \mathrm{In}(\mathrm{Dom}(f))$, 不妨设 $x_1 \neq x_0$. 令 $\lambda = \dfrac{\delta}{\delta + ||x_1 - x_0||}$ 及 $x_2 = x_0 + \dfrac{x_1 - x_0}{1 - \lambda}$, 则 $||x_2 - x_1|| = \dfrac{\lambda}{1 - \lambda}||x_1 - x_0|| = \delta$, 故 $x_2 \in B(x_1, 2\delta)$.

往证 $f$ 在 $B(x_1, \lambda r)$ 上有界. 设 $y \in B(x_1, \lambda r)$, 令 $z = \dfrac{1}{\lambda}(y - (1 - \lambda)x_2)$, 则 $||z - x_0|| = \dfrac{||y - x_1||}{\lambda}$, 于是 $z \in B(x_0, r)$, 故

$$\begin{aligned} f(y) &\leqslant \lambda f(z) + (1 - \lambda) f(x_2) \\ &\leqslant \lambda a + (1 - \lambda) f(x_2) < +\infty. \end{aligned}$$

从而由引理 2.1.1, $f$ 在 $x_1$ 点连续. □

**推论 2.1.1**　当 $X = \mathbb{R}^n$ 是 $n$ 维欧氏空间, $f: \mathbb{R}^n \to \mathbb{R}$ 是凸函数, 则 $f$ 在 $\mathbb{R}^n$ 上连续.

下面的定理说明, 凸连续函数一定是局部 Lipschitz 的.

**定理 2.1.2**　设 $f: X \to \mathbb{R} \cup \{+\infty\}$ 是凸函数, 且 $\mathrm{In}(\mathrm{Dom}(f)) \neq \varnothing$. 则下面两条等价:

(1) $\exists B(x_0, r) \subset \mathrm{In}(\mathrm{Dom}(f))$ 满足 $\sup\limits_{x \in B(x_0, r)} f(x) < +\infty$.

(2) $f$ 在 $\mathrm{In}(\mathrm{Dom}(f))$ 上是局部 Lipschitz 的, 即 $\forall x_1 \in \mathrm{In}(\mathrm{Dom}(f)), \exists \delta > 0$, 及常数 $L = L_{\delta, x_1} > 0$ 满足

$$|f(y_1) - f(y_2)| \leqslant L||y_1 - y_2||, \quad \forall y_1, y_2 \in B(x_1, \delta).$$

**证**　设 $x_1 \in \mathrm{In}(\mathrm{Dom}(f))$, 取 $\delta > 0$, 使 $B(x_1, 2\delta) \subset \mathrm{In}(\mathrm{Dom}(f))$, 由定理 2.1.1, 存在两个常数 $m < M$, 使得

$$m \leqslant f(x) \leqslant M < +\infty, \quad \forall x \in B(x_1, 2\delta).$$

取 $y_1 \in B(x_1,\delta)$, 令 $\varphi(v) = f(v+y_1) - f(y_1)$, 则 $\varphi(v) \leqslant M - m, \forall v \in B(0,\delta)$. 由引理 2.1.1 的证明, 对任意 $\varepsilon \in (0,1), v \in B(0,\varepsilon\delta)$ 有

$$|\varphi(v)| \leqslant \varepsilon(M-m). \tag{2.1.3}$$

如果 $||y_1 - y_2|| < \dfrac{\delta}{2}$, 由 $y_2 - y_1 \in B\left(0, \dfrac{2||y_2-y_1||}{\delta}\delta\right)$ 及式 (2.1.3),

$$|f(y_2) - f(y_1)| \leqslant \frac{2||y_2-y_1||}{\delta}(M-m).$$

设 $u_1, u_2 \in B(x_1,\delta)$, 取分点 $u_1 = y_1, y_2, \cdots, y_m = u_2$ 满足 $||y_i - y_{i+1}|| < \dfrac{\delta}{2}$, $i = 1,2,\cdots,m-1$, 且 $\sum\limits_{i=1}^{m-1} ||y_i - y_{i+1}|| = ||u_1 - u_2||$. 于是

$$\begin{aligned} |f(u_1) - f(u_2)| &\leqslant \sum_{i=1}^{m-1} |f(y_i) - f(y_{i+1})| \leqslant \frac{2(M-m)}{\delta}\sum_{i=1}^{m-1} ||y_i - y_{i+1}|| \\ &= \frac{2(M-m)}{\delta}||u_1 - u_2||. \end{aligned}$$

□

下面应用定理 2.1.2 来证明共鸣定理.

**定理 2.1.3 (共鸣定理)** 设 $X$ 是 Banach 空间, $Y$ 是赋范线性空间, $\{T_\lambda : X \to Y\}_{\lambda\in\Lambda}$ 是一族有界线性算子, 满足 $\forall x \in X, \sup\limits_{\lambda\in\Lambda} ||T_\lambda x|| < +\infty$, 则

$$\sup_{\lambda\in\Lambda} ||T_\lambda|| < +\infty.$$

**证** 令 $f(x) = \sup\limits_{\lambda\in\Lambda} ||T_\lambda x||$, 则 $f : X \to \mathbb{R}$ 是正齐次凸函数. 又 $X = \bigcup\limits_{n=1}^{\infty} V_n$, 其中 $V_n = \{x \in X : f(x) \leqslant n\}$. 因此由 Baire 纲定理, $\exists n_0 \in \mathbb{N}$ 使得 $\mathrm{In}(V_n) \neq \varnothing$. 由定理 2.1.2, $f$ 在 $X$ 上是局部 Lipschitz 的, 特别在 $x = 0$ 处是局部 Lipschitz 的. 从而存在 $l, r > 0$ 使 $f(x) = f(x) - f(0) \leqslant l||x||, \forall x \in \bar{B}(0,r)$, 于是

$$\sup_{\lambda\in\Lambda} ||T_\lambda|| \leqslant l < +\infty.$$

□

**定义 2.1.2** $f : X \to \mathbb{R} \cup \{+\infty\}, x_0 \in \mathrm{Dom}(f), v \in X$, 称 $f$ 在 $x_0$ 点沿着方向 $v$ 是可微的, 是指

$$\lim_{h\to 0^+} \frac{f(x_0+hv) - f(x_0)}{h}$$

存在且是有限的.

**性质 2.1.1**　设$f: X \to \mathbb{R} \cup \{+\infty\}$ 是凸函数，$h \in [0, +\infty)$，$\varphi(h) = \dfrac{f(x_0+hv)-f(x_0)}{h}$, 则 $\varphi: [0, +\infty) \to \mathbb{R} \cup \{+\infty\}$ 是单调增函数.

**证**　对于任意的 $h_1, h_2$ 满足 $0 < h_1 < h_2$, 我们有

$$\begin{aligned} f(x_0+h_1 v)-f(x_0) &= f\left(\frac{h_1}{h_2}(x_0+h_2 v)+\left(1-\frac{h_1}{h_2}\right)x_0\right)-f(x_0) \\ &\leqslant \frac{h_1}{h_2}f(x_0+h_2 v)+\left(1-\frac{h_1}{h_2}\right)f(x_0)-f(x_0) \\ &= \frac{h_1}{h_2}[f(x_0+h_2 v)-f(x_0)], \end{aligned}$$

从而可知

$$\varphi(h_1) \leqslant \varphi(h_2).$$

□

**定义 2.1.3**　$Df(x_0)(v) \triangleq \lim\limits_{h\to 0^+} \varphi(h)$.

由性质 2.1.1 可知 $Df(x_0)(\cdot): X \to (-\infty, +\infty]$ 是存在的.

**性质 2.1.2**　若 $f: x \to \mathbb{R} \cup \{+\infty\}$ 是凸的, 则 $Df(x_0)(\cdot): X \to (-\infty, +\infty]$ 是凸的、正齐次泛函且满足

$$f(x_0)-f(x_0-v) \leqslant Df(x_0)(v) \leqslant f(x_0+v)-f(x_0).$$

**定义 2.1.4**　设 $f: X \to \mathbb{R} \cup \{+\infty\}$ 是凸函数，$\partial f(x_0) = \{p \in X^*: \forall v \in X, \langle p, v\rangle \leqslant Df(x_0)(v)\}$, 称 $\partial f(x_0)$ 为 $f$ 在 $x_0$ 点的次微分.

**性质 2.1.3**　设 $f: X \to \mathbb{R} \cup \{+\infty\}$ 为真凸函数, $x_0 \in \mathrm{Dom}(f)$, $p \in \partial f(x_0)$ 当且仅当 $\forall x \in X$ 成立

$$\langle p, x-x_0\rangle \leqslant f(x)-f(x_0).$$

**证**　对于 $\forall p \in \partial f(x_0)$, 由定义知 $\langle p, v\rangle \leqslant Df(x_0)(v), \forall v \in X$. 由不等式 $Df(x_0)(v) \leqslant f(x_0+v)-f(x_0)$, 可知 $\langle p, v\rangle \leqslant f(x_0+v)-f(x_0)$. 对于 $\forall x \in X$, 取 $v = x-x_0$, 可得 $\langle p, x-x_0\rangle \leqslant f(x)-f(x_0)$.

另一方面, 令 $x = x_0+hv, h > 0$. 由 $\langle p, hv\rangle \leqslant f(x_0+hv)-f(x_0)$ 可知

$$\langle p, v\rangle \leqslant \frac{f(x_0+hv)-f(x_0)}{h},$$

取极限便得 $\langle p, v\rangle \leqslant Df(x_0)(v)$.　□

下面的定理表明凸函数一定是正则的.

**定理 2.1.4** 设 $f: X \to \mathbb{R} \cup \{+\infty\}$ 是真凸函数, 且在 In(Dom($f$)) 内连续, 那么对每一个 $x_0 \in \text{In}(\text{Dom}(f))$ 及 $v \in X$ 有

$$Df(x_0)(v) = \overline{\lim_{\substack{x \to x_0 \\ h \to 0^+}}} \frac{f(x + hv) - f(x)}{h},$$

并且存在 $L > 0$(依赖于 $x_0$) 使 $|Df(x_0)(v)| \leqslant L||v||, \forall v \in X$.

**证** 任取 $x_0 \in \text{In}(\text{Dom}(f))$, $\exists \delta > 0$, 使得 $B(x_0, \delta) \subset \text{In}(\text{Dom}(f))$ 且 $f$ 在 $B(x_0, \delta)$ 上是局部 Lipschitz 的, 即 $\exists L > 0$ 使得

$$|f(x_1) - f(x_2)| \leqslant L||x_1 - x_2||, \quad \forall x_1, x_2 \in B(x_0, \delta).$$

令 $x_1 = x_0 + hv, x_2 = x_0$, 有

$$\frac{|f(x_0 + hv) - f(x_0)|}{h} \leqslant L||v||.$$

令 $h \to 0^+$, 即可得到 $|Df(x_0)(v)| \leqslant L||v||, \forall v \in X$.

由定义可知 $Df(x_0)(v) \leqslant \overline{\lim\limits_{\substack{x \to x_0 \\ h \to 0^+}}} \dfrac{f(x + hv) - f(x_0)}{h}$. 另一方面, 对 $0 < \lambda < \dfrac{\delta}{||v||}$, 函数 $\dfrac{f(x + hv) - f(x)}{h}$ 在 $(x_0, \lambda)$ 处连续, 即 $\forall \varepsilon > 0, \exists \xi > 0$, 使得当 $||x - x_0|| < \xi$, $|h - \lambda| < \xi$ 时有

$$\frac{f(x + hv) - f(x)}{h} \leqslant \frac{f(x_0 + \lambda v) - f(x_0)}{\lambda} + \varepsilon,$$

从而有 $\sup\limits_{\substack{||x - x_0|| < \xi \\ |h - \lambda| < \xi}} \dfrac{f(x + hv) - f(x)}{h} \leqslant \dfrac{f(x_0 + \lambda v) - f(x_0)}{\lambda} + \varepsilon$. 令 $\lambda \to 0, \xi \to 0$, 得 $\overline{\lim\limits_{\substack{x \to x_0 \\ h \to 0^+}}} \dfrac{f(x + hv) - f(x)}{h} \leqslant Df(x_0)(v) + \varepsilon$. 由 $\varepsilon$ 的任意性得到

$$\overline{\lim_{\substack{x \to x_0 \\ h \to 0^+}}} \frac{f(x + hv) - f(x)}{h} \leqslant Df(x_0)(v). \qquad \square$$

## 2.2 凸函数的共轭函数

$X$ 是一个 Banach 空间, $X^*$ 表示 $X$ 的共轭空间, $f: X \to \mathbb{R} \cup \{+\infty\}$, 称 $f$ 在 $x_0$ 点下半连续是指 $\forall x_n \to x_0$ 有 $f(x_0) \leqslant \underline{\lim\limits_{n \to \infty}} f(x_n)$.

$\forall\lambda\in\mathbb{R}$, 定义

$$Ep(f)=\{(x,\lambda):f(x)\leqslant\lambda\},\quad L_\lambda(f)=\{x:f(x)\leqslant\lambda\},$$

分别称为 $f$ 的上图和下水平集. 显然, 若 $f$ 是下半连续的, 则 $Ep(f)$ 和 $L_\lambda(f)$ 都是闭集.

$f:X\to\mathbb{R}\cup\{+\infty\}$ 是凸函数, 定义 $f$ 的共轭函数

$$f^*(p)\triangleq\sup_{x\in X}[\langle p,x\rangle-f(x)],\quad\forall p\in X^*$$

和二次共轭函数

$$f^{**}(x)\triangleq\sup_{p\in X^*}[\langle p,x\rangle-f^*(p)],\quad\forall x\in X.$$

下面考虑 $f$ 与 $f^{**}$ 相等的条件.

**定理 2.2.1**(Fenchel) 设 $f:X\to\mathbb{R}\cup\{+\infty\}$ 是真凸下半连续函数, 那么 $f(x)=f^{**}(x)$, $\forall x\in X$.

**证** 由 $f^*(p)$ 的定义, $\forall x\in X,\forall p\in X^*$ 有

$$f^*(p)\geqslant\langle p,x\rangle-f(x),$$

即

$$f(x)\geqslant\langle p,x\rangle-f^*(p),$$

对 $p\in X^*$ 取上确界便得 $f(x)\geqslant f^{**}(x)$ 成立.

下面证明 $f^{**}(x)\geqslant f(x)$, 只需要证明对于 $\forall a<f(x)$ 有 $a<f^{**}(x)$ 即可. 由于 $f$ 是真凸, 下半连续的, 可知 $Ep(f)$ 是非空闭凸集.

任取 $a<f(x)$, 则 $(x,a)\notin Ep(f)$, 由 Hahn-Banach 定理存在非零的泛函 $(p,-\alpha)\in X^*\times\mathbb{R}$ 及 $\varepsilon>0$ 满足

$$\sup_{(y,\lambda)\in Ep(f)}[\langle p,y\rangle-\alpha\lambda]\leqslant\langle p,x\rangle-\alpha a-\varepsilon. \tag{2.2.1}$$

当 $y\in\mathrm{Dom}(f)$ 时, 取 $\lambda=f(y)+\mu$, 其中 $\mu\geqslant0$, 则由上式可得

$$\langle p,y\rangle-\alpha f(y)-\alpha\mu\leqslant\langle p,x\rangle-\alpha a-\varepsilon. \tag{2.2.2}$$

若 $\alpha<0$, 当 $\mu\to+\infty$ 时, 与式 (2.2.2) 矛盾, 故 $\alpha\geqslant0$.

下面分两种情况讨论.

(1) 若 $\alpha>0$, 在式 (2.2.2) 中取 $\mu=0$, 则

$$\langle p,y\rangle-\alpha f(y)\leqslant\langle p,x\rangle-\alpha a-\varepsilon.$$

令 $\bar{p}=\dfrac{p}{\alpha}$, 则 $\langle\bar{p},y\rangle-f(y)\leqslant\langle\bar{p},x\rangle-a-\dfrac{\varepsilon}{\alpha}$. 由于

$$f^*(\bar{p})=\sup_{y\in X}[\langle\bar{p},y\rangle-f(y)]=\sup_{y\in\mathrm{Dom}(f)}[\langle\bar{p},y\rangle-f(y)],$$

所以 $f^*(\bar{p})\leqslant\langle\bar{p},x\rangle-a-\dfrac{\varepsilon}{\alpha}$. 这说明

$$\bar{p}\in\mathrm{Dom}(f^*), \tag{2.2.3}$$

即 $\mathrm{Dom}(f^*)\neq\varnothing$. 同时 $a+\dfrac{\varepsilon}{\alpha}\leqslant\langle\bar{p},x\rangle-f^*(\bar{p})\leqslant f^{**}(x)$. 由 $\varepsilon$ 的任意性, 可知 $a<f^{**}(x)$.

(2) 若 $\alpha=0$, 则 $x\notin\mathrm{Dom}(f)$. 若不然, 在式 (2.2.2) 中令 $y=x$, 则 $0\leqslant-\varepsilon$ 与 $\varepsilon>0$ 矛盾, 故 $\alpha=0$ 时, $f(x)=+\infty$. 下面我们证明 $f^{**}(x)=+\infty$.

由式 (2.2.2) 可得 $\langle p,y-x\rangle\leqslant-\varepsilon$, $\forall y\in\mathrm{Dom}(f)$, 同乘自然数 $n$ 有

$$\langle np,y-x\rangle\leqslant-n\varepsilon. \tag{2.2.4}$$

另一方面, 由式 (2.2.3) 可知, 当 $\mathrm{Dom}(f)\neq\varnothing$ 时, $\mathrm{Dom}(f^*)\neq\varnothing$, 取 $\hat{p}\in\mathrm{Dom}(f^*)$, 则

$$\langle\hat{p},y\rangle-f(y)-f^*(\hat{p})\leqslant 0. \tag{2.2.5}$$

由式 (2.2.4) 与式 (2.2.5) 得到 $\langle\hat{p}+np,y\rangle-f(y)-n\langle p,x\rangle+n\varepsilon-f^*(\hat{p})\leqslant 0$, 进一步, 关于 $y$ 取上确界

$$f^*(\hat{p}+np)-n\langle p,x\rangle+n\varepsilon-f^*(\hat{p})\leqslant 0,$$

从而

$$n\varepsilon+\langle\hat{p},x\rangle-f^*(\hat{p})\leqslant\langle\hat{p}+np,x\rangle-f^*(\hat{p}+np)\leqslant f^{**}(x).$$

令 $n\to\infty$, 可得 $f^{**}(x)=+\infty$. □

**性质 2.2.1** 设 $f:X\to\mathbb{R}\cup\{+\infty\}$ 真凸函数, 任取 $x\in\mathrm{Dom}(f)$, 那么 $p\in\partial f(x)$ 当且仅当 $p$ 满足等式 $\langle p,x\rangle=f(x)+f^*(p)$.

**证** 由次微分的定义, $p\in\partial f(x)$ 当且仅当 $f(x)-f(y)\leqslant\langle p,x-y\rangle$, $\forall y\in X$.

上述不等式可以转化为

$$\langle p,y\rangle-f(y)\leqslant\langle p,x\rangle-f(x),\quad\forall y\in X.$$

显然, 该不等式成立的充要条件是 $f^*(p)=\sup\limits_{y\in X}(\langle p,y\rangle-f(y))=\langle p,x\rangle-f(x)$, 即 $\langle p,x\rangle=f^*(p)+f(x)$. □

**推论 2.2.1** 设 $f: X \to \mathbb{R} \cup \{+\infty\}$ 是真凸下半连续函数, 则

$$p \in \partial f(x) \text{ 当且仅当 } x \in \partial f^*(p).$$

设非空集合 $K \subset X$, 定义 $\psi_K(x) = \begin{cases} 0, & x \in K, \\ +\infty, & x \notin K, \end{cases}$ 以及

$$\sigma_K(p) = \sup_{x \in K} \langle p, x \rangle.$$

**性质 2.2.2** $\sigma_K(p) = \psi_K^*$; 若 $K$ 是闭凸集, 则 $\psi_K = \sigma_K^*$.

**性质 2.2.3** (1) $B^*$ 表示 $X^*$ 的单位球, $f(x) = ||x||$, 则 $f^*(p) = \psi_{B^*}(p)$.

(2) $\phi: \mathbb{R} \to \mathbb{R} \cup \{+\infty\}$ 真凸上半连续的, $\phi^*$ 表示 $\phi$ 的共轭函数, $f(x) = \phi(||x||)$, 则 $f^*(p) = \phi^*(||p||)$. 特别地, $f(x) = \dfrac{1}{\alpha}||x||^\alpha \quad (\alpha > 1)$, $\alpha^* = \dfrac{\alpha}{\alpha - 1}$, 则 $f^*(p) = \dfrac{1}{\alpha^*}||p||^{\alpha^*}$.

性质 2.2.2 与性质 2.2.3 的证明留为练习.

## 2.3 Yosida 逼 近

Yosida 逼近是对真凸下半连续函数的一种正则化过程, 在许多方面都有应用.

$X$ 是一个 Hilbert 空间, $f: X \to \mathbb{R} \cup \{+\infty\}$ 是真凸下半连续函数, $\lambda \in \mathbb{R}_+ = (0, +\infty)$, 记

$$f_\lambda(x) = \inf_{y \in X} \left[ f(y) + \frac{1}{2\lambda}||y - x||^2 \right]. \tag{2.3.1}$$

**定理 2.3.1** 对任意的 $x \in X$, 式 (2.3.1) 存在唯一的解 $J_\lambda x \in X$, 即 $f_\lambda(x) = f(J_\lambda x) + \dfrac{1}{2\lambda}||J_\lambda x - x||^2$.

**证** 先证明 $f(y) + \dfrac{1}{2\lambda}||y - x||^2$ 下方有界. 由 Fenchel 定理的证明过程, 可知当 $\mathrm{Dom}(f) \neq \varnothing$ 时有 $\mathrm{Dom}(f^*) \neq \varnothing$. 取 $p \in \mathrm{Dom}(f^*)$, 则对每一个 $y \in X$, 有 $f^*(p) \geqslant \langle p, y \rangle - f(y)$. 从而有

$$\begin{aligned} f(y) &\geqslant \langle p, y \rangle - f^*(p) \\ &\geqslant -||p|| \cdot ||y|| - f^*(p) \\ &\geqslant -\lambda||p||^2 - \frac{1}{4\lambda}||y||^2 - f^*(p). \end{aligned}$$

另一方面,

$$||y - x||^2 = ||y||^2 - 2\langle y, x \rangle + ||x||^2$$

$$\begin{aligned}&\geqslant ||y||^2-\frac{||y||^2}{2}-2||x||^2+||x||^2\\&=\frac{||y||^2}{2}-||x||^2.\end{aligned}$$

从而

$$f(y)+\frac{1}{2\lambda}||y-x||^2\geqslant -\lambda||p||^2-f^*(p)-\frac{1}{2\lambda}||x||^2,\quad \forall y\in X,$$

即 $f(y)+\dfrac{1}{2\lambda}||y-x||^2$ 下方有界.

由下确界的定义, 对任何自然数 $n$, 存在 $x_n\in X$ 满足 $f(x_n)+\dfrac{1}{2\lambda}||x_n-x||^2<f_\lambda(x)+\dfrac{1}{n}$. 由平行四边形法则, 有

$$||x_n-x_m||^2=2(||x_n-x||^2+||x_m-x||^2)-4\left(\left\|\frac{x_n+x_m}{2}-x\right\|^2\right).$$

进一步

$$||x_n-x_m||^2\leqslant 4\lambda\left(\frac{1}{n}+\frac{1}{m}+2f_\lambda(x)-f(x_m)-f(x_n)\right)-4\left\|\frac{x_n+x_m}{2}-x\right\|^2.$$

另外，由 $f_\lambda$ 的定义知 $f_\lambda(x)\leqslant f\left(\dfrac{x_n+x_m}{2}\right)+\dfrac{1}{2\lambda}\left\|\dfrac{x_n+x_m}{2}-x\right\|^2$, 从而

$$4\left\|\frac{x_n+x_m}{2}-x\right\|^2\geqslant 8\lambda f_\lambda(x)-8\lambda f\left(\frac{x_n+x_m}{2}\right).$$

同时由 $f$ 是凸函数，可知 $f\left(\dfrac{x_n+x_m}{2}\right)\leqslant\dfrac{1}{2}f(x_n)+\dfrac{1}{2}f(x_m)$. 于是 $||x_n-x_m||^2\leqslant 4\lambda\left(\dfrac{1}{n}+\dfrac{1}{m}\right)$, 这意味着 $\{x_n\}$ 是一个 Cauchy 列. 于是 $\exists\bar{x}\in X$ 满足 $\lim\limits_{n\to\infty}x_n=\bar{x}$, 那么

$$f_\lambda(x)\leqslant f(\bar{x})+\frac{1}{2\lambda}||\bar{x}-x||^2\leqslant \varliminf_{n\to\infty}\left(f(x_n)+\frac{1}{2\lambda}||x_n-x||^2\right)\leqslant f_\lambda(x),$$

故 $f_\lambda(x)=f(\bar{x})+\dfrac{1}{2\lambda}||\bar{x}-x||^2$. □

唯一性证明留为练习.

这样, 对 $x\in X$, 定义映射 $J_\lambda:\ X\to X$, 称 $J_\lambda$ 为Yosida **逼近映射**.

**性质 2.3.1** $\bar{x}=J_\lambda x$ 的充要条件是下面变分不等式成立:

$$\forall y\in X,\quad \frac{1}{\lambda}\langle\bar{x}-x,\ \bar{x}-y\rangle+f(\bar{x})-f(y)\leqslant 0. \tag{2.3.2}$$

**证**　若 $\bar{x}=J_\lambda x$, 来证明式 (2.3.2) 成立. 对 $\forall y\in X$ 及 $\theta\in(0,1)$ 有

$$\begin{aligned}&f(\bar{x})+\frac{1}{2\lambda}||\bar{x}-x||^2\\ \leqslant& f(\bar{x}+\theta(y-\bar{x}))+\frac{1}{2\lambda}||\bar{x}+\theta(y-\bar{x})-x||^2\\ \leqslant&(1-\theta)f(\bar{x})+\theta f(y)+\frac{1}{2\lambda}\left[||\bar{x}-x||^2+2\theta\langle\bar{x}-x,y-\bar{x}\rangle+\theta^2||y-\bar{x}||^2\right],\end{aligned}$$

故

$$\theta\left[f(\bar{x})-f(y)+\frac{1}{\lambda}\langle\bar{x}-x,\bar{x}-y\rangle\right]\leqslant\frac{\theta^2}{2\lambda}||y-\bar{x}||^2,$$

即

$$\left[f(\bar{x})-f(y)+\frac{1}{\lambda}\langle\bar{x}-x,\ \bar{x}-y\rangle\right]\leqslant\frac{\theta}{2\lambda}||y-\bar{x}||^2.$$

令 $\theta\to0^+$, 则式 (2.3.2) 成立.

另一方面, 若式 (2.3.2) 成立, 由于

$$\frac{1}{2\lambda}||\bar{x}-x||^2-\frac{1}{2\lambda}||y-x||^2\leqslant\frac{1}{\lambda}\langle\bar{x}-x,\ \bar{x}-y\rangle,$$

于是有

$$f(\bar{x})+\frac{1}{2\lambda}||\bar{x}-x||^2-f(y)-\frac{1}{2\lambda}||y-x||^2\leqslant f(\bar{x})-f(y)+\frac{1}{\lambda}\langle\bar{x}-x,\ \bar{x}-y\rangle\leqslant0,$$

即

$$f_\lambda(\bar{x})=f(\bar{x})+\frac{1}{2\lambda}||\bar{x}-x||^2=\inf_{y\in X}\left[f(y)+\frac{1}{2\lambda}||y-x||^2\right],$$

故 $\bar{x}=J_\lambda x$. □

**性质 2.3.2**　$J_\lambda$ 及 $(I-J_\lambda)$ 满足

(1) $\langle J_\lambda x-J_\lambda y,\ x-y\rangle\ \geqslant\ ||J_\lambda x-J_\lambda y||^2$;

(2) $\langle(I-J_\lambda)x-(I-J_\lambda)y,\ x-y\rangle\ \geqslant\ ||(I-J_\lambda)x-(I-J_\lambda)y||^2$.

**证**　(1) 由性质 2.3.1 知

$$f(J_\lambda x)-f(J_\lambda y)+\frac{1}{\lambda}\langle J_\lambda x-x,\ J_\lambda x-J_\lambda y\rangle\leqslant0$$

和

$$f(J_\lambda y)-f(J_\lambda x)+\frac{1}{\lambda}\langle J_\lambda y-y,\ J_\lambda y-J_\lambda x\rangle\ \leqslant0,$$

上面两式相加得

$$\frac{1}{\lambda}\langle J_\lambda x-J_\lambda y-(x-y),\ J_\lambda x-J_\lambda y\rangle\leqslant0,$$

故

$$||J_\lambda x-J_\lambda y||^2\leqslant\langle x-y,\ J_\lambda x-J_\lambda y\rangle.$$

(2) 由于

$$\begin{aligned}
&||x-y||^2 \\
=\ &||(I-J_\lambda)x-(I-J_\lambda)y+(J_\lambda x-J_\lambda y)||^2 \\
=\ &||(I-J_\lambda)x-(I-J_\lambda)y||^2+2\left\langle (I-J_\lambda)x-(I-J_\lambda)y,\ J_\lambda x-J_\lambda y\right\rangle \\
&+||J_\lambda x-J_\lambda y||^2,
\end{aligned} \tag{2.3.3}$$

又

$$\langle (I-J_\lambda)x-(I-J_\lambda)y, x-y\rangle=||x-y||^2-\langle J_\lambda x-J_\lambda y, x-y\rangle,$$

因此由 (1) 及式 (2.3.3) 得

$$||x-y||^2-\langle J_\lambda x-J_\lambda y, x-y\rangle \geqslant ||(I-J_\lambda)x-(I-J_\lambda)y||^2.$$ □

**定理 2.3.2** 设 $f:\ X\to\mathbb{R}\cup\{+\infty\}$ 是真凸下半连续的函数, 那么

(1) 对 $\lambda>0$ 及 $x\in X$, 成立

$$x-J_\lambda x\in\lambda\partial f(J_\lambda x);$$

(2) 集合 $\{x\in \mathrm{Dom}(f):\partial f(x)\neq\varnothing\}$ 是 $\mathrm{Dom}(f)$ 的稠密子集.

**证** (1) 由性质 2.3.1 知

$$f(J_\lambda x)-f(y)\leqslant\left\langle \frac{x-J_\lambda x}{\lambda},\ J_\lambda x-y\right\rangle,\quad \forall y\in X.$$

根据凸函数次微分的定义有

$$\frac{x-J_\lambda x}{\lambda}\in\partial f(J_\lambda x),$$

即 $x-J_\lambda x\in\lambda\partial f(J_\lambda x)$.

(2) 由 (1) 知, 对 $\forall x\in X$, $J_\lambda x\in\mathrm{Dom}(f)$ 且 $\partial f(J_\lambda x)\neq\varnothing$. 下面来证, 若 $x\in\mathrm{Dom}(f)$, 则 $J_\lambda x\to x(\lambda\to 0^+)$. 事实上，取 $p\in\mathrm{Dom}(f^*)$, 则 $-f(J_\lambda x)\leqslant f^*(p)-\langle p,\ J_\lambda x\rangle$, 同时，由 $f_\lambda$ 的定义知 $\dfrac{1}{2\lambda}\parallel J_\lambda x-x\parallel^2+f(J_\lambda x)=f_\lambda(x)\leqslant f(x)$. 故

$$\begin{aligned}
\frac{1}{2\lambda}||J_\lambda x-x||^2&\leqslant f(x)+f^*(p)-\langle p,x\rangle+\langle p,x-J_\lambda x\rangle \\
&\leqslant\frac{1}{4\lambda}||J_\lambda x-x||^2+f(x)+f^*(p)-\langle p,x\rangle+\lambda||p||^2.
\end{aligned}$$

从而

$$||J_\lambda x - x||^2 \leqslant 4\lambda[f(x) + f^*(p) - \langle p, x\rangle + \lambda||p||^2] \to 0\ (\lambda \to 0^+).$$

因此, $J_\lambda x \to x$. 这说明 $\{x \in \mathrm{Dom}(f) | \partial f(x) \neq \varnothing\}$ 在 $\mathrm{Dom}(f)$ 中稠密. □

**注** 由 (1) 知 $J_\lambda x = (I + \partial f(x))^{-1}(x)$, 这里 $I$ 表示恒同映射，集值映射 $F: X \to 2^X$ 的逆映射为 $F^{-1}(y) = \{x \mid y \in F(x)\}$.

**定理 2.3.3** 设 $f:\ X \to \mathbb{R}\cup\{+\infty\}$ 是真下半连续凸函数, 那么 $f_\lambda(x):\ X \to \mathbb{R}$ 是可微的, 且 $\nabla f_\lambda(x) = \dfrac{1}{\lambda}(x - J_\lambda x) \in \partial f(J_\lambda x)$. 进一步, $\forall x \in \mathrm{Dom}(f)$ 有

$$f_\lambda(x) \to f(x) \quad (\lambda \to 0^+)$$

及

$$f_\lambda(x) \to \inf_{x\in X} f(x) \quad (\lambda \to +\infty).$$

**证** 由 $f_\lambda(x) \leqslant f(x)$ 知 $\overline{\lim\limits_{\lambda\to 0^+}} f_\lambda(x) \leqslant f(x)$. 同时，由 $J_\lambda x \to x$ 及 $f$ 的下半连续性，

$$f(x) \leqslant \underline{\lim_{\lambda\to 0^+}}\, f(J_\lambda x) \leqslant \underline{\lim_{\lambda\to 0^+}}\, f_\lambda(x).$$

因此 $\lim\limits_{\lambda\to 0^+} f_\lambda(x) = f(x)$.

另一方面, 对 $\forall\varepsilon > 0$, 取 $y_\varepsilon \in X$ 使 $f(y_\varepsilon) < \inf\limits_{y\in X} f(y) + \varepsilon$. 于是,

$$f_\lambda(x) = \inf_{y\in X}\left\{f(y) + \frac{1}{2\lambda}||y - x||^2\right\} < \inf_{y\in X} f(y) + \varepsilon + \frac{1}{2\lambda}||y_\varepsilon - x||^2,$$

因此 $\overline{\lim\limits_{\lambda\to+\infty}} f_\lambda(x) \leqslant \inf\limits_{y\in X} f(y)$, 又 $f_\lambda(x) \geqslant \inf\limits_{y\in X} f(y)$, 故

$$\lim_{\lambda\to+\infty} f_\lambda(x) = \inf_{y\in X} f(y).$$

记 $\theta_\lambda(x) = \dfrac{x - J_\lambda x}{\lambda}$, 则 $\theta_\lambda(x) \in \partial f(J_\lambda x)$. 于是,

$$\begin{aligned}
f_\lambda(x) - f_\lambda(y) &= f(J_\lambda x) - f_\lambda(J_\lambda y) + \frac{\lambda}{2}||\theta_\lambda(x)||^2 - \frac{\lambda}{2}||\theta_\lambda(y)||^2 \\
&\leqslant \langle\theta_\lambda(x),\ J_\lambda x - J_\lambda y\rangle + \frac{\lambda}{2}||\theta_\lambda(x)||^2 - \frac{\lambda}{2}||\theta_\lambda(y)||^2 \\
&= \langle\theta_\lambda(x),\ x - y\rangle - \lambda\langle\theta_\lambda(x), \theta_\lambda(x) - \theta_\lambda(y)\rangle + \frac{\lambda}{2}||\theta_\lambda(x)||^2 - \frac{\lambda}{2}||\theta_\lambda(y)||^2 \\
&= \langle\theta_\lambda(x), x - y\rangle - \lambda\left[\frac{1}{2}||\theta_\lambda(x)||^2 + \frac{1}{2}||\theta_\lambda(y)||^2 - \langle\theta_\lambda(x),\ \theta_\lambda(y)\rangle\right] \\
&= \langle\theta_\lambda(x),\ x - y\rangle - \frac{\lambda}{2}||\theta_\lambda(x) - \theta_\lambda(y)||^2
\end{aligned}$$

$$\leqslant \langle \theta_\lambda(x),\ x-y\rangle.$$

此外,

$$\begin{aligned} f_\lambda(x)-f_\lambda(y) &\geqslant \langle \theta_\lambda(y),\ x-y\rangle \\ &= \langle \theta_\lambda(x),\ x-y\rangle + \langle \theta_\lambda(y)-\theta_\lambda(x), x-y\rangle \\ &\geqslant \langle \theta_\lambda(x), x-y\rangle - ||\theta_\lambda(y)-\theta_\lambda(x)||\ ||x-y|| \\ &\geqslant \langle \theta_\lambda(x),\ x-y\rangle - \frac{1}{\lambda}||x-y||^2. \end{aligned}$$

故

$$\frac{|\ f_\lambda(x)-f_\lambda(y)-\langle \theta_\lambda(x),\ x-y\rangle\ |}{||x-y||} \leqslant \frac{1}{\lambda}||x-y||.$$

因此, $f_\lambda(x)$ 在 $x$ 点可微 (即 F 可微), 且 $\nabla f_\lambda(x)=\theta_\lambda(x)\in\partial f(J_\lambda x)$. □

## 2.4 极大极小定理

设 $X,Y$ 是两个 Banach 空间, $E,F$ 分别是 $X,Y$ 的两个非空子集, $f:E\times F\to\mathbb{R}$, 记

$$f^{\#}(x)=\sup_{y\in F} f(x,y),\quad f^{\#}=\inf_{x\in E}\sup_{y\in F} f(x,y)=\inf_{x\in E} f^{\#}(x),$$
$$f^{*}(y)=\inf_{x\in E} f(x,y),\quad f^{*}=\sup_{y\in F}\inf_{x\in E} f(x,y)=\sup_{y\in F} f^{*}(y).$$

用 $\mathscr{F}$ 表示 $F$ 中所有非空有限集全体, $K\in\mathscr{F}$,

$$f_K^{\#}=\inf_{x\in E}\sup_{y\in K} f(x,y),$$

$$f^M=\sup_{K\in\mathscr{F}} f_K^{\#}=\sup_{K\in\mathscr{F}}\inf_{x\in E}\sup_{y\in K} f(x,y),$$

注意到

$$f^*=\sup_{y\in F} f_{\{y\}}^{\#}\leqslant \sup_{K\in\mathscr{F}} f_K^{\#}=f^M,$$

另一方面

$$\inf_{x\in E}\sup_{y\in K} f(x,y)\leqslant \inf_{x\in E}\sup_{y\in F} f(x,y)=f^{\#},$$

故

$$f^M\leqslant f^{\#},$$

于是有

$$f^*\leqslant f^M\leqslant f^{\#}.$$

**引理 2.4.1**　设 $E$ 是紧集, 对 $\forall y\in F$, $f_y(x)=f(x,y)$ 关于 $x$ 是下半连续的, 那么存在 $\bar{x}\in E$, 满足

$$\sup_{y\in F} f(\bar{x},y)=f^{\#},\quad 且\ f^{\#}=f^M.$$

**证**　因为 $\sup\limits_{y\in F} f(\bar{x},y)\geqslant f^{\#}$, $f^{\#}\geqslant f^M$, 故仅需证明 $\sup\limits_{y\in F} f(\bar{x},y)=f^M$. 记 $L_y=\{x\in E: f(x,y)\leqslant f^M\}$, 由下半连续性知 $L_y$ 是闭集, 下面证明 $\bigcap\limits_{y\in F} L_y\neq\varnothing$. 又 $E$ 是紧集, 因此仅需证明, 对 $\forall$ 有限集 $K=\{y_1,y_2,\cdots,y_n\}\in\mathscr{F}$ 有 $\bigcap\limits_{i=1}^{n} L_{y_i}\neq\varnothing$. 事实上, 令 $g(x)=\max\limits_{i=1,2,\cdots,n} f(x,y_i)$, 则 $g\colon E\to\mathbb{R}$ 是下半连续的, 又 $E$ 是紧集, 故存在 $x_*\in E$ 使

$$g(x_*)=\inf_{x\in E} g(x),$$

于是 $x_*\in\bigcap\limits_{i=1}^{n} L_{y_i}$. 这样取 $\bar{x}\in\bigcap\limits_{y\in F} L_y$, 则 $\sup\limits_{y\in F} f(\bar{x},y)\leqslant f^M$. □

下面来讨论在什么情况下, $f^*=f^M$.

**引理 2.4.2**　设 $E,F$ 都是非空凸集且满足

(1) $\forall y\in F$, $f(x,y)$ 关于 $x$ 是凸的;

(2) $\forall x\in E$, $f(x,y)$ 关于 $y$ 是凹的 (即 $-f(x,y)$ 关于 $y$ 是凸的), 那么 $f^*=f^M$.

**证**　记 $M^n=\left\{\lambda\in\mathbb{R}_+^n: \sum\limits_{i=1}^{n}\lambda_i=1\right\}$, $K=\{y_1,y_2,\cdots,y_n\}\in\mathscr{F}$, $\varphi_K\colon E\to\mathbb{R}^n$ 定义为

$$\varphi_K(x)=(f(x,y_1),\ f(x,y_2),\cdots,f(x,y_n)),$$

$$\varphi_K^{\#}=\sup_{\lambda\in M^n}\inf_{x\in E}\langle\lambda,\ \varphi_K(x)\rangle=\sup_{\lambda\in M^n}\inf_{x\in E}\sum_{i=1}^{n}\lambda_i f(x,y_i).$$

第一步: 证 $\varphi_K(E)+\mathbb{R}_+^n$ 是凸集.

设 $\varphi_K(x_1)+u_1$, $\varphi_K(x_2)+u_2\in\varphi_K(E)+\mathbb{R}_+^n$, $\alpha_i\geqslant 0$, $u_i\in\mathbb{R}_+^n$ $(i=1,2)$, $\alpha_1+\alpha_2=1$, 那么 $\alpha_1\varphi_K(x_1)+\alpha_2\varphi_K(x_2)-\varphi_K(\alpha_1x_1+\alpha_2x_2)\in\mathbb{R}_+^n$. 令 $u=\alpha_1\varphi_K(x_1)+\alpha_2\varphi(x_2)-\varphi_K(\alpha_1x_1+\alpha_2x_2)\in\mathbb{R}_+^n$, 于是

$$\begin{aligned}&\alpha_1\varphi_K(x_1)+\alpha_2\varphi(x_2)+\alpha_1u_1+\alpha_2u_2\\=&\varphi_K(\alpha x_1+\alpha_2x_2)+\alpha_1u_1+\alpha_2u_2+u\in\varphi_K(E)+\mathbb{R}_+^n.\end{aligned}$$

第二步: 证 $f_K^{\#}\leqslant\varphi_K^{\#}$.

首先来证明 $\forall\varepsilon>0$, 成立 $(\varphi_K^{\#}+\varepsilon)\mathbf{1}\in\varphi_K(E)+\mathbb{R}_+^n$, 这里 $\mathbf{1}=(1,1,\cdots,1)\in\mathbb{R}^n$.

若不然, 由分离定理, 存在 $\mu\in\mathbb{R}^n,\mu\neq 0$ 使得

$$\sum_{i=1}^{n}\mu_i(\varphi_K^{\#}+\varepsilon)\leqslant\inf_{v\in\varphi_K(E)+\mathbb{R}_+^n}\langle\mu,v\rangle=\inf_{x\in E}\langle\mu,\varphi_K(x)\rangle+\inf_{\lambda\in\mathbb{R}_+^n}\langle\mu,\lambda\rangle.$$

由于 $\inf\limits_{\lambda\in\mathbb{R}_+^n}\langle\mu,\lambda\rangle$ 下方有界, 所以 $\mu_i\geqslant 0(i=1,2,\cdots,n)$ 且 $\inf\limits_{\lambda\in\mathbb{R}_+^n}\langle\mu,\lambda\rangle=0$. 故 $\mu\in\mathbb{R}_+^n,\mu\neq 0$. 令 $\bar{\mu}_i=\dfrac{\mu_i}{\sum\limits_{i=1}^{n}\mu_i}(i=1,2,\cdots,n)$, 则 $\bar{\mu}=(\bar{\mu}_1,\bar{\mu}_2,\cdots,\bar{\mu}_n)\in M^n$, 于是有

$$\varphi_K^{\#}+\varepsilon\leqslant\inf_{x\in E}\langle\bar{\mu},\varphi_K(x)\rangle\leqslant\sup_{\lambda\in M^n}\inf_{x\in E}\langle\lambda,\varphi_K(x)\rangle=\varphi_K^{\#},$$

这是不可能的. 因此 $(\varphi_K^{\#}+\varepsilon)\cdot\mathbf{1}\in\varphi_K(E)+\mathbb{R}_+^n$. 于是有 $x_\varepsilon\in E$ 及 $u_\varepsilon\in\mathbb{R}_+^n$ 满足

$$(\varphi_K^{\#}+\varepsilon)\cdot\mathbf{1}=\varphi_K(x_\varepsilon)+u_\varepsilon,$$

故

$$f(x_\varepsilon,y_i)\leqslant\varphi_K^{\#}+\varepsilon\quad(i=1,2,\cdots,n).$$

另一方面,

$$f_K^{\#}\leqslant\max_{1\leqslant i\leqslant n}f(x_\varepsilon,y_i)\leqslant\varphi_K^{\#}+\varepsilon,$$

由 $\varepsilon$ 的任意性有

$$f_K^{\#}\leqslant\varphi_K^{\#}.$$

第三步: 证 $\varphi_K^{\#}\leqslant f^*$.

设 $\lambda\in M^n,K=\{y_1,y_2,\cdots,y_n\}\in\mathscr{F}$, 令 $y_\lambda=\sum\limits_{i=1}^{n}\lambda_i y_i$, 由于 $f(x,y)$ 关于 $y$ 是凹的, 因此有

$$\sum_{i=1}^{n}\lambda_i f(x,y_i)\leqslant f(x,y_\lambda),$$

所以

$$\inf_{x\in E}\langle\lambda,\varphi_K(x)\rangle\leqslant\inf_{x\in E}f(x,y_\lambda)\leqslant\sup_{y\in F}\inf_{x\in E}f(x,y)=f^*,$$

故综上所述

$$\varphi_K^{\#}\leqslant f^*,\quad f^M\leqslant f^*,$$

因此 $f^M=f^*$. □

由引理 2.4.1 与引理 2.4.2, 立即得到

**定理 2.4.1** 设 $X,Y$ 是两个 Banach 空间, $E,F$ 是两个凸集, 满足

(1) $E$ 是紧集;

(2) 对每个 $y\in F, f(x,y)$ 关于 $x$ 是凸下半连续的;

(3) 对每个 $x\in E, f(x,y)$ 关于 $y$ 是凹的,

那么成立 $f^{\#}=f^{*}$, 且存在 $\bar{x}\in E$ 使

$$\sup_{x\in F} f(\bar{x},y)=f^{\#}.$$

设 $f:E\times F\to\mathbb{R}$, 称 $(\bar{x},\bar{y})\in E\times F$ 为 $f$ 的鞍点, 是指 $\forall(x,y)\in E\times F$ 有

$$f(\bar{x},y)\leqslant f(\bar{x},\bar{y})\leqslant f(x,\bar{y}).$$

**定理 2.4.2** (Von-Neumann)　设 $X,Y$ 是两个 Banach 空间, $E,F$ 是两个非空紧凸集, 满足

(1) 对每个 $y\in F, f(x,y)$ 关于 $x$ 是凸下半连续的;

(2) 对每个 $x\in E, f(x,y)$ 关于 $y$ 是凹上半连续的,

那么, 存在 $f$ 的鞍点 $(\bar{x},\bar{y})\in E\times F$.

证明留为练习.

**定理 2.4.3**　设 $X,Y$ 是两个 Banach 空间, $E,F$ 是两个非空凸集且 $E$ 是紧集, 满足

(1) 对每个 $y\in F, f(x,y)$ 关于 $x$ 是下半连续的;

(2) 对每个 $x\in E, f(x,y)$ 关于 $y$ 是凹的.

用 $C(E,F)$ 表示从 $E$ 到 $F$ 的连续映射全体, 则

$$\sup_{D\in C(E,F)}\inf_{x\in E} f(x,D(x))=\inf_{x\in E}\sup_{y\in F} f(x,y).$$

**证**　仅需证

$$\sup_{D\in C(E,F)}\inf_{x\in E} f(x,D(x))\geqslant f^{\#}.$$

$\forall\varepsilon>0$ 及 $x\in E$, 存在 $y_{\varepsilon}(x)\in F$ 满足

$$\sup_{y\in F} f(x,y)<f(x,y_{\varepsilon}(x))+\varepsilon.$$

又 $f(x,y)$ 关于 $x$ 是下半连续的, 于是存在 $\eta(x)>0$, 当 $z\in B(x,\eta(x))$(相对于 $E$ 的开球) 时有

$$f(x,y_{\varepsilon}(x))<f(z,y_{\varepsilon}(x))+\varepsilon.$$

又 $E$ 是紧集, 从而存在有限个 $x_1,x_2,\cdots,x_n$ 满足

$$E=\bigcup_{i=1}^{n} B(x_i,\eta(x_i)).$$

设 $\{\theta_i(x)\}_{i=1}^n$ 是开覆盖 $\{B(x_i,\eta(x_i))\}_{i=1}^n$ 的单位分解, 令

$$D_*(x)=\sum_{i=1}^n\theta_i(x)y_\varepsilon(x_i),$$

则 $D_*\in C(E,F)$ 且

$$\begin{aligned}f(x,D_*(x))&\geqslant\sum_{i=1}^n\theta_i(x)f(x,y_\varepsilon(x_i))\\&=\sum_{\theta_i(x)\neq0}\theta_i(x)f(x,y_\varepsilon(x_i)).\end{aligned}$$

当 $\theta_i(x)\neq 0$ 时, $x\in B(x_i,\eta(x_i))$, 于是

$$f^\#-\varepsilon<f(x_i,y_\varepsilon(x_i))<f(x,y_\varepsilon(x_i))+\varepsilon,$$

故

$$f(x,y_\varepsilon(x_i))>f^\#-2\varepsilon.$$

于是有

$$f(x,D_*(x))>f^\#-2\varepsilon,$$

故

$$\sup_{D\in C(E,F)}\inf_{x\in E}f(x,D(x))\geqslant f^\#-2\varepsilon.$$

由 $\varepsilon$ 的任意性知

$$\sup_{D\in C(E,F)}\inf_{x\in E}f(x,D(x))\geqslant f^\#.$$ □

类似地有如下定理:

**定理 2.4.4** 在定理 2.4.3 的条件下, 用 $C(F,E)$ 表示从 $F$ 到 $E$ 的连续映射全体, 那么

$$\inf_{C\in C(F,E)}\sup_{y\in F}f(C(y),y)=\inf_{x\in E}\sup_{y\in F}f(x,y).$$

**证** 记 $M^n=\left\{\lambda\in\mathbb{R}_+^n:\sum_{i=1}^n\lambda_i=1\right\}$, 则 $M^n$ 是闭凸子集, 由于

$$\inf_{C\in C(F,E)}\sup_{y\in F}f(C(y),y)\leqslant f^\#$$

显然成立, 所以仅需证明反面不等式成立.

因为 $x \mapsto f(x,y)$ 下半连续且 $E$ 是紧集, 由引理 2.4.1、引理 2.4.2 知存在 $\bar{x} \in E$ 使

$$\sup_{y\in F} f(\bar{x},y) = f^{\#} = f^{M} = \sup_{k\in\mathscr{F}} \inf_{x\in E} \max_{i=1,2,\cdots,n} f(x,y_i).$$

仅需证明对每个 $K = \{y_1, y_2, \cdots, y_n\}$ 及每个 $C \in C(F,E)$ 有

$$\inf_{x\in E} \max_{i=1,2,\cdots,n} f(x,y_i) \leqslant \sup_{y\in F} f(C(y),y).$$

$$\begin{aligned}\inf_{x\in E} \max_{i=1,2,\cdots,n} f(x,y_i) &= \inf_{x\in E} \sup_{\lambda\in M^n} \sum_{i=1}^{n} \lambda_i f(x,y_i)\\ &\leqslant \inf_{\mu\in M^n} \sup_{\lambda\in M^n} \sum_{i=1}^{n} \lambda_i f\left(C\left(\sum_{j=1}^{n} \mu_j y_j\right), y_i\right)\\ &= \inf_{\mu\in M^n} \sup_{\lambda\in M^n} \varphi(\mu,\lambda),\end{aligned}$$

这里 $\varphi(\mu,\lambda) = \sum_{i=1}^{n} \lambda_i f\left(C\left(\sum_{j=1}^{n} \mu_j y_j\right), y_i\right)$.

根据定理 2.4.3 有

$$\inf_{\mu\in M^n} \sup_{\lambda\in M^n} \varphi(\mu,\lambda) = \sup_{D\in C(M^n,M^n)} \inf \varphi(\mu, D(\mu)).$$

再由 Brouwer 不动点定理, 存在 $\mu_* \in M^n$ 使 $D(\mu_*) = \mu_*$, 故 $\inf\limits_{\mu\in M^n} \varphi(\mu, D(\mu)) \leqslant \varphi(\mu_*, \mu_*)$. 于是

$$\sup_{D\in C(M^n,M^n)} \inf_{\mu\in M^n} \varphi(\mu, D(\mu)) \leqslant \sup_{\mu\in M^n} \varphi(\mu,\mu).$$

另一方面, 由于 $y \to f(x,y)$ 关于 $y$ 是凹的, 所以

$$\begin{aligned}\varphi(\mu,\mu) &= \sum_{i=1}^{n} \mu_i f\left(C\left(\sum_{j=1}^{n} \mu_j y_j\right), y_i\right)\\ &\leqslant f\left(C\left(\sum_{j=1}^{n} \mu_j y_j\right), \sum_{i=1}^{n} \mu_i y_i\right)\\ &\leqslant \sup_{y\in F} f(C(y),y).\end{aligned}$$

故

$$\inf_{C\in C(F,E)} \sup f(C(y),y) = \inf_{x\in E} \sup_{y\in F} f(x,y).$$ □

**定理 2.4.5** (Fan-Ky 不等式) 设 $E$ 是 Banach 空间 $X$ 中的非空紧凸子集, $f: E\times E\to\mathbb{R}$ 满足

(1) $\forall y\in E, f(x,y)$ 关于 $x$ 下半连续;

(2) $\forall x\in E, f(x,y)$ 关于 $y$ 是凹的,

那么存在 $\bar{x}\in E$, 使

$$\sup_{y\in E} f(\bar{x},y)\leqslant \sup_{y\in E} f(y,y).$$

**证** 由定理 2.4.4 知存在 $\bar{x}\in E$ 使

$$\sup_{y\in E} f(\bar{x},y)=f^{\#}\leqslant \inf_{C\in C(E,E)}\sup_{y\in E} f(C(y),y)\leqslant \sup_{y\in E} f(y,y). \qquad \square$$

## 2.5 集值映射的零点存在定理及其应用

设 $X$ 是一个 Banach 空间, $K\subset X$ 是凸集, $x\in K$, 定义

$$T_K(x)=\mathrm{Cl}\left(\bigcup_{h>0}\frac{1}{h}(K-x)\right)$$

为 $x$ 点的切锥, 这里 $\mathrm{Cl}(A)$ 表示集合 $A$ 的闭包. 记

$$\psi_K(x)=\begin{cases}0, & x\in K,\\ +\infty, & x\notin K.\end{cases}$$

定义

$$N_K(x)=\partial\psi_K(x)$$

为 $x$ 点的法锥. 容易证明

$$\partial\psi_K(x)=\{p\in X^*:\langle p,x\rangle=\sigma_K(p)\},$$

这里 $\sigma_K(\cdot)$ 是 $K$ 的支撑函数, 即 $\sigma_K(p)=\sup\{\langle p,x\rangle : x\in K\}$.

设 $V\subset X$ 是一个锥, 记 $V^+=\{p\in X^*:\langle p,v\rangle\geqslant 0,\forall v\in V\}$ 及 $V^-=\{p\in X^*:\langle p,v\rangle\leqslant 0,\forall v\in V\}$, 分别称为 $V$ 的对偶正锥与对偶负锥.

**性质 2.5.1** 设 $K\subset X$ 是凸集, $x\in K$, 则

$$N_K(x)=[T_K(x)]^-.$$

**证** 设 $p\in[T_K(x)]^-$, 由于 $\forall y\in K, y-x\in T_K(x)$, 则

$$\langle p,y-x\rangle\leqslant 0=\psi_K(y)-\psi_K(x),$$

因此 $\forall y \in X$, 有

$$\langle p, y-x\rangle \leqslant \psi_K(y)-\psi_K(x),$$

故 $p \in \partial\psi_K(x)=N_K(x)$.

反之, 设 $p \in N_K(x)$, $\forall v \in T_K(x)$, 存在 $h_n>0$ 及 $y_n \in K$ 满足

$$\frac{1}{h_n}(y_n-x) \to v.$$

又 $\langle p, y_n-x\rangle \leqslant \psi_K(y_n)-\psi_K(x)=0$, 因此

$$\left\langle p, \frac{1}{h_n}(y_n-x)\right\rangle \leqslant 0,$$

令 $n\to\infty$, 得 $\langle p, v\rangle \leqslant 0$, 再由 $v$ 的任意性有, $p \in [T_K(x)]^-$. □

**定义 2.5.1** 集值映射 $C: K \Rightarrow Y$ 称为在 $x_0$ 点是弱上半连续的, 是指 $\forall p \in Y^*$, $\sigma_{C(x)}(p)$ 在 $x_0$ 是上半连续的; 称 $C$ 在 $K$ 上是弱上半连续的, 是指在 $K$ 的每一点都弱上半连续.

**注** 集值映射 $C: K \Rightarrow Y$, 是指对每个 $x \in K, C(x)$ 是 $Y$ 中的一个集合. 我们这里假定 $C(x) \neq \varnothing$ $(\forall x \in K)$. 称 $C$ 是闭凸值的, 是指 $C(x)$ 是 $Y$ 中的闭凸集.

**定理 2.5.1** 设 $X$ 是一个 Banach 空间, $K \subset X$ 是一个非空紧凸集, $C: K \Rightarrow X$ 是弱上半连续且是闭凸值的, 如果满足

$$\forall x \in K, \quad C(x) \cap T_K(x) \neq \varnothing,$$

那么

(1) 存在 $\bar{x} \in K$, 使得 $0 \in C(\bar{x})$;

(2) $\forall y \in K, \exists x_y \in K$, 使得 $y \in x_y - C(x_y)$.

**证** (1) 反证法, 若 $0 \notin C(x), \forall x \in K$. 由凸集分离定理, 存在 $p_x \in X^*$ 使

$$\sigma_{C(x)}(-p_x)<0.$$

记 $O_p=\{x \in K: \sigma_{C(x)}(-p)<0\}, p \in X^*$. 由于 $C(\cdot)$ 是弱上半连续的, 所以 $O_p$ 是 $K$ 中开集 (将 $K$ 看成一个由范数导出的度量空间). 又 $K$ 是紧的, 于是存在 $p_1, p_2, \cdots, p_n \in X^*$ 使

$$K=\bigcup_{i=1}^n O_{p_i}.$$

记 $\{\theta_i(x)\}_{i=1}^n$ 为开覆盖 $\{O_{p_1}, O_{p_2}, \cdots, O_{p_n}\}$ 的单位分解, 定义 $\varphi: K \times K \to \mathbb{R}$ 为

$$\varphi(x, y)=-\sum_{i=1}^n \theta_i(x)\langle p_i, x-y\rangle,$$

则 $\varphi(\cdot,\cdot)$ 满足 Fan-Ky 不等式的条件. 又因为 $\varphi(y,y)=0$, 故存在 $\bar{x}\in K$ 使 $\sup\limits_{y\in K}\varphi(\bar{x},y)\leqslant 0$, 即 $\forall y\in K$ 有

$$\left\langle -\sum_{i=1}^{n}\theta_i(\bar{x})p_i, \bar{x}-y\right\rangle \leqslant 0,$$

亦即

$$\left\langle \sum_{i=1}^{n}\theta_i(\bar{x})p_i, y-\bar{x}\right\rangle \leqslant 0.$$

记 $\bar{p}=\sum\limits_{i=1}^{n}\theta_i(\bar{x})p_i$, 则 $\bar{p}\in N_K(\bar{x})=[T_K(\bar{x})]^-$. 进一步, 因为

$$T_K(\bar{x})\cap C(\bar{x})\neq\varnothing,$$

故

$$\sigma_{C(\bar{x})}(-\bar{p})\geqslant\sigma_{T_k(\bar{x})\cap C(\bar{x})}(-\bar{p})\geqslant 0.$$

另一方面, 由于 $\sum\limits_{i=1}^{n}\theta_i(\bar{x})=1$ 且 $\theta_i(\bar{x})>0$, 故 $\bar{x}\in O_{p_i}$. 于是

$$\begin{aligned}\sigma_{C(\bar{x})}(-\bar{p})&=\sigma_{C(\bar{x})}\left(-\sum_{i=1}^{n}\theta_i(\bar{x})p_i\right)\\&\leqslant\sum_{i=1}^{n}\theta_i(\bar{x})\sigma_{C(\bar{x})}(-p_i)<0,\end{aligned}$$

矛盾.

(2) 记 $\hat{C}(x)=C(x)-x+y$, 则由 $C(x)\cap T_k(x)\neq\varnothing$ 可推出 $\hat{C}(x)\cap T_k(x)\neq\varnothing$, 那么由 (1), 结论成立. □

**推论 2.5.1** (Kakutani 不动点定理) 设 $K\subset X$ 是紧凸集. $D:K\to K$ 是弱上半连续且是闭凸值的, 那么存在 $x_*\in K$ 满足 $x_*\in D(x_*)$.

**证** 令 $C(x)=D(x)-x$, 则由 $C(x)\subset K-x\subset T_K(x)$ 知

$$C(x)\cap T_K(x)\neq\varnothing,$$

故存在 $x_*\in K$, 使 $0\in C(x_*)$, 即 $x_*\in D(x_*)$. □

下面应用集值映射的零点存在定理来证明著名的 KKM 定理. KKM 定理是由三个波兰数学家 Knaster, Kuratowski 和 Mazurkiewicz 于 1929 年证明的一个十分重要的定理.

**引理 2.5.1** (KKM 定理) 设 $\{F_i\}_{i=1}^n$ 是 $M^n=\left\{x\in\mathbb{R}_+^n:\sum\limits_{i=1}^n x_i=1\right\}$ 的 $n$ 个闭子集, 满足 $\forall x\in M^n$ 都有 $x\in\bigcup\limits_{\{i|x_i>0\}}F_i$, 那么 $\bigcap\limits_{i=1}^n F_i\neq\varnothing$.

利用引理 2.5.1 可很容易证明 Brouwer 不动点定理 (即 $D:M^n\to M^n$ 是连续映射, 则 $D$ 一定有不动点, 留为练习).

记 $N=\{1,2,\cdots,n\},T\subset N,T\neq\varnothing$, 记

$$M^T=\{x\in M^n:\forall i\in T,x_i\neq 0\}.$$

定义 $C_T$ 表示 $T$ 在 $N$ 上的特征函数, 即

$$C_T(i)=\begin{cases}1, & i\in T,\\ 0, & i\notin T.\end{cases}$$

下面给出一般化的 KKM 定理:

**定理 2.5.2** 设 $\mathscr{B}$ 表示 $N$ 的所有非空子集全体, 对每个 $T\in\mathscr{B}$, 对应一个 $M^n$ 中的闭集 $F_T$(可以空集), 满足

$$M^T\subset\bigcup_{S\subset T}F_S,\quad \forall T\in\mathscr{B}.$$

那么存在非负数 $\lambda(T)$ 使得下面两式成立:

(1) $C_N=\sum\limits_{T\in\mathscr{B}}\lambda(T)C_T$;

(2) $\bigcap\limits_{\{T|\lambda(T)>0\}}F_T\neq\varnothing$.

**证** 定义集值映射 $G:M^n\rightrightarrows\mathbb{R}^n$ 为

$$[G(x)]_i=\frac{1}{|N|}C_N(i)-\mathrm{co}\left\{\frac{1}{|S|}C_S(i):x\in F_S,S\in\mathscr{B}\right\},\quad i=1,2,\cdots,n.$$

$G(x)=([G(x)]_1,[G(x)]_2,\cdots,[G(x)]_n)$. 那么 $G(\cdot)$ 是紧凸值上半连续映射, 这里 $\mathrm{co}(A)$ 表示 $A$ 的凸包. $\forall x\in M^n$ 有

$$T_{M^n}(x)=\left\{y:\sum_{i=1}^n y_i=0,\text{且当 }x_i=0\text{ 时, }y_i\geqslant 0\right\}.$$

对 $x\in M^n$, 记 $T=\{i:x_i>0\}$, 则 $x\in M^T\subset\bigcup\limits_{S\subset T}F_S$, 故存在某个 $S_0\subset T$ 使得 $x\in F_{S_0}$.

于是, 令

$$y_i\triangleq\frac{1}{|N|}C_N(i)-\frac{1}{|S_0|}C_{S_0}(i)\in[G(x)]_i,$$

则 $\sum_{i=1}^{n} y_i = 0$. 若 $x_i = 0$, 则 $i \notin T$, 更有 $i \notin S_0$, 于是

$$y_i = \frac{1}{|N|} - \frac{1}{|S_0|} \cdot 0 = \frac{1}{|N|} > 0,$$

故 $y = (y_1, \cdots, y_n) \in T_{M^n}(x)$, 这说明 $G(x) \cap T_{M^n}(x) \neq \varnothing$.

由定理 2.5.1, 存在 $\bar{x} \in M^n$, 使 $0 \in G(\bar{x})$. 由 $G(\cdot)$ 的表达式, 存在 $\mathscr{B}$ 的一个子类 $\mathscr{B}_0$, 满足 $\bar{x} \in \bigcap\limits_{S \in \mathscr{B}_0} F_S$ 且

$$\begin{aligned} C_N &= \sum_{S \in \mathscr{B}_0} \frac{|N|\theta(S)}{|S|} C_S \\ &= \sum_{S \in \mathscr{B}_0} \lambda(S) C_S, \end{aligned}$$

这里 $\lambda(s) = \dfrac{|\ N\theta(S)\ |}{|\ S\ |}, \sum\limits_{S \in \mathscr{B}_0} \theta(S) = 1, \theta(S) > 0$. 对 $S \notin \mathscr{B}_0$, 定义 $\lambda(S) = 0$, 那么

$$C_N = \sum_{S \in \mathscr{B}} \lambda(S) C_S.$$

而由 $\theta(S) > 0$ 知 $\lambda(S) > 0$, 于是有 $\bar{x} \in \bigcap\limits_{\{S|\lambda(S)>0\}} F_S$, 即

$$\bigcap_{\{S|\lambda(S)>0\}} F_S \neq \varnothing.$$

□

接下来利用定理 2.5.2 来证明 KKM 引理.

**引理 2.5.1 的证明** 若 $S = \{i\}$, 定义 $F_S = F_i$, 其他 $F_S = \varnothing$, 则 $\forall x \in M^n$, 记 $T = \{i | x_i \neq 0\}$, 那么由 $x \in \bigcup\limits_{\{i|x_i>0\}} F_i$ 知 $x \in \bigcup\limits_{S \subset T} F_S$. 于是对 $T \neq \varnothing$, 成立

$$M^T \subset \bigcup_{S \subset T} F_S.$$

根据定理 2.5.2 的结论 (1), 可得 $\lambda(\{i\}) = 1$, 其他 $\lambda(S) = 0, |S| \geqslant 2$, 故由结论 (2) 得 $\bigcap\limits_{i=1}^{n} F_i \neq \varnothing$. □

## 2.6 局部 Lipschitz 函数

设 $X$ 是 Banach 空间, $f: X \to \mathbb{R} \cup \{+\infty\}$, $\mathrm{Dom}(f) = \{x : f(x) < +\infty\} \neq \varnothing$. 进一步, 设 $\mathrm{In}(\mathrm{Dom}(f)) \neq \varnothing$.

**定义 2.6.1**　称 $f: X \to \mathbb{R}\cup\{+\infty\}$ 是局部 Lipschitz 的, 是指 $\forall x_0 \in \mathrm{In}(\mathrm{Dom}(f))$, 存在 $\delta > 0$ 及 $L_\delta > 0$, 满足

$$|f(x) - f(y)| \leqslant L_\delta ||x - y||, \quad \forall x, y \in B_\delta(x_0) \subset \mathrm{In}(\mathrm{Dom}(f)).$$

根据凸函数的性质, 可以知道, 当 $f: X \to \mathbb{R}\cup\{+\infty\}$ 是凸函数, 且在 $x_0 \in \mathrm{In}(\mathrm{Dom}(f))$ 点连续, 则 $f$ 是局部 Lipschitz 的.

**定义 2.6.2**　设 $f: X \to \mathbb{R}\cup\{+\infty\}$ 是局部 Lipschitz 的, $x, v \in X$, 定义

$$D_{\mathrm{c}}f(x)(v) = \overline{\lim_{\substack{y\to x\\ h\to 0^+}}} \frac{f(y+hv) - f(y)}{h},$$

称 $D_{\mathrm{c}}f(x)(v)$ 为 $f$ 在 $x$ 点沿方向 $v$ 的**Clarke 方向导数**. 称 $f$ 在 $x$ 点是**Clarke 可微的**, 是指 $D_{\mathrm{c}}f(x)(v)$ 对每个 $v \in X$ 存在且有限.

**定理 2.6.1**　设 $f: X \to \mathbb{R}\cup\{+\infty\}$ 是局部 Lipschitz 的, 那么对每个 $x \in \mathrm{In}(\mathrm{Dom}(f))$, $f$ 在 $x$ 点都是 Clarke 可微的, 且 $v \to D_{\mathrm{c}}f(x)(v)$ 是正齐次连续的凸函数.

**证**　设 $x_0 \in \mathrm{In}(\mathrm{Dom}(f))$, 则 $\exists \delta > 0$, 及 $L > 0$ 满足

$$|f(y) - f(z)| \leqslant L||y - z||, \quad \forall y, z \in B_\delta(x_0) \subset \mathrm{In}(\mathrm{Dom}(f)).$$

设 $\eta > 0$ 且 $\eta < \delta$ 及充分小的 $\beta > 0$, 使得 $y \in B_\eta(x_0)$ 及 $y + \theta v \in B_\delta(x_0), 0 < \theta \leqslant \beta$. 于是

$$-L||v|| \leqslant \frac{f(y+\theta v) - f(y)}{\theta} \leqslant L||v||,$$

进而有

$$-L||v|| \leqslant \inf_{\eta,\beta>0} \sup_{\substack{y\in B_\eta(x_0)\\ 0<\theta\leqslant\beta}} \frac{f(y+\theta v) - f(y)}{\theta} \leqslant L||v||,$$

故

$$|D_{\mathrm{c}}f(x_0)(v)| \leqslant L||v||.$$

显然, $v \mapsto D_{\mathrm{c}}f(x_0)(v)$ 是正齐次的. 下面来证是凸的. 事实上,

$$\begin{aligned}
&\frac{f(y+\theta[\lambda v_1 + (1-\lambda)v_2]) - f(y)}{\theta}\\
&= \frac{f(y+\theta\lambda v_1 + \theta(1-\lambda)v_2) - f(y+\theta\lambda v_1)}{\theta} + \frac{f(y+\theta\lambda v_1) - f(y)}{\theta}\\
&= (1-\lambda)\frac{f((y+\theta\lambda v_1) + \theta(1-\lambda)v_2) - f(y+\theta\lambda v_1)}{(1-\lambda)\theta} + \lambda\frac{f(y+\theta\lambda v_1) - f(y)}{\lambda\theta}
\end{aligned}$$

在上式中令 $y \to x_0, \theta \to 0^+$, 取上极限有

$$D_{\mathrm{c}}f(x_0)(\lambda v_1 + (1-\lambda)v_2) \leqslant (1-\lambda)D_{\mathrm{c}}f(x_0)(v_2) + \lambda D_{\mathrm{c}}f(x_0)(v_1),$$

故 $D_{\rm c}f(x_0)(v)$ 关于 $v$ 是凸函数. 而 $D_{\rm c}f(x_0)(\cdot):X\to\mathbb{R}$ 且

$$\sup_{v\in B_1(0)}|D_{\rm c}f(x_0)(v)|\leqslant L,$$

因此 $D_{\rm c}f(x_0)(v)$ 关于 $v$ 是连续的. □

**注** 容易证明二元函数 $(x,v)\mapsto D_{\rm c}f(x)(v)$ 在 $\mathrm{In}\,(\mathrm{Dom}(f))\times X$ 上是上半连续的 (留为练习).

局部 Lipschitz 函数类是凸函数类的重要推广, 在最优化领域中占有重要地位, 下面给出 Clarke 方向导数的一些有用的性质.

**性质 2.6.1** 设 $f,g:X\to\mathbb{R}\cup\{+\infty\}$ 是局部 Lipschitz 的, 且 $x_0\in\mathrm{In}(\mathrm{Dom}(f))\cap\mathrm{In}(\mathrm{Dom}(g))$, 则 $\forall\alpha,\beta>0$ 有

$$D_{\rm c}(\alpha f+\beta g)(x_0)(v)\leqslant\alpha D_{\rm c}f(x_0)(v)+\beta D_{\rm c}g(x_0)(v);$$

若 $x_0\in\mathrm{In}(\mathrm{Dom}(f))$, 则

$$D_{\rm c}(-f)(x_0)(v)=D_{\rm c}f(x_0)(-v).$$

性质 2.6.1 的证明十分容易, 留给读者.

**性质 2.6.2** 设 $f:X\to\mathbb{R}\cup\{+\infty\}$ 是局部 Lipschitz 的. $x_0\in\mathrm{In}(\mathrm{Dom}(f))$ 是 $f$ 的一个局部极小点, 则 $\forall v\in X$, 有 $D_{\rm c}f(x_0)(v)\geqslant 0$. 若 $x_0$ 是某个凸集 $K$ 上 $f$ 的全局最小点, 则 $\forall y\in K$, 有 $D_{\rm c}f(x_0)(y-x_0)\geqslant 0$.

**证** 若 $x_0\in In(\mathrm{Dom}(f))$ 是 $f$ 的局部极小点, 则 $\exists\delta>0, B_\delta(x_0)\subset\mathrm{In}(\mathrm{Dom}(f))$ 满足 $f(y)\geqslant f(x_0)$, $\forall y\in B_\delta(x_0)$. $\forall v\in X$ 及充分小的 $\beta>0$, 使得 $\forall\theta\in(0,\beta]$, 有

$$0\leqslant\frac{f(x_0+\theta v)-f(x_0)}{\theta}\leqslant\sup_{\substack{0<\theta\leqslant\beta\\ ||y-x_0||\leqslant\beta}}\frac{f(y+\theta v)-f(y)}{\theta}.$$

令 $\beta\to 0^+$, 得 $D_{\rm c}f(x_0)(v)\geqslant 0$. 对于 $\theta\in[0,1]$, 有 $x_0+\theta(y-x_0)\in K$, 故当 $\beta$ 充分小, 且 $0<\theta\leqslant\beta$ 时

$$0\leqslant\frac{f(x_0+\theta(y-x_0))-f(x_0)}{\theta}\leqslant\sup_{\substack{0<\theta\leqslant\beta\\ ||z-x_0||\leqslant\beta}}\frac{f(z+\theta(y-x_0))-f(z)}{\theta}.$$

令 $\beta\to 0^+$, 得 $D_{\rm c}f(x_0)(y-x_0)\geqslant 0$. □

**性质 2.6.3** 设 $f:X\to\mathbb{R}\cup\{+\infty\}$ 是局部 Lipschitz 的, $G:X\to\mathbb{R}$ 在 $x_0$ 点是严格 F 可微的, $G(x_0)\in\mathrm{In}(\mathrm{Dom}(f))$, 则

$$D_{\rm c}(f\circ G)(x_0)(v)\leqslant D_{\rm c}f(G(x_0))(\nabla G(x_0)v).$$

**证** $\forall\varepsilon>0$ 及 $u\in X$, $\exists\alpha>0,\beta>0$, 满足

$$\frac{f(z+\theta w)-f(z)}{\theta}\leqslant D_{\rm c}f(G(x_0))(u)+\varepsilon, \tag{2.6.1}$$

其中 $\|z-G(x_0)\|\leqslant\alpha, 0<\theta\leqslant\beta, \|w-u\|\leqslant\dfrac{\varepsilon}{2L}$. 根据 $G$ 在 $x_0$ 点的正则性, 存在 $\eta\in(0,\beta]$, 且当 $\theta\leqslant\eta, \|y-x_0\|\leqslant\eta$ 时有

$$\left\|\nabla G(x_0)v-\frac{G(y+\theta v)-G(y)}{\theta}\right\|\leqslant\frac{\varepsilon}{2L}.$$

于是令 $z=G(y), w=\dfrac{G(y+\theta v)-G(y)}{\theta}, u=\nabla G(x_0)v$, 代入式 (2.6.1) 有

$$\frac{f\circ G(y+\theta v)-f\circ G(y)}{\theta}\leqslant D_{\rm c}f(G(x_0))(\nabla G(x_0)v)+\varepsilon,$$

令 $\beta\to0^+,\theta\to0^+$ 得

$$D_{\rm c}(f\circ G)(x_0)(v)\leqslant D_{\rm c}f(G(x_0))(\nabla G(x_0)v)+\varepsilon,$$

由 $\varepsilon$ 的任意性, $D_{\rm c}(f\circ G)(x_0)(v)\leqslant D_{\rm c}f(G(x_0))(\nabla G(x_0)v)$. □

设 $f_i:X\to\mathbb{R}\cup\{+\infty\}(i=1,2,\cdots,n)$, 定义

$$f(x)=\max_{1\leqslant i\leqslant n}f_i(x),$$

$$I(x)=\{i\in I:f(x)=f_i(x)\}.$$

**性质 2.6.4** 设 $f_i:X\to\mathbb{R}\cup\{+\infty\}$ 是局部 Lipschitz 的 $(i=1,2,\cdots,n)$, 且 $x_0\in\bigcap\limits_{i=1}^{n}{\rm In}({\rm Dom}(f_i))$, 则

$$D_{\rm c}f(x_0)(v)\leqslant\max_{i\in I(x)}D_{\rm c}f_i(x_0)(v).$$

**证** 首先来证明 $\exists\delta>0$, 满足当 $\|x_0-y\|\leqslant\delta$ 时, 有 $I(y)\subset I(x_0)$.

若 $I(x_0)=\{1,2,\cdots,n\}$, 则 $\forall\delta>0$ 结论均成立. 设 $I(x_0)\neq\{1,2,\cdots,n\}$, 于是

$$f(x_0)-\max_{i\notin I(x_0)}f_i(x_0)=\varepsilon>0.$$

由 $f_i$ 的连续性, $\exists\delta>0$, 当 $\|y-x_0\|\leqslant\delta$ 时, $|f_i(y)-f_i(x_0)|\leqslant\dfrac{\varepsilon}{3}(i=1,2,\cdots,n)$. 故当 $j\in I(y)$ 时,

$$f_j(x_0)\geqslant f_j(y)-\frac{\varepsilon}{3}=f(y)-\frac{\varepsilon}{3}\geqslant f(x_0)-\frac{2}{3}\cdot\varepsilon=\frac{1}{3}\varepsilon+\max_{i\notin I(x_0)}f_i(x_0)>\max_{i\notin I(x_0)}f_i(x_0),$$

因此 $j \in I(x_0)$.

于是取 $\alpha \leqslant \dfrac{\delta}{2}$ 及 $\beta \leqslant \dfrac{\delta}{2||v||}$, 则当 $||y - x_0|| \leqslant \alpha, \theta \leqslant \beta$ 时有

$$\frac{f(y+\theta v)-f(y)}{\theta} \leqslant \max_{i\in I(y+\theta v)} \frac{f_i(y+\theta v)-f_i(y)}{\theta} \leqslant \max_{i\in I(x_0)} \frac{f_i(y+\theta v)-f_i(y)}{\theta},$$

于是

$$D_{\mathrm{c}}f(x_0)(v) \leqslant \inf_{\alpha,\beta>0} \sup_{\substack{||y-x_0||\leqslant\beta \\ \theta<\beta}} \max_{i\in I(x_0)} \frac{f_i(y+\theta v)-f_i(y)}{\theta}.$$

对每个 $i \in I(x_0), \exists \alpha_i > 0, \beta_i > 0$, 满足

$$\sup_{\substack{||y-x_0||\leqslant\alpha_i \\ 0<\theta\leqslant\beta_i}} \frac{f_i(y+\theta v)-f_i(y)}{\theta} \leqslant D_{\mathrm{c}}f_i(x_0)(v)+\varepsilon.$$

令 $\alpha = \min\limits_{i\in I(x_0)} \alpha_i, \beta = \min\limits_{i\in I(x_0)} \beta_i$, 那么

$$D_{\mathrm{c}}f(x_0)(v) \leqslant \max_{i\in I(x_0)} D_{\mathrm{c}}f_i(x_0)(v)+\varepsilon.$$

由 $\varepsilon$ 的任意性, 得 $D_{\mathrm{c}}f(x_0)(v) \leqslant \max\limits_{i\in I(x_0)} D_{\mathrm{c}}f_i(x_0)(v)$. □

**定义 2.6.3** 设 $f: X \to \mathbb{R} \cup \{+\infty\}$ 是局部 Lipschitz 的, 定义

$$\partial_{\mathrm{c}}f(x) = \{p \in X^* : \langle p, v\rangle \leqslant D_{\mathrm{c}}f(x)(v), \forall v \in X\},$$

称 $\partial_{\mathrm{c}}f(x)$ 为 $f$ 在 $x$ 点的Clarke *次微分*.

由定理 2.6.1 知当 $x \in \mathrm{In}(\mathrm{Dom}(f))$ 时, $v \mapsto D_{\mathrm{c}}f(x)(v)$ 关于 $v$ 是正齐次凸连续的, 因此 $\partial_{\mathrm{c}}f(x) \neq \varnothing$, 且 $\partial_{\mathrm{c}}f(x)$ 是 $X^*$ 中弱 * 闭凸集.

由性质 2.6.1 可知

**性质 2.6.5** 设 $f, g: X \to \mathbb{R} \cup \{+\infty\}$ 是局部 Lipschitz 的, $x \in \mathrm{In}(\mathrm{Dom}(f)) \cap \mathrm{In}(\mathrm{Dom}(g))$, 那么 $\forall \alpha, \beta > 0$ 有

$$\partial_{\mathrm{c}}(\alpha f+\beta g)(x) \subseteq \alpha\partial_{\mathrm{c}}f(x)+\beta\partial_{\mathrm{c}}g(x).$$

又若 $x \in \mathrm{In}(\mathrm{Dom}(f))$, 则 $\partial_{\mathrm{c}}(-f)(x) = -\partial_{\mathrm{c}}f(x)$.

记 $d_K(x) = \inf\limits_{y\in K} ||y-x||$, 则 $d_K(\cdot): X \to \mathbb{R}$ 是全局 Lipschitz 的, 即设非空集合 $K \subset X$, 有

$$|d_K(x_1)-d_K(x_2)| \leqslant ||x_1-x_2||.$$

设 $x \in K$, 记

$$T_K(x) = \{v \in X : D_{\mathrm{c}}d_K(x)(v) \leqslant 0\}, N_K(x) = [T_K(x)]^-$$

$$= \{p \in X^* : \langle p, v\rangle \leqslant 0, \forall v \in T_K(x)\}.$$

如果 $x \in \mathrm{In}(K)$, 那么 $T_K(x) = X, N_K(x) = \{0\}(X^*$ 中零元).

$T_K(x)$ 与 $N_K(x)$ 分别是 $X$ 与 $X^*$ 中的闭凸锥.

**性质 2.6.6** $N_K(x) = [\partial_{\mathrm{c}} d_K(x)]^{--}$.

**证** 先证 $\partial_{\mathrm{c}} d_K(x) \subset N_K(x)$. 设 $p \in \partial_{\mathrm{c}} d_K(x)$ 及 $v \in T_K(x)$, 那么

$$\langle p, v\rangle \leqslant D_{\mathrm{c}} d_K(x)(v) \leqslant 0,$$

故 $p \in N_K(x)$. 因此 $[\partial_{\mathrm{c}} d_K(x)]^{--} \subset N_K(x)$.

另一方面, 来证 $[\partial_{\mathrm{c}} d_K(x)]^{-} \subset T_K(x)$. 设 $v \in [\partial_{\mathrm{c}} d_K(x)]^{-}$, 则由 $\partial_{\mathrm{c}} d_K(x)$ 的定义, $D_{\mathrm{c}} d_K(x)(v) = \sigma(\partial_{\mathrm{c}} d_K(x), v) = \sup\{\langle p, v\rangle | p \in \partial_{\mathrm{c}} d_K(x)\} \leqslant 0$, 故 $v \in T_K(x)$. □

**性质 2.6.7** 设 $f : X \to \mathbb{R}$ 是局部 Lipschitz 的, $\varnothing \neq K \subset X$, $f$ 在 $K$ 上的 $x$ 点处达到最小值即 $f(x) = \min\limits_{y \in K} f(y)$, 那么存在 $\lambda > 0$, 使得 $x$ 是函数 $f_\lambda(y) = f(y) + \lambda d_K(y)$ 在 $X$ 上的局部极小点, 即 $0 \in \partial_{\mathrm{c}} f(x) + N_K(x)$.

**证** 取 $\delta > 0$, 使 $f$ 在 $B_\delta(x)$ 上满足 Lipschitz 条件, 即

$$|f(x_1) - f(x_2)| \leqslant L||x_1 - x_2||, \quad \forall x_1, x_2 \in B_\delta(x).$$

取 $\lambda = L$, 来证明 $x$ 点是函数 $f_L(y) = f(y) + L d_k(y)$ 在 $B_{\frac{\delta}{2}}(x)$ 上的局部极小点. 对充分小的 $\varepsilon > 0$, 及 $y \in B_{\delta/2}(x)$, $\exists y_\varepsilon \in K$ 使 $||y - y_\varepsilon|| \leqslant d_K(y)(1+\varepsilon)$. 于是

$$||x - y_\varepsilon|| \leqslant ||x - y|| + ||y - y_\varepsilon|| \leqslant ||x - y|| + (1+\varepsilon)||x - y|| < \delta,$$

故

$$f(y_\varepsilon) \leqslant f(y) + L||y - y_\varepsilon|| \leqslant f(y) + L d_K(y)(1+\varepsilon).$$

另一方面

$$f(x) + L d_K(x) = f(x) \leqslant f(y_\varepsilon) \leqslant f(y) + L d_K(y)(1+\varepsilon),$$

令 $\varepsilon \to 0^+$, 得

$$f(x) + L d_K(x) \leqslant f(y) + L d_K(y).$$

最后由性质 2.6.2, 得

$$0 \leqslant D_{\mathrm{c}}(f(x) + L d_K(x))(v) \leqslant D_{\mathrm{c}} f(x)(v) + L D_{\mathrm{c}} d_K(x)(v),$$

即 $0 \in \partial_{\mathrm{c}} f(x) + L\partial_{\mathrm{c}} d_K(x) \subseteq \partial_{\mathrm{c}} f(x) + N_K(x)$. □

# 习　题

1. 设 $f:\mathbb{R}^n\to\mathbb{R}$ 是凸函数, 证明: $f$ 在 $\mathbb{R}^n$ 上是连续函数.

2. 设 $X$ 是 Banach 空间. $f:X\to\mathbb{R}$ 是凸函数, 记 $B(0)$ 表示 $X$ 的单位开球且 $\min\limits_{x\in B(0)}f(x)$ 存在. 证明: $\min\limits_{x\in X}f(x)$ 也存在且

$$\min_{x\in X}f(x)=\min_{x\in B(0)}f(x).$$

3. 设 $\phi:\mathbb{R}\to\mathbb{R}\cup\{+\infty\}$ 是真凸下半连续函数, $\phi^*$ 表示 $\phi$ 的共轭函数. $X$ 是 Banach 空间. 记 $f(x)=\phi(||x||)$. 证明: $f^*(p)=\phi^*(||p||)\ (p\in X^*)$.

4. 设 $X$ 是一个 Hilbert 空间, $f:X\to\mathbb{R}\cup\{+\infty\}$ 是真凸下半连续函数, $\lambda\in(0,+\infty)$, 若有 $\bar{x}\in X$ 满足

$$f_\lambda(\bar{x})=\min_{y\in X}\left[f(y)+\frac{1}{2\lambda}||y-\bar{x}||^2\right],$$

证明: $\bar{x}$ 是唯一的.

5. 证明 Von-Neumann 定理 2.4.2.

6. 利用 KKM 引理证明关于$M^n=\left\{x\in\mathbb{R}^n_+:\sum\limits_{i=1}^n x_i=1\right\}$ 的 Brouwer 不动点定理: $D:M^n\to M^n$ 是连续映射, 则 $D$ 有不动点.

7. 试求集合 $M^n=\left\{x\in\mathbb{R}^n_+:\sum\limits_{i=1}^n x_i=1\right\}$ 在点 $x\in M^n$ 处的切锥与法锥.

8. 设 $X$ 是 Banach 空间, $f:X\to\mathbb{R}\cup\{+\infty\}$ 是真凸下半连续的, $x\in\mathrm{In}(\mathrm{Dom}(f))$. 证明: $\partial f(x)\neq\varnothing$.

9. 设 $X$ 是 Hilbert 空间, $f:X\to\mathbb{R}\cup\{+\infty\}$ 是真凸下半连续函数, 根据 Yosida 逼近

$$f_\lambda(x)=\min_{y\in X}\left[f(u)+\frac{1}{2\lambda}||y-x||^2\right]\quad(\lambda\in(0,+\infty)),$$

证明: $\nabla f_\lambda(\cdot)$ 是 Lipschitz 映射.

10. 设 $X$ 是 Banach 空间, $K\subset X$ 是非空集. (1) 证明距离函数 $d_K(\cdot):X\to\mathbb{R}$ 满足 Lipschitz 条件, 即 $|d_K(x_1)-d_K(x_2)|\leqslant||x_1-x_2||$; (2) 若 $\nabla d_K(x)$ 存在且不为零, 试证明 $x\notin cl(K)$ 且存在唯一的 $x_0\in K$ 使得 $d_K(x)=\|x-x_0\|,\nabla d_K(x)=\dfrac{x-x_0}{\|x-x_0\|}$.

11. 设 $f:X\to\mathbb{R}\cup\{+\infty\}$ 是局部 Lipschitz 函数. 证明: 二元函数 $(x,v)\to D_cf(x)(v)$ 在 $\mathrm{In}\ (\mathrm{Dom}(f))\times X$ 上是上半连续的.

12. 设 $X$ 是 Banach 空间, $f:X\to\mathbb{R}$ 是凸函数, 试证明对于任意的 $x\in X$ 都有 $\partial f(x)=\partial_c f(x)$.

# 第 3 章　Hilbert 空间的单调算子理论

单调算子是单调函数概念的推广. 设 $f:\mathbb{R}\to\mathbb{R}$ 是增函数, 则对于 $\forall x,y\in\mathbb{R}$ 且 $x\leqslant y$, 必有 $f(x)\leqslant f(y)$, 进而有 $[f(y)-f(x)](y-x)\geqslant 0$. 如果 $X$ 是一个实 Hilbert 空间, $F:X\to X$ 是一个映射. 由于 $X$ 中没有序结构, 所以不能直接定义单调性, 但是可定义

$$\langle F(y)-F(x),y-x\rangle\geqslant 0.$$

由此可引出单调算子的定义. 单调算子理论是非线性分析的重要组成部分.

本章对 Hilbert 空间的单调算子作简要介绍, 有关 Banach 空间的单调算子理论可见文献 [14], [19].

## 3.1　单值单调算子

**定义 3.1.1**　设 $X$ 是实 Hilbert 空间, $D\subset X,F:D\to X$.

(1) 称 $F$ 是**单调的**, 是指 $\forall x,y\in D$, 成立

$$\langle F(y)-F(x),y-x\rangle\geqslant 0;$$

(2) 称 $F$ 是**严格单调的**, 是指 $\forall x,y\in D$ 且 $x\neq y$, 成立

$$\langle F(y)-F(x),y-x\rangle> 0;$$

(3) 称 $F$ 是**强单调的**, 是指存在常数 $C>0$, 满足 $\forall x,y\in D$, 成立

$$\langle F(y)-F(x),y-x\rangle\geqslant C||y-x||^2.$$

从定义可以很容易看出：强单调 $\Rightarrow$ 严格单调 $\Rightarrow$ 单调.

下面给出单调算子的一个局部性质.

**定理 3.1.1**　设 $X$ 是实 Hilbert 空间, $D\subset X,F:D\to X$ 单调, 那么 $F$ 在 $\mathrm{In}(D)$($D$ 的内部) 上局部有界.

**证**　不妨设 $D$ 是开集. 任取 $x_0\in D$. 来证存在 $r_0>0,M>0$, 使

$$\bar{B}_{r_0}(x_0)\subset D,\ ||F(x)||\leqslant M,\quad \forall x\in\bar{B}_r(x_0)$$

为了简便, 不妨设 $x_0=0$. 取 $\rho>0$, 使 $\bar{B}_\rho(0)\subset D$, 记 $A=\bar{B}_\rho(0)$. 对 $z\in A$ 及 $\forall x\in A$, 由

$$\langle Fx-Fz,x-z\rangle\geqslant 0$$

得

$$\langle Fx,x-z\rangle\geqslant\langle Fz,x-z\rangle\geqslant-2\rho||Fz||>-\infty.$$

令

$$A_n=\{z\in A:\langle Fx,x-z\rangle\geqslant-n,\ \forall x\in A\},\quad n=1,2,\cdots,$$

那么 $A=\bigcup\limits_{n=1}^{\infty}A_n$. 由于 $A$ 是闭球, 所以 $A$ 是一个完备的度量空间. 根据 Baire 纲定理, 存在 $n_0$, 使得 $A_{n_0}$ 的内点是非空集. 取 $r\in(0,\rho)$ 及 $z_0\in A_{n_0}$, 使 $\bar{B}_r(z_0)\subset A_{n_0}$. $\forall y\in\bar{B}_r(0)$ 有 $z_0+y\in\bar{B}_r(z_0)\subset A_{n_0}$. 因此，由 $A_{n_0}$ 的定义知

$$\langle Fx,x-z_0-y\rangle\geqslant-n_0,\quad\forall x\in A,\tag{3.1.1}$$

又 $-z_0\in\bar{B}_\rho(\theta)=\bigcup\limits_{n=1}^{\infty}A_n$, 那么存在整数 $p>0$, 使 $-z_0\in A_p$, 故

$$\langle Fx,x+z_0\rangle\geqslant-p.\tag{3.1.2}$$

由式 (3.1.1) 和式 (3.1.2) 有

$$\langle Fx,2x-y\rangle\geqslant-(n_0+p),\quad\forall x\in\bar{B}_\rho(0),\forall y\in\bar{B}_r(0).\tag{3.1.3}$$

令 $y=2x-z$, 其中 $x\in\bar{B}_{\frac{r}{4}}(0),z\in\bar{B}_{\frac{r}{2}}(0)$, 则

$$\|y\|\leqslant 2\|x\|+\|z\|\leqslant r,$$

那么 $y\in\bar{B}_r(0)$, 且由式 (3.1.3) 得

$$\langle Fx,z\rangle\geqslant-(n_0+p).$$

用 $-z$ 代替 $z$, 有

$$\langle Fx,z\rangle\leqslant(n_0+p).$$

进一步,

$$|\langle Fx,z\rangle|\leqslant n_0+p,\quad\forall z\in\bar{B}_{\frac{r}{2}}(0),\forall x\in\bar{B}_{\frac{r}{4}}(0).$$

可见

$$\|Fx\|=\frac{2}{r}\sup\left\{|\langle Fx,z\rangle|:||z||\leqslant\frac{r}{2}\right\}$$

$$\leqslant \frac{2}{r}(n_0 + p), \quad \forall x \in \bar{B}_{\frac{r}{4}}(0),$$

结论成立. □

**定义 3.1.2**　$D \subset X, F : D \to X,\ x_0 \in D$.

(1) 称 $F$ 在 $x_0$ 点是 h 连续的, 是指 $t_n \to 0, x_0 + t_n y \in D\ (y \in X)$ 满足

$$F(x_0 + t_n y) \xrightarrow{W} F(x_0);$$

(2) 称 $F$ 在 $x_0$ 点是 d 连续的, 是指 $x_n \in D$ 且 $x_n \to x_0$ 时有

$$F(x_n) \xrightarrow{W} F(x_0),$$

这里 "$\xrightarrow{W}$" 表示 Hilbert 空间中的弱收敛. 称 $F$ 在 $D$ 上 h 连续 (d 连续), 是指 $F$ 在 $D$ 的每点上 h 连续 (相应地, d 连续).

根据定义, 很容易看出, F 是 d 连续，则 F 是 h 连续, 但反过来一般不成立.

**性质 3.1.1**　若 $F$ 单调且 h 连续, $D$ 是开集, 则 $F$ 也是 d 连续的.

**证**　设 $x_0 \in D$ 且 $x_n \to x_0$, 来证 $Fx_n \xrightarrow{W} Fx_0$.

由定理 3.1.1 可知, $F$ 在 $x_0$ 点局部有界, 于是, 可设 $\{Fx_n\}$ 有界, 因此不妨假设 $Fx_n \xrightarrow{W} y$. 取 $\rho > 0$, 满足 $\bar{B}_\rho(x_0) \subset D$. 由 $F$ 单调, 有

$$\langle Fx_n - Fz, x_n - z\rangle \geqslant 0, \quad \forall z \in \bar{B}_\rho(x_0),$$

令 $n \to \infty$, 得

$$\langle y - Fz, x_0 - z\rangle \geqslant 0, \quad z \in \bar{B}_\rho(x_0).$$

令 $z = x_0 + tv, v \in \bar{B}_\rho(0), |t| \leqslant 1$, 有

$$\langle y - F(x_0 + tv), -tv\rangle \geqslant 0,$$

即

$$\langle y - F(x_0 + tv), v\rangle \leqslant 0.$$

令 $t \to 0^+$, 由 $F$ 的 h 连续性, 得

$$\langle y - Fx_0, v\rangle \leqslant 0, \quad v \in \bar{B}_\rho(0),$$

于是 $y = Fx_0$. □

下面利用 d 连续建立 Hilbert 空间上一类微分方程弱解的存在性.

设 $\varphi : \mathbb{R} \to \mathbb{R}, t_0 \in \mathbb{R}$, 记

$$D^- \varphi(t_0) \triangleq \varlimsup_{h \to 0^+} \frac{\varphi(t_0) - \varphi(t_0 - h)}{h},$$

称 $D^-\varphi(t_0)$ 为 $\varphi$ 在 $t_0$ 点的左上 Dini 导数. 特别地, 当 $\varphi$ 满足局部 Lipschitz 条件, $D^-\varphi(t)$ 存在.

**定理 3.1.2** 设 $X$ 是 Hilbert 空间, $D=\bar{B}_r(x_0)$ $(r>0)$. 映射 $F:D\to X$ 是 d 连续映射, 且存在常数 $M>0$ 及 $\alpha$ 有

$$\|F(x)\|\leqslant M,\quad \langle Fx-Fy,x-y\rangle\leqslant\alpha\|x-y\|^2,\quad \forall x,y\in D.$$

那么方程

$$\begin{cases}\dot{x}=F(x),\\ x(0)=x_0\end{cases}\tag{3.1.4}$$

在 $\left[0,\dfrac{r}{M}\right]$ 上有唯一弱解. 特别地, 若 $D=X$, 则式 (3.1.4) 在 $[0,+\infty)$ 上有唯一弱解.

**证** 令

$$x_n(t)=\begin{cases}x_0, & t\leqslant 0,\\ x_0+\displaystyle\int_0^t F\left(x_n\left(s-\frac{1}{n}\right)\right)\mathrm{d}s, & t\in\left[0,\dfrac{r}{M}\right]=J.\end{cases}$$

注意, 上述定义是有意义的. 根据 $x_n(t)$ 的定义有

(1) $\|x_n(t)-x_0\|\leqslant Mt\leqslant r,\ t\in J$;

(2) $\|x_n(t)-x_n(t')\|\leqslant M|t-t'|,\ \ t,t'\in J$.

记 $C_X(J)=\{x(t)|x(t):J\to X\ 连续\ \}$, $\|x\|=\max\{\|x(t)\|:t\in J\}$, 则 $C_X(J)$ 在 $\|\cdot\|$ 意义下是一个 Banach 空间. 又根据 $F$ 是 d 连续的, 知 $x_n(t)$ 的弱导数 $\dot{x}_n(t)$ 存在. 下证 $\{x_n\}$ 是 $C_X(J)$ 中的 Cauchy 列. 令 $\varphi(t)=\|x_n(t)-x_m(t)\|$, 那么

$$\begin{aligned}
\frac{1}{2}D^-\varphi(t)^2&=\varphi(t)D^-\varphi(t)\\
&=\langle\dot{x}_n(t)-\dot{x}_m(t),x_n(t)-x_m(t)\rangle\\
&=\left\langle F\left(x_n\left(t-\frac{1}{n}\right)\right)-F\left(x_m\left(t-\frac{1}{m}\right)\right),x_n(t)-x_m(t)\right\rangle\\
&=\left\langle F\left(x_n\left(t-\frac{1}{n}\right)\right)-F\left(x_m\left(t-\frac{1}{m}\right)\right),x_n\left(t-\frac{1}{n}\right)-x_m\left(t-\frac{1}{m}\right)\right\rangle\\
&\quad+\left\langle F\left(x_n\left(t-\frac{1}{n}\right)\right)-F\left(x_m\left(t-\frac{1}{m}\right)\right),x_n(t)-x_n\left(t-\frac{1}{n}\right)\right.\\
&\quad\left.+x_m\left(t-\frac{1}{m}\right)-x_m(t)\right\rangle\\
&\leqslant\alpha\left[\varphi(t)+M\left(\frac{1}{n}+\frac{1}{m}\right)\right]^2+2M\left(\frac{1}{n}+\frac{1}{m}\right)\\
&\leqslant 2\alpha\varphi^2(t)+\alpha_{n,m},
\end{aligned}$$

这里 $\alpha_{n,m} \to 0\ (n,m \to \infty)$. 于是

$$D^-\varphi^2(t) = 2\varphi(t)D^-\varphi(t) \leqslant 4\alpha\varphi^2(t) + 2\alpha_{n,m}.$$

考察标量方程

$$\begin{cases} \rho'(t) = 4\alpha\rho(t) + 2\alpha_{n,m}, \\ \rho(0) = 0. \end{cases} \tag{3.1.5}$$

由 $D^-\varphi^2(t) \leqslant \rho'(t), \varphi(0) = \rho(0) = 0$ 知 $\varphi^2(t) \leqslant \rho(t)\ (t \in J)$. 事实上, $\forall \varepsilon > 0$, 考虑如下方程:

$$\rho'_\varepsilon(t) = 4\alpha\rho(t) + 2\alpha_{n,m} + \varepsilon,$$
$$\rho_\varepsilon(0) = \varepsilon.$$

若存在 $t_0 > 0$, 使 $\varphi^2(t_0) = \rho_\varepsilon(t_0)$, $\varphi^2(t) \leqslant \rho_\varepsilon(t)$, $\forall t \in [0, t_0]$. 则

$$D^-\varphi^2(t_0) = \overline{\lim_{h\to 0^+}} \frac{\varphi^2(t_0) - \varphi^2(t_0 - h)}{h} \geqslant \lim_{h\to 0^+} \frac{\rho_\varepsilon(t_0) - \rho_\varepsilon(t_0 - h)}{h} = \rho'_\varepsilon(t_0),$$

故由 $\rho'_\varepsilon(t_0) > D^-\varphi^2(t_0)$ 得出矛盾. 于是有

$$\varphi^2(t) < \rho_\varepsilon(t), \quad t \in J,$$

令 $\varepsilon \to 0$ 得 $\varphi^2(t) \leqslant \rho(t), t \in J$.

根据式 (3.1.5) 知 $\rho(t) \leqslant C_1\alpha_{n,m}$($C_1$ 是一个常数), 故

$$\varphi^2(t) \leqslant C_1\alpha_{n,m},$$

从而 $\{x_n\}$ 是 $C_X(J)$ 中的一个 Cauchy 列. 令 $x(t) = \lim\limits_{n\to\infty} x_n(t)$，则由

$$x_n(t) = x_0 + \int_0^t F\left(x_n\left(s - \frac{1}{n}\right)\right)\mathrm{d}s$$

可知, $\forall x^* \in X$ 有

$$\langle x^*, x(t)\rangle = \langle x^*, x_0\rangle + \langle x^*, \int_0^t F(x(s))\mathrm{d}s\rangle,$$

故 $x(t)$ 是弱可导的, 且

$$\begin{cases} \dot{x}(t) = F(x(t)), \\ x(0) = x_0. \end{cases}$$

下面来证唯一性. 设 $y(t)$ 是方程 (3.1.4) 的另一个解, 记 $\psi(t) = ||x(t) - y(t)||$, 则类似于上面的证明同样可得

$$\frac{1}{2}D^-\psi(t)^2 \leqslant \alpha\psi^2(t),$$

又 $\psi(0)=0$, 故由 $\psi(t)\leqslant \mathrm{e}^{\alpha t}\psi(0)$ 得 $\psi(t)=0$.

当 $D=X$ 时, $x(t)$ 在 $[0,\infty)$ 上唯一存在. 事实上, 设 $x(t)$ 的最大存在区间为 $[0,\delta)$, 且 $\delta<+\infty$. 对于 $\forall h\in(0,\delta)$, 定义

$$\varphi(t)=||x(t+h)-x(t)||,\quad t\in(0,\delta-h).$$

由 $\dfrac{1}{2}\psi(t)D^-\psi(t)\leqslant \alpha\psi^2(t)$ 及 $\psi(0)=||x(h)-x(0)||$ 得

$$\varphi(t)=||x(t+h)-x(t)||\leqslant \max_{t\in[0,\delta]}\mathrm{e}^{\alpha t}\|x(h)-x(0)\|,$$

可见 $\lim\limits_{t\to\delta^-}x(t)$ 存在, 记 $y_0=\lim\limits_{t\to\delta^-}x(t)$, 那么方程

$$\begin{cases}\dot{x}(t)=F(x(t)),\\ x(\delta)=y_0\end{cases}$$

在 $[\delta,\delta+a)(a>0$ 是某个常数) 上有解, 这与 $\delta$ 的假设矛盾, 故 $\delta=+\infty$. □

**定理 3.1.3** 若 $F:X\to X$ 单调且 h 连续, $F$ 强制即 $\lim\limits_{|x|\to+\infty}|F(x)|=+\infty$, 则 $F$ 是满射; 特别地, 当 $F$ 是强单调且连续时, $F$ 是同胚.

**证** 先证明 $F$ 是强单调的情况, 然后再用扰动方法证明一般情况.

(1) $F$ 是强单调的, 即存在常数 $C>0$, 使

$$\langle Fx-Fy,x-y\rangle\geqslant C|x-y|^2. \tag{3.1.6}$$

$\forall y\in X$, 方程 $Fx=y$ 有解当且仅当 $\tilde{F}x=Fx-y=0$ 有解. 因此, 不失一般性, 仅需证明方程 $Fx=0$ 有解. 考察如下方程:

$$\begin{cases}\dot{u}=-Fu,\\ u(0)=x.\end{cases} \tag{3.1.7}$$

由式 (3.1.6) 知

$$\langle(-Fx)-(-Fy),x-y\rangle\leqslant -C||x-y||^2\equiv\alpha||x-y||^2\quad(\alpha=-C),$$

根据定理 3.1.2, 方程 (3.1.7) 在 $[0,\infty)$ 上有解, 记为 $u(t,x)$. 任取 $\omega>0$, 定义 Poincaré映射 $P_\omega x\triangleq u(\omega,x)$. 令 $\varphi(t)=||u(t,x)-u(t,y)||$, 则

$$\begin{aligned}\frac{1}{2}\varphi(t)D^-\varphi(t)&=\langle\dot{u}(t,x)-\dot{u}(t,y),u(t,x)-u(t,y)\rangle\\&=\langle-F(u(t,x))-(-F(u(t,y))),u(t,x)-u(t,y)\rangle\\&\leqslant\alpha||u(t,x)-u(t,y)||^2=\alpha\varphi^2(t),\end{aligned}$$

故

$$\varphi(t) \leqslant \mathrm{e}^{\alpha t}\varphi(0) = \mathrm{e}^{\alpha t}||x-y||.$$

由于 $\alpha = -C < 0$, 故 $\mathrm{e}^{\alpha\omega} < 1$. 于是

$$||P_\omega x - P_\omega y|| = |u(\omega, x) - u(\omega, y)| \leqslant \mathrm{e}^{\alpha\omega}||x-y||,$$

即 $P_\omega : X \to X$ 是压缩映射, 因此, 存在 $x_* \in X$ 使

$$P_\omega x_* = x_*,$$

即 $u(t, x_*)$ 是式 (3.1.7) 的 $\omega$ 周期解. 下证 $u(t, x_*) \equiv x_*$. 又

$$\begin{aligned}||u(t,x_*) - u(0,x_*)|| &= ||u(t+\omega, x_*) - u(\omega, x_*)|| \\ &\leqslant \mathrm{e}^{\alpha\omega}||u(t,x_*) - u(0,x_*)||,\end{aligned}$$

故

$$||u(t,x_*) - u(0,x_*)|| = 0,$$

即 $u(t, x_*) \equiv x_*$. 进一步 $\dot{u}(t, x_*) = 0$, 亦即 $F(x_*) = 0$.

(2) 单调情况. 对任何自然数 $n, F + \frac{1}{n}I$ 是强单调的, 因为

$$\begin{aligned}&\left\langle Fx + \frac{1}{n}x - \left(Fy + \frac{1}{n}y\right), x-y\right\rangle \\ =&\langle Fx - Fy, x-y\rangle + \frac{1}{n}||x-y||^2 \\ \geqslant&\frac{1}{n}||x-y||^2.\end{aligned}$$

根据第一步, $\left(F + \frac{1}{n}\right)(x) = 0$ 有解, 即存在 $x_n \in X$ 使

$$Fx_n = -\frac{1}{n}x_n.$$

再由 $F$ 的单调性, 知

$$\langle Fx_n - F0, x_n\rangle \geqslant 0,$$

于是有

$$||F(0)||\,||x_n|| \geqslant \frac{1}{n}||x_n||^2,$$

因此 $||Fx_n|| \leqslant ||F(0)||$. 又 $F$ 强制, 那么 $\{x_n\}$ 有界, 故 $Fx_n \to 0$. 设 $x_n \xrightarrow{W} x_0$, 来证 $Fx_0 = 0$. 由

$$\langle Fx_n - F(x_0 + tv), x_n - x_0 - tv\rangle \geqslant 0$$

及 $x_n \xrightarrow{W} x_0, Fx_n \to 0$ 得

$$\langle -F(x_0+tv), -tv\rangle \geqslant 0,$$

即

$$\langle F(x_0+tv), v\rangle \geqslant 0.$$

又 $F$ 是 $h$ 连续的, 故 $F(x_0+tv) \xrightarrow{W} Fx_0(t\to 0^+)$, 即

$$\langle Fx_0, v\rangle \geqslant 0,$$

根据 $v$ 的任意性, 有 $Fx_0=0$.

(3) 最后来证同胚.

由 $\langle Fx-Fy, x-y\rangle \geqslant C||x-y||^2$ 知 $F: X\to X$ 是单射, 所以

$$F^{-1}: X\to X$$

存在. 注意到

$$||Fx-Fy|| \geqslant C||x-y||,$$

令 $x=F^{-1}z_1, y=F^{-1}z_2$, 则

$$||z_1-z_2|| \geqslant C||F^{-1}z_1-F^{-1}z_2||,$$

即

$$||F^{-1}z_1-F^{-1}z_2|| \leqslant \frac{1}{C}||z_1-z_2||,$$

这说明 $F^{-1}$ 是连续的, 亦即 $F$ 是同胚. □

## 3.2 集值映射

首先给出集值映射的一些基本概念和记号, 有关集值映射的系统理论见文献 [9], [17].

**定义 3.2.1** 设 $X, Y$ 是两个集合, 映射 $F: X\to Y$ 称为是一个**集值映射**, 是指 $X$ 中任意点 $x$ 对应的像 $F(x)$ 是 $Y$ 中的一个子集, 称

$$\mathrm{Dom}(F) := \{x\in X : F(x)\neq\varnothing\}$$

为集值映射 $F$ 的有效域, 并且当 $\mathrm{Dom}(F)=X$ 时, 称 $F$ 是**严格的**; $\mathrm{Dom}(F)\neq\varnothing$ 时, 称映射 $F$ 是**真映射**. 称 $R(F) := \bigcup\limits_{x\in D} F(x)$ 为映射 $F$ 的值域. 称 $\mathrm{Graph}(F) := \{(x,y)\in X\times Y : x\in D(F)\}$ 为映射 $F$ 的图像.

下面介绍集值映射的连续性：

设 $X,Y$ 是两个 Hausdorff 拓扑空间, 令 $F:X\to Y$ 是一个集值映射.

**定义 3.2.2** 称映射 $F:X\to Y$ 在 $x_0\in X$ 点处**上半连续的**, 是指包含 $F(x_0)$ 的任意开邻域 $N$, 都存在 $x_0$ 的一个邻域 $M$, 使得 $F(M)\subset N$.

若 $F$ 在 $X$ 上的每一点处上半连续, 则称 $F:X\to Y$ 是 $X$ 上的**上半连续集值映射**.

下面的性质表明, 两个上半连续映射的复合映射也是上半连续的.

**性质 3.2.1** 设 $X,Y,Z$ 是三个 Hausdorff 拓扑空间, $F:X\to Y, G:Y\to Z$ 是两个上半连续映射. 定义映射 $GF:X\to Z$ 如下：

$$GF(x):=\bigcup_{y\in F(x)}G(y),\quad \forall x\in X,$$

那么 $GF:X\to Z$ 也是上半连续的.

**证** 令 $N:=N(GF(x_0))$ 为 $GF(x_0)$ 的一个开邻域. 由于 $G$ 是上半连续的, 可知 $M:=\{y\in Y:G(y)\subset N\}$ 是开集. 又因为 $F$ 是上半连续的, 所以存在 $x_0$ 的邻域 $P=P(x_0)$, 满足 $F(P)\subset M$, 从而有 $GF(P)\subset N$. □

**性质 3.2.2** 设上半连续映射 $F:X\to Y$ 是闭值的, 即 $\forall x\in X, F(x)$ 是 $Y$ 中的闭集, 则 $F$ 的图像 $\mathrm{Graph}(F)$ 是闭的.

**证** 设 $\{(x_n,y_n)\}\subset \mathrm{Graph}(F), (x,y)\in X\times Y$, 满足 $(x_n,y_n)\to(x,y)$, 当 $n\to\infty$. 由于 $F$ 是上半连续的, 可以断定任意的 $F(x)$ 的闭邻域 $N(F(x))$, 都存在自然数 $n_0$. 使得当 $n\geqslant n_0$ 时, $y_n\in N(F(x))$, 所以 $y$ 属于 $F(x)$ 的任意邻域中. 又由 $F(x)$ 是闭集, 可知 $y\in F(x)$，从而 $(x,y)\in \mathrm{Graph}(F)$. □

下面的定理是性质 3.2.2 的部分逆命题.

**定理 3.2.1** 设 $F$ 和 $G$ 是 $X$ 到 $Y$ 的两个集值映射, 并满足 $\forall x\in X, F(x)\cap G(x)\neq\varnothing$. 假设

(i) $F$ 在 $x_0$ 点处上半连续;

(ii) $F(x_0)$ 是紧集;

(iii) 映射 $G$ 的图像是闭的,

那么集值映射 $F\cap G: x\to F(x)\cap G(x)$ 在 $x_0$ 点处上半连续.

**证** 令 $N:=N(F(x_0)\cap G(x_0))$ 是 $F(x_0)\cap G(x_0)$ 的一个开邻域, 要找到 $x_0$ 的一个邻域 $N(x_0)$ 使得对任意的 $x\in N(x_0)$ 有

$$F(x)\cap G(x)\subset N.$$

若 $N\supset F(x_0)$, 由 $F$ 的上半连续性, 结论显然成立.

若 $N \not\supset F(x_0)$, 定义

$$K := F(x_0)\backslash N,$$

则 $K$ 是紧的 (因为 $F(x_0)$ 是紧集). 令 $P := \text{Graph}(G)$. 对任意的 $y \in K$, 有 $y \notin G(x_0)$, 进而 $(x_0, y) \notin P$.

因为 $P$ 是闭的, 存在开邻域 $N_y(x_0)$ 和 $N(y)$ 满足

$$P \cap N_y(x_0) \times N(y) = \varnothing,$$

所以

$$\forall x \in N_y(x_0), \quad G(x) \cap N(y) = \varnothing. \tag{3.2.1}$$

由 $K$ 的紧性, 可找出 $K$ 的有限开覆盖 $\{N(y_i)\}_{i=1}^n$. 这时 $M := \bigcup\limits_{i=1}^{N} N(y_i)$ 是 $K$ 的开邻域且 $M \cup N$ 是 $F(x_0)$ 的一个开邻域. 根据 $F$ 在 $x_0$ 点处的上半连续性, 存在 $x_0$ 的邻域 $N_0(x_0)$ 使得

$$\forall x \in N_0(x_0), \quad F(x) \subset M \cup N. \tag{3.2.2}$$

令 $N(x_0) := N_0(x_0) \cap \bigcup\limits_{i=1}^{N} N_{y_i}(x_0)$. 因此, 由式 (3.2.1) 及式 (3.2.2), 当 $x \in N(x_0)$ 时有

$$\begin{cases} F(x) \subset M \cup N, \\ G(x) \cap M = \varnothing. \end{cases}$$

从而当 $x \in N(x_0)$ 时, $F(x) \cap G(x) \subset N$. □

**推论 3.2.1** 设 $G : X \to Y$ 是一个集值映射. 如果 $Y$ 是紧空间并且 $G$ 的图像是闭的, 那么 $G$ 是上半连续的.

**证** 定义 $F : X \to Y$ 为 $F(x) = Y, \forall x \in X$, 则由定理 3.2.1 直接得到结论.

上面的推论 3.2.1 是验证集值映射的上半连续性的一个重要工具, 其中 $Y$ 的紧性是本质的. 例如, 考虑映射 $F : \mathbb{R} \to \mathbb{R}^2$ 如下:

$$F(\xi) := \{(x, y) : y = \xi x\}, \quad \forall \xi \in \mathbb{R},$$

可验证 $F$ 是闭图像的. 事实上, 设 $\xi_n \to \xi_0$, $(x_n, y_n) \in F(\xi_n)$ 且 $(x_n, y_n) \to (x_0, y_0)$, 则 $y_n = \xi_n x_n$, 通过取极限可知 $y_0 = \xi_0 x_0$, 即 $(x_0, y_0) \in F(\xi_0)$. 然而当取 $\xi = 0$, 则 $\forall \varepsilon > 0$ 及 $\xi \neq 0$, $F(\xi) \not\subset F(0) + \varepsilon B$, 即 $F$ 不是上半连续的. □

通过紧集的有限覆盖性, 可得到以下性质.

**性质 3.2.3** 设 $F$ 是紧空间 $X$ 到 $Y$ 的紧值上半连续映射, 那么, $F(X)$ 是 $Y$ 中的紧集.

下面给出集值映射的下半连续定义.

**定义 3.2.3** 称集值映射 $F: X \to Y$ 在点 $x_0$ 处是下半连续的, 是指任意的 $y_0 \in F(x_0)$ 及任意 $y_0$ 的邻域 $N(y_0)$, 存在 $x_0$ 的邻域 $N(x_0)$ 使得

$$F(x) \cap N(y_0) \neq \varnothing, \quad \forall x \in N(x_0).$$

若 $F$ 在 $X$ 上的每一点处下半连续, 则称 $F: X \to Y$ 是 $X$ 上的下半连续集值映射.

当然, 以上的定义等价于对任意的收敛于 $x_0$ 的点列 $\{x_n\}$ 及 $y_0 \in F(x_0)$, 存在点列 $y_n \in F(x_n)$ 满足 $y_n \to y_0$.

**性质 3.2.4** 设 $X, Y$ 是两个距离空间, $G: X \to Y$ 是一个下半连续的集值映射且 $g: X \to Y$ 是单值连续映射, $\varepsilon(x): X \to \mathbb{R}_+$ 是一个连续函数, 则集值映射 $\varPhi: X \to Y$, $\varPhi(x) := B(g(x), \varepsilon(x)) \cap G(x)$ 是下半连续的.

**证** 取定 $x^* \in \mathrm{Dom}\varPhi$, $y^* \in \varPhi(x^*)$ 及 $\xi > 0$, 记 $\delta = \varepsilon(x^*) - d(y^*, g(x^*))$. 那么由 $G$ 的下半连续性可知, 存在 $\delta_1 > 0$, 对任意的 $x \in B(x^*, \delta_1)$ 有 $y_x \in G(x)$ 满足 $d(y_x, y^*) < \min\left(\xi, \dfrac{\delta}{3}\right)$. 取 $\delta_2 > 0$, 使得当 $d(x, x^*) < \delta_2$ 时成立 $\varepsilon(x) > \varepsilon(x^*) - \dfrac{\delta}{3}$. 取 $\delta_3 > 0$, 使得当 $d(x, x^*) < \delta_3$ 时成立 $d(g(x^*), g(x)) < \dfrac{\delta}{3}$. 那么当 $d(x, x^*) < \min\{\delta_1, \delta_2, \delta_3\}$ 时

$$\begin{aligned}
d(y_x, g(x)) &\leqslant d(y_x, y^*) + d(y^*, g(x^*)) + d(g(x^*), g(x)) \\
&< \frac{\delta}{3} + \varepsilon(x^*) - \delta + \frac{\delta}{3} \\
&= \varepsilon(x^*) - \frac{\delta}{3} \\
&< \varepsilon(x),
\end{aligned}$$

即 $y_x \in \varPhi(x)$ 且 $d(y_x, y^*) < \xi$. □

**注** 当 $F: X \to Y$ 是一个单值映射时, 以上的上半连续和下半连续的定义是等价的, 并等价于单值映射的连续性, 但当 $F: X \to Y$ 是集值映射时, 这两个概念是互不包含的, 见下面例子.

**例 3.2.1** 定义 $F_1: \mathbb{R} \to \mathbb{R}$ 为 $F_1(0) = [-1, 1]$, $F_1(x) = \{0\}, x \neq 0$, 那么 $F_1$ 是上半连续映射, 但它不是下半连续的.

定义 $F_2: \mathbb{R} \to \mathbb{R}$ 为 $F_2(0) = \{0\}$, $F_2(x) = [-1, 1], x \neq 0$, 那么 $F_2$ 是下半连续映射, 但它不是上半连续的.

**定义 3.2.4** 称集值映射 $F: X \to Y$ 在 $x_0$ 点连续是指 $F$ 在 $x_0$ 处既上半连续又下半连续. 若 $F$ 在 $X$ 中的每一点上都连续, 则称 $F$ 在 $X$ 上连续.

一类重要的连续映射是 Lipschitz 连续映射. 在距离空间 $X$ 中, $M, N \subset X$, 记

$$\delta(M,N) = \sup_{y\in M}\inf_{x\in N} d(x,y) = \sup_{y\in M} d(y,N),$$

$$d_H(M,N) = \max\{\delta(M,N), \delta(N,M)\}.$$

$B(M,\xi) = \{y \in X : d(y,M) < \xi\}$, 若 $X$ 是赋范空间, 可以写成 $B(M,\xi) = M + \xi B$, 这里 $B$ 表示 $X$ 中的单位开球.

**定义 3.2.5** 设 $X, Y$ 是两个距离空间, 称集值映射 $F : X \to Y$ 为局部 Lipschitz 的, 若 $\forall x_0 \in X$, 存在 $N(x_0) \subset X$ 和 $L = L(x_0) > 0$(Lipschitz 常数) 使得

$$F(x) \subset B(F(x'), Ld(x,x')), \quad \forall x, x' \in N(x_0),$$

称 $F : X \to Y$ 是 Lipschitz 的. 若存在 $L > 0$, 使得

$$F(x) \subset B(F(x'), Ld(x,x')), \quad \forall x, x' \in X.$$

**注** 显然, 以上定义对 $x, x'$ 而言是对称的.

**性质 3.2.5** $X$ 是一个距离空间, $Y$ 是一个赋范空间. $F : X \to Y$ 是一个 Lipschitz 常数为 $L$ 的 Lipschitz 连续的集值映射, 则映射 $x \to \overline{\text{co}}(F(x))$ 也是 Lipschitz 常数为 $L$ 的 Lipschitz 连续映射.

**证** 取定 $x, x' \in X$, 对任意 $y \in \overline{\text{co}}(F(x))$ 和 $\varepsilon > 0$, 存在 $y_i \in F(x)$, 使得 $\left\| y - \sum_{i=1}^{n} \lambda_i y_i \right\| < \varepsilon$. 又对每一个 $y_i$ 存在 $y_i^1 \in F(x')$, 使得 $\|y_i - y_i^1\| \leqslant d_H(F(x), F(x')) + \varepsilon$, 因此

$$\begin{aligned}\left\| y - \sum_{i=1}^{n} \lambda_i y_i^1 \right\| &\leqslant \varepsilon + \left\| \sum_{i=1}^{n} \lambda_i (y_i - y_i^1) \right\| \\ &\leqslant \varepsilon + \sum_{i=1}^{n} \lambda_i (d_H(F(x), F(x')) + \varepsilon) \\ &\leqslant Ld(x,x') + 2\varepsilon.\end{aligned}$$

由 $\varepsilon$ 的任意性, $y \in B(\overline{\text{co}}(F(x')), Ld(x,x'))$. 交换 $x, x'$ 可得到 $x \to \overline{\text{co}}(F(x))$ 是 Lipschitz 连续的. □

下面讨论集值映射的闭图像定理, 先证明如下命题:

**命题 3.2.1** 设 $X, Y$ 是两个 Banach 空间, $F : X \to Y$ 是真闭凸集值映射 (即 $F$ 的图像是闭凸集) 且 $\text{In}(R(F)) \neq \varnothing$. 记 $K = \text{Dom}(F)$, $B$ 为 $X$ 的单位球, 则任意的 $y_0 \in \text{In}(F(K))$ 及 $x_0 \in F^{-1}(y_0)$ 有

$$y_0 \in \text{In}F(K \cap (x_0 + B)).$$

命题 3.2.1 的证明将分解成如下三个引理来完成:

**引理 3.2.1**　设 Banach 空间 $Y$ 中的子集 $T$ 满足

$$\frac{1}{2}\sum_{k=0}^{\infty}2^{-k}T\subset T, \tag{3.2.3}$$

若 $0\in \mathrm{In}(\overline{T})$, 则 $0\in \mathrm{In}(T)$.

**证**　由假设, $\exists r>0$ 使得 $2rB\subset \overline{T}$. 因而 $\forall k>1$, 有 $2^{-k+1}rB\subset 2^{-k}\bar{T}$. 取 $y\in rB$, 因为 $2y\in \bar{T}$ 可知存在 $v_0\in T$, 满足

$$2y-v_0\in 2^{-1}(2rB)\subset 2^{-1}\bar{T}.$$

不妨假设, 已经建立点列 $v_k\in T$, 满足

$$2y-\sum_{k=0}^{n-1}2^{-k}v_k\in 2^{-n}(2rB).$$

因为 $2^{-n}(2rB)\subset 2^{-n}\bar{T}$, 可以找到 $v_n\in T$, 使得

$$2y-\sum_{k=0}^{n-1}2^{-k}v_k-2^{-n}v_n\in 2^{-(n+1)}(2rB)\subset 2^{-(n+1)}\bar{T},$$

如此下去, 得到点列 $v_k\in T(k=0,1,2,\cdots)$ 满足

$$y:=\frac{1}{2}\sum_{k=0}^{\infty}2^{-k}v_k\in \frac{1}{2}\sum_{k=0}^{\infty}2^{-k}T.$$

由假设, 可知 $y\in \dfrac{1}{2}\sum\limits_{k=0}^{\infty}2^{-k}T\subset T$, 即 $rB\subset T$.　□

**引理 3.2.2**　在命题 3.2.1 的假设下, 记 $T=F(K\cap(x_0+B))-y_0$, 那么

$$0\in \mathrm{In}(\bar{T}).$$

**证**　令 $K_n=K\cap(x_0+nB)$, 那么 $T=F(K_1)-y_0$. 注意到 $K=\bigcup\limits_{n=1}^{\infty}K_n$ 及 $F(K)=\bigcup\limits_{n=1}^{\infty}F(K_n)$, 又注意到

$$\left(1-\frac{1}{n}\right)x_0+\frac{1}{n}K_n\subset K_1.$$

因为 $F$ 是闭凸的集值映射, 可推出

$$\left(1-\frac{1}{n}\right)F(x_0)+\frac{1}{n}F(K_n)\subset F(K_1). \tag{3.2.4}$$

因为 $0\in \mathrm{In}(F(K)-y_0)$, 存在 $r>0$ 使得

$$rB\subset F(K)-y_0=\bigcup_{n=1}^{\infty}(F(K_n)-y_0).$$

结合 $y_0\in F(x_0)$ 及式 (3.2.4), 可知

$$\left(1-\frac{1}{n}\right)y_0+\frac{1}{n}F(K_n)\subset F(K_1),$$

即 $F(K_n)-y_0\subset n(F(K_1)-y_0)=nT$, 故 $rB\subset \bigcup\limits_{n=1}^{\infty}n\bar{T}$. 由 Baire 纲定理, $\exists n_0\in\mathbb{N}$ 使得 $\mathrm{In}(n_0\bar{T})\neq\varnothing$. 进而 $\mathrm{In}(\bar{T})\neq\varnothing$, 从而可取 $\tilde{x}_0\in\bar{T}$ 及 $\delta>0$, 使得 $\tilde{x}_0+\delta B\subset\bar{T}$.

另一方面, 因为 $-\dfrac{r\tilde{x}_0}{||\tilde{x}_0||}\in rB$, 可知 $-\dfrac{r\tilde{x}_0}{||\tilde{x}_0||}\in\bigcup\limits_{n=1}^{\infty}n\bar{T}$, 所以存在自然数 $n_1$, 使得 $-\dfrac{r\tilde{x}_0}{n_1||\tilde{x}_0||}\in\bar{T}$.

记 $\lambda:=\dfrac{r}{r+n_1||\tilde{x}_0||}\in(0,1)$, 则

$$\lambda\delta B=\lambda\tilde{x}_0-(1-\lambda)\frac{r\tilde{x}_0}{n_1||\tilde{x}_0||}+\lambda\delta B\subset\lambda\bar{T}+(1-\lambda)\bar{T}\subset\bar{T}.$$

因为 $\bar{T}$ 是凸集, 证明了 $0\in\mathrm{In}(\bar{T})$. □

**引理 3.2.3** 在命题 3.2.1 的假设下, 集合 $T:=F(K\cap(x_0+B))-y_0$ 满足 $\dfrac{1}{2}\sum\limits_{k=0}^{\infty}2^{-k}T\subset T$.

**证** 为了简化证明, 不妨设 $y_0=0$. 任取 $y_*\in\dfrac{1}{2}\sum\limits_{k=0}^{\infty}2^{-k}T$, 要证 $y_*\in T$. 取 $\alpha_n=\left(\sum\limits_{k=0}^{n}2^{-k}\right)^{-1}$. 显然, $\alpha_n\to\dfrac{1}{2}$. 取点列 $v_n\in T$, 使得 $y_n:=\alpha_n\sum\limits_{k=0}^{n}2^{-k}v_k\to y_*$. 由 $T$ 的定义可取 $u_k\in K\cap(x_0+B)$ 使得 $v_k\in F(u_k)$. 根据 $F$ 的图像是闭的, 可推出

$$y_n\in\alpha_n\sum_{k=0}^{n}2^{-k}F(u_k)\subset F\left(\alpha_n\sum_{k=0}^{n}2^{-k}u_k\right). \tag{3.2.5}$$

现考虑点列 $\left\{x_n:=\alpha_n\sum\limits_{k=0}^{n}2^{-k}u_k\right\}$. 又 $u_k\in x_0+B$ 可知 $\{x_n\}$ 是 Cauchy 列, 记

$x_* = \lim_{n\to\infty} x_n$. 又由 $K\cap(x_0+B)$ 是凸集, 可推出

$$x_* \in K\cap(x_0+B).$$

结合式 (3.2.5) 可知 $(x_n,y_n)\in \mathrm{Graph}(F)$. 注意到 $F$ 的图像是闭集, 故 $(x_*,y_*)\in \mathrm{Graph}(F)$, 即

$$y_* \in F(x_*)\subset F(K\cap(x_0+B)) = T. \qquad \square$$

**命题 3.2.1 的证明** 首先用引理 3.2.2 可推出 $0\in T = F(K\cap(x_0+B))-y_0$, 引理 3.2.3 表明 $T$ 满足式 (3.2.3), 结合引理 3.2.1 便得到 $0\in \mathrm{In}(T)$. $\square$

现在给出集值映射的 Robinson-Vrsescu 闭图像定理.

**定理 3.2.2** 设 $X,Y$ 是两个 Banach 空间, $F: X\to Y$ 是真闭凸值集值映射且 $\mathrm{In}(R(F))\neq\varnothing$. 对于 $\forall y_0\in \mathrm{In}(R(F))$ 及 $x_0\in F^{-1}(y_0)$, 必存在 $r>0$ 满足对任意 $x\in K\triangleq \mathrm{Dom}(F)$, 任意 $y\in y_0+rB$ 有

$$d(x,F^{-1}(y))\leqslant \frac{1}{r}d(y,F(x))(1+||x-x_0||). \tag{3.2.6}$$

特别地 $F^{-1}$ 是 $\mathrm{In}(R(F))$ 中下半连续的集值映射, 对于 $x=x_0$, 则对任意 $y\in y_0+rB$ 有

$$d(x_0,F^{-1}(y))\leqslant \frac{1}{r}d(y,F(x_0)).$$

**证** 取定 $x\in K$, 由命题 3.2.1 存在 $r>0$ 使得

$$y_0+2rB\subset F(K\cap(x_0+B)), \tag{3.2.7}$$

取 $y\in y_0+rB$, 若 $x\in F^{-1}(y)$, 则 $d(x,F^{-1}(y))=0$, 结论显然成立.

若 $x\notin F^{-1}(y)$, 则 $\forall\varepsilon>0$, 存在 $z\in F(x)$ 满足

$$||y-z||\leqslant d(y,F(x))(1+\varepsilon).$$

因为 $y+rB\subset F(K\cap(x_0+B))$, 可以得到

$$\frac{r(y-z)}{||y-z||}\in F(K\cap(x_0+B))-y, \tag{3.2.8}$$

取 $\lambda = \dfrac{||y-z||}{r+||y-z||}\in(0,1)$, 则式 (3.2.8) 可以表示成

$$(1-\lambda)(y-z)\in \lambda F(K\cap(x_0+B))-\lambda y. \tag{3.2.9}$$

注意到 $(1-\lambda)z \in (1-\lambda)F(x)$ 及 Graph$(F)$ 是凸集, 得到

$$\begin{aligned} y &\in \lambda F(K\cap(x_0+B))+(1-\lambda)F(x) \\ &\subset F(\lambda(K\cap(x_0+B))+(1-\lambda)x). \end{aligned} \tag{3.2.10}$$

从而, 存在 $x_1 \in K\cap(x_0+B)$ 使得 $x_y := \lambda x_1+(1-\lambda)x \in F^{-1}(y)$. 进而, 由 $x_1 \in x_0+B$, 有

$$\begin{aligned} ||x_y - x|| &= ||\lambda x_1 + (1-\lambda)x - x|| \\ &= \lambda||x_1 - x|| \\ &\leqslant \lambda(||x-x_0||+||x_1-x_0||) \\ &\leqslant \lambda(||x-x_0||+1), \end{aligned}$$

注意到

$$\lambda = \frac{||y-z||}{r+||y-z||} \leqslant \frac{d(y,F(x))(1+\varepsilon)}{r},$$

可推出

$$\begin{aligned} d(x,F^{-1}(y)) &\leqslant ||x-x_y|| \\ &\leqslant \frac{d(y,F(x))(1+\varepsilon)}{r}(||x-x_0||+1). \end{aligned}$$

取 $\varepsilon \to 0^+$, 可得

$$d(x,F^{-1}(y)) \leqslant \frac{1}{r}d(y,F(x))(||x-x_0||+1).$$ □

**推论 3.2.2** 在定理 3.2.2 的条件下若进一步假设 $F^{-1}$ 是局部有界的, 则 $F^{-1}$ 在 In$(R(F))$ 中是局部 Lipschitz 的.

**推论 3.2.3** 设 $L\subset X, M\subset Y$ 分别是 Banach 空间 $X,Y$ 中的闭凸集, $A\in L(X,Y)$, 并且

$$\text{In}(A(L)-M) \neq \varnothing.$$

设

$$F(x)=\begin{cases} Ax-M, & x\in L, \\ \varnothing, & x\notin L, \end{cases}$$

则 $\forall y_0 \in \text{In}(A(L)-M)$ 及 $\forall x_0 \in F^{-1}(y_0)=\{x\in L: Ax\in M+y_0\}$, 存在 $r>0$, 满足 $\forall x\in L, \forall y\in y_0+rB$ 有

$$d(x,F^{-1}(y)) \leqslant \frac{1}{r}d(Ax-y,M)(1+||x-x_0||).$$

**证**　显然, Graph$(F)$ 是闭凸集, 并且 $R(F) = A(L) - M$. 又 $d(y, F(x)) = d(Ax - y, M)$, 应用定理 3.2.2 可直接得到结论.

**推论 3.2.4**(Banach开映射定理)　设 $X, Y$ 是两个 Banach 空间, $A: X \to Y$ 是有界线性算子, 即 $A \in L(X, Y)$. 如果 $A$ 满射, 那么集值映射 $A^{-1}: Y \to X$ 是 Lipschitz 连续的.

**证**　在推论 3.2.3 中取 $L = X, M = \varnothing$, 则 $F(x) = A(x)$. $\forall y \in Y$ 有

$$A^{-1}(y) = F^{-1}(y) = \{x \in X : Ax = y\}.$$

## 3.3　集值的单调算子理论

下面介绍集值的单调算子理论, 先引入一些基本概念.

设 $X$ 为一个 Hilbert 空间, $M \subset X$, 称集值映射 $B: M \to X$ 为集值映射 $A: M \to X$ 的一个扩张是指 Graph$(A) \subset$ Graph$(B)$.

**定义 3.3.1**　设 $X$ 为一个 Hilbert 空间, $M \subset X$, 称集值映射 $F: M \to X$ 为单调的指 $\forall x_1, x_2 \in M$, 及 $\forall y_1 \in F(x_1), \forall y_2 \in F(x_2)$ 有

$$\langle y_1 - y_2, x_1 - x_2 \rangle \geqslant 0.$$

又称 $F$ 为极大单调的是指 $F$ 为单调的, 并且 $F$ 的单调扩张映射只有它本身.

**例 3.3.1**　见图 3.1.

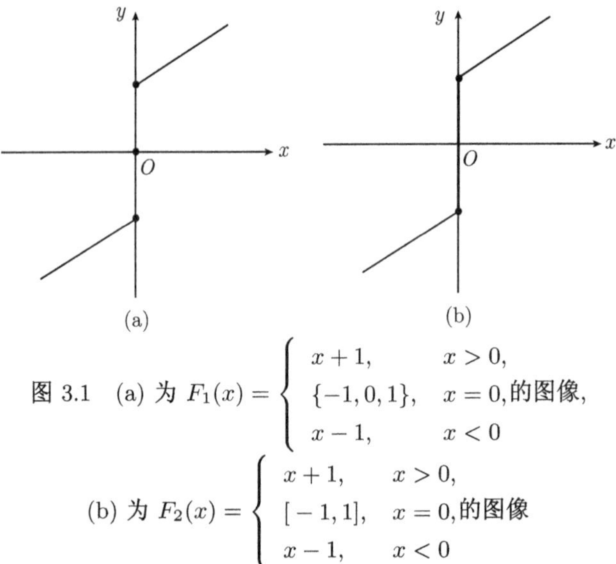


图 3.1　(a) 为 $F_1(x) = \begin{cases} x+1, & x > 0, \\ \{-1, 0, 1\}, & x = 0, \\ x-1, & x < 0 \end{cases}$ 的图像,

(b) 为 $F_2(x) = \begin{cases} x+1, & x > 0, \\ [-1, 1], & x = 0, \\ x-1, & x < 0 \end{cases}$ 的图像

集值映射 $F_1(x)$ 是单调算子, 但不是极大单调算子, 集值映射 $F_2(x)$ 是极大单调算子. 由定义可知, 一个集值映射 $F$ 单调 (极大单调) 当且仅当 $F^{-1}$ 单调 (极大单调), 并且以下命题成立.

**命题 3.3.1** 集值映射 $F$ 是极大单调当且仅当如下两条等价:

(1) $\forall (x,y)\in \text{Graph}(F), \langle x_1-x, y_1-y\rangle \geqslant 0$;

(2) $y_1\in F(x_1)$.

**命题 3.3.2** 集值映射 $F$ 是极大单调的, 那么

(1) $\forall x_1\in D(F), F(x_1)$ 是闭凸集;

(2) $\text{Graph}(F)$ 是强–弱闭集, 即若 $x_n$ 强收敛到 $x$, 并且 $y_n\in F(x_n)$ 弱收敛到 $y$, 那么 $y\in F(x)$.

**证** (1) 取定 $x_1\in D(F)$, 令 $h(x,y)=\{y_1\in X:\langle y_1-y, x_1-x\rangle\geqslant 0\}$, 显然 $h(x,y)$ 是 $X$ 的一个闭半空间. 又

$$F(x_1)=\bigcap_{(x,y)\in G(F)} h(x,y),$$

从而 $F(x_1)$ 是闭凸的.

(2) 设 $\{x_n\}$ 收敛于 $x$ 且 $y_n\in F(x_n)$ 弱收敛于 $y$, 取 $(v,u)\in \text{Graph}(F)$, 则由 $\langle y_n-v, x_n-u\rangle\geqslant 0$, 取极限有 $\langle y-v, x-u\rangle \geqslant 0$, 则根据命题 3.3.1 知 $y\in F(x)$. □

**命题 3.3.3** 单值单调映射 $f: X\to X$, 在 $X$(强拓扑) 到 $X$(弱拓扑) 连续下是极大单调的.

**证** 取 $x\in X$ 及 $u\in X$, 使得

$$\langle u-f(y), x-y\rangle \geqslant 0, \quad \forall y\in X. \tag{3.3.1}$$

要证 $f$ 是极大的, 只需要证 $u=f(x)$. 令 $y=x-\lambda(z-x)$, 其中 $\lambda\in(0,1)$, $z\in X$, 则式 (3.3.1) 变成 $\langle u-f(x-\lambda(z-x)), z-x\rangle\geqslant 0, \forall z\in X$. 令 $\lambda\to 0$, 则由 $f$ 的连续性有

$$\langle u-f(x), z-x\rangle \geqslant 0, \quad \forall z\in X.$$

从而由 $Z$ 的任意性可得 $u=f(x)$. □

下面的定理刻画了极大单调映射的特征.

**定理 3.3.1**(Minty) 设 $F$ 是 $X$ 到 $X$ 上的集值单调映射, 则 $F$ 是极大的当且仅当 $I+F$ 为满射.

证明 Minty 定理之前先介绍如下引理:

**引理 3.3.1**(Deburnwer-Flor) 设 $E$ 是 Hilbert 空间 $X$ 的一个非空闭凸子集, 若 $F:E\to X$ 为单调, 则 $\forall y\in X,\exists x\in E$ 使得

$$\langle v+x,u-x\rangle\geqslant\langle y,u-x\rangle,\quad\forall(u,v)\in\mathrm{Graph}(F).$$

**证** $\forall(u,v)\in G(F)$ 定义

$$C(u,v)=\{x\in E:\langle v+x-y,u-x\rangle\geqslant 0\},$$

则要证明的不等式等价于 $\displaystyle\bigcap_{(u,v)\in\mathrm{Graph}(F)}\{C(u,v)\}\neq\varnothing.$

因为 $C(u,v)$ 是闭凸集, 所以它是弱闭的, 并且每一个 $C(u,v)$ 是弱紧的, 从而只需要证明 $\{C(u,v):(u,v)\in\mathrm{Graph}(F)\}$ 有有限交性质即可.

$\forall u_1,u_2,\cdots,u_n\in E,\forall v_i\in F(u_i),i=1,2,\cdots,n,$ 考虑单形

$$\varDelta_n=\left\{\lambda=(\lambda_1,\lambda_2,\cdots,\lambda_n):\lambda_i\geqslant 0,i=1,2,\cdots,n,\sum_{i=1}^n\lambda_i=1\right\}$$

和函数

$$\varPhi(\lambda,\mu)=\sum_{i=1}^n\mu_i\left\langle f(\lambda)+v_i-y,f(\lambda)-u_i\right\rangle,\quad\forall(\lambda,\mu)\in\varDelta_n\times\varDelta_n,$$

其中 $f(\lambda)=\displaystyle\sum_{i=1}^n\lambda_iu_i$. 显然有

$$\forall\mu\in\varDelta_n,\quad\lambda\to\varPhi(\lambda,\mu)\text{ 是连续的},$$

$$\forall\lambda\in\varDelta_n,\quad\mu\to\varPhi(\lambda,\mu)\text{ 是线性的},$$

并且由 $F$ 是单调的,

$$\begin{aligned}\varPhi(\lambda,\lambda)&=\sum_{i=1}^n\left[\lambda_i\left\langle f(\lambda)-y,f(\lambda)-u_i\right\rangle+\lambda_i\left\langle v_i,f(\lambda)-u_i\right\rangle\right]\\&=\sum_{i,j=1}^n\lambda_i\lambda_j\left\langle v_i,u_j-u_i\right\rangle\\&=\frac{1}{2}\sum_{i,j=1}^n\lambda_i\lambda_j\left\langle v_i-v_j,u_j-u_i\right\rangle\\&\leqslant 0.\end{aligned}$$

由 Fan-Ky 不等式, $\exists\lambda_0\in\varDelta_n$, 满足

$$\varPhi(\lambda_0,\mu)\leqslant 0,\quad\forall\mu\in\varDelta_n,$$

即

$$\langle x(\lambda_0)+v_i-y, x(\lambda_0)-u_i\rangle \leqslant 0, \quad i=1,2,\cdots,n.$$

所以 $x(\lambda_0)\in \bigcap\limits_{i=1}^{n} C(u_i,v_i)$, 这证明了 $\{C(u,v):(u,v)\in \mathrm{Graph}(F)\}$ 具有有限交性质.

□

**Minty 定理的证明　必要性**　只需证明 $\forall y\in X, \exists x\in X$ 满足 $y-x\in F(x)$. 根据 Deburnwer-Flor 引理, $\exists x\in X$ 满足 $(v-(y-x),u-x)\geqslant 0, \forall(u,v)\in \mathrm{Graph}(F)$, 由极大性, $y-x\in F(x)$.

**充分性**　假设 $F_1$ 也是一个单调映射, 并且 $G(F)\subset G(F_1)$, 欲证 $F_1=F$. 由于 $I+F$ 是满射, $\forall (x,y)\in G(F_1), \exists x'\in D(F)$ 且 $x+y\in (I+F)(x')$, 进而 $x+y\in x'+F_1(x')$, 即 $y'=y+x-x'\in F_1(x')$. 由 $F_1$ 的单调性可知

$$||x-x'||^2=(y'-y,x-x')\leqslant 0,$$

即 $x=x'$, 从而证明了 $F=F_1$.

**定理 3.3.2**　若 $f:X\to \mathbb{R}\cup\{+\infty\}$ 是真、凸、下半连续函数, 则 $\partial f$ 是极大单调的.

**定义 3.3.2**　设 $F:X\to 2^X$ 为一个极大单调算子, 用 $m(F(x))$ 来表示 $F(x)$ 的最小范数元素. 若 $F(x)$ 是闭凸值的，则 $m(F(x))$ 是单值映射。

**定理 3.3.3**　设 $F:X\to 2^X$ 是一个极大单调算子, 则 $\forall \lambda>0$, 有

(1) $J_\lambda=(I+\lambda F)^{-1}$ 是 $X$ 到 $X$ 的非扩张单值映射;

(2) $A_\lambda:=\dfrac{1}{\lambda}(I-J_\lambda)$是极大单调的且常数为 $\dfrac{1}{\lambda}$ 的 Lipschitz 映射, 并且满足 $\forall x\in X$, $A_\lambda(x)\in F(J_\lambda x)$;

(3) $\forall x\in D(F)$, $||A_\lambda(x)-m(F(x))||^2\leqslant ||m(F(x))||^2-||A_\lambda(x)||^2$;

(4) $\forall x\in D(F)$, $\lim\limits_{\lambda\to 0^+} J_\lambda x=x$, $\lim\limits_{\lambda\to 0^+} A_\lambda x=m(F(x))$.

**定义 3.3.3**　映射 $A_\lambda$ 称为 $F$ 的Yosida 逼近算子.

**证**　(a)$\forall y_1,y_2\in X$, 由 $I+\lambda F$ 是满射可知, 存在 $x_1,x_2\in X$, 满足

$$y_i\in x_i+\lambda F(x_i), \quad i=1,2,$$

从而 $\exists v_i\in F(x_i)$, 使得 $y_i=x_i+\lambda v_i$, $i=1,2$. 故由 $F$ 的单调性可知

$$\begin{aligned}||y_1-y_2||^2&=||x_1-x_2+\lambda(v_1-v_2)||^2\\&=||x_1-x_2||^2+\lambda^2||v_1-v_2||^2+2\lambda\langle v_1-v_2,x_1-x_2\rangle\\&\geqslant ||x_1-x_2||^2+\lambda^2||v_1-v_2||^2,\end{aligned}$$

从而

(i) $||x_1 - x_2|| \leqslant ||y_1 - y_2||$;

(ii) $||v_1 - v_2|| \leqslant \dfrac{1}{\lambda}||y_1 - y_2||$.

取 $y_1 = y_2$, 上面不等式 (i) 意味着 $J_\lambda = (1 + \lambda F)^{-1}$ 是单值的, 因为 $x_i = J_\lambda y_i$. 又因为 $v_i = A_\lambda(y_i)$, 所以上面两个不等式意味着 $J_\lambda$ 和 $A_\lambda$ 是 Lipschitz 常数分别为 1 和 $\dfrac{1}{\lambda}$ 的 Lipschitz 映射.

(b) 由 $A_\lambda$ 和 $J_\lambda$ 的定义

$$A_\lambda(y) = \frac{1}{\lambda}(y - J_\lambda(y)) \in F(J_\lambda y), \quad \forall y \in X,$$

因此, 根据 $y_i = J_\lambda(y_i) + \lambda A_\lambda(y_i)$, 得到

$$\begin{aligned}&\langle A_\lambda(y_1) - A_\lambda(y_2), y_1 - y_2\rangle\\ =&\langle A_\lambda(y_1) - A_\lambda(y_2), J_\lambda(y_1) - J_\lambda(y_2)\rangle + \lambda||A_\lambda(y_1) - A_\lambda(y_2)||^2\\ \geqslant&\lambda||A_\lambda(y_1) - A_\lambda(y_2)||^2 \geqslant 0,\end{aligned}$$

于是 $A_\lambda$ 是单调的 (从而也是极大单调的, 命题 3.3.3).

(c) 取 $x \in D(F)$,

$$\begin{aligned}||A_\lambda(x) - m(F(x))||^2 &= ||A_\lambda(x)||^2 + ||m(F(x))||^2 - 2\langle A_\lambda(x), m(F(x))\rangle\\ &= -||A_\lambda(x)||^2 + ||m(F(x))||^2 - 2\left\langle A_\lambda(x), m(F(x)) - A_\lambda(x)\right\rangle.\end{aligned}$$

因为 $F$ 是单调的, $m(F(x)) \in F(x)$ 及 $A_\lambda(x) \in F(J_\lambda(x))$

$$\langle A_\lambda(x), m(F(x)) - A_\lambda(x)\rangle = \frac{1}{\lambda}\left\langle x - J_\lambda(x), m(F(x)) - A_\lambda(x)\right\rangle \geqslant 0.$$

从而有如下不等式:

$$||A_\lambda(x) - m(F(x))||^2 \leqslant ||m(F(x))||^2 - ||A_\lambda(x)||^2. \tag{3.3.2}$$

(d) 当 $x \in D(F)$ 时, 有

$$||x - J_\lambda(x)|| = \lambda||A_\lambda(x)|| \leqslant \lambda||m(F(x))||,$$

于是

$$\lim_{\lambda\to 0^+} J_\lambda(x) = x.$$

(e) 由 $J_\lambda(x) = x - \lambda A_\lambda(x)$ 和 $A_\lambda(x) \in F(J_\lambda(x))$ 可知若 $y = A_\lambda(x)$, 则 $y \in$

$F(x-\lambda y)$; 反之, 若 $y \in F(x-\lambda y)$, 令 $z = x-\lambda y$, 那么 $z = J_\lambda(x)$, 从而 $y = \dfrac{1}{x}(x - J_\lambda(x)) = A_\lambda(x)$. 于是,

$$y = A_\lambda(x) \Leftrightarrow y \in F(x-\lambda y), \tag{3.3.3}$$

这意味着

$$A_{\mu+\lambda}(x) = (A_\mu)_\lambda(x).$$

事实上

$$\begin{aligned} y = A_{\mu+\lambda}(x) &\Leftrightarrow y \in F(x-\lambda y-\mu y) \\ &\Leftrightarrow y = A_\mu(x-\lambda y), \end{aligned}$$

已知 $A_\mu$ 也是极大单调的, 从而再次用式 (3.3.3) 有

$$y = A_{\mu+\lambda}(x) \Leftrightarrow y = (A_\mu)_\lambda(x).$$

(f) 在不等式 (3.3.2) 中的 $F$ 用 $A_\mu$ 来换, 又注意到 $m(A_\mu(x)) = A_\mu(x)$ 及

$$||A_{\lambda+\mu}(x) - A_\mu(x)||^2 \leqslant ||A_\mu(x)||^2 - ||A_{\lambda+\mu}(x)||^2,$$

数列 $||A_\mu(x)||^2$ 是以 $||m(F(x))||^2$ 为上界的单调递减列.

不妨记 $\alpha = \lim\limits_{\mu\to 0} ||A_\mu(x)||^2$, 则

$$\lim_{\lambda,\mu\to 0} ||A_{\lambda+\mu}(x) - A_\mu^{(x)}||^2 \leqslant \alpha - \alpha \leqslant 0,$$

即 $A_\lambda(x)$ 是 $X$ 中的一个 Cauchy 列, 记 $v = \lim\limits_{\lambda\to 0} A_\lambda(x)$.

注意到 $A_\lambda(x) \in F(J_\lambda(x))$ 及 $G(F)$ 是闭的, 推出

$$v \in F(x),$$

又

$$||v|| = \lim_{\lambda\to 0} ||A_\lambda(x)|| \leqslant ||m(F(x))||,$$

根据 $m(F(x))$ 的唯一性, 得到 $v = m(F(x))$, 即 $\lim\limits_{\lambda\to 0} A_\lambda(x) = m(F(x))$. □

**定理 3.3.4** 设 $F$ 是 $X$ 到 $X$ 的极大单调映射, 则问题

$$\begin{cases} \dot{x}(t) \in -F(x(t)), \\ x(0) = x_0 \in D(F) \end{cases} \tag{3.3.4}$$

在 $[0, +\infty)$ 上有唯一解, 并且满足

(1) $\dot{x}(t)=-m(F(x(t)))$, a.e. $t\in[0,+\infty)$;

(2) $t\to||\dot{x}(t)||$ 是单调非增的;

(3) 若 $x(\cdot)$ 和 $y(\cdot)$ 分别为式 (3.3.4) 的初值为 $x_0$ 和 $y_0$ 的两个解, 则

$$||x(t)-y(t)||\leqslant||x_0-y_0||,\quad \forall t\geqslant 0;$$

(4) $\dot{x}(t)$ 是右连续映射, 并且 $\dot{x}(t)=\lim\limits_{h\to 0^+}\dfrac{x(t+h)-x(t)}{h}$, $\forall t\geqslant 0$.

**证**　分如下六步来完成定理的证明:

第一步. 由 $F$ 是单调的

$$\frac{1}{2}\frac{\mathrm{d}}{\mathrm{d}t}||x(t)-y(t)||^2=\langle\dot{x}(t)-\dot{y}(t),x(t)-y(t)\rangle\leqslant 0,$$

从 0 到 $t$ 积分, 我们有

$$||x(t)-y(t)||\leqslant||x_0-y_0||,\quad \forall t\geqslant 0\,.$$

这就证明了 (3). 特别 $x_0=y_0$ 时, 于是得到解的唯一性.

第二步. 假设 $x(t)$ 为问题 (3.3.4) 的初值为 $x_0$ 的解. 取 $h>0$. 令 $y_0=x(h)$, 那么上面的不等式变成

$$||x(t+h)-x(t)||\leqslant||x(h)-x(0)||,$$

两边同时除于 $h$, 并令 $h\to 0^+$, 得到 $||\dot{x}(t)||\leqslant||\dot{x}(0)||$, $\forall t\geqslant 0$, 这就证明了结论 (2) 是成立的.

第三步. 考虑

$$\begin{cases}\dot{x}_\lambda(t)=-A_\lambda x_\lambda(t),\\ x_\lambda(0)=x_0,\end{cases}\tag{3.3.5}$$

这里 $A_\lambda$ 是 $F$ 的 Yosida 逼近算子, 由定理 3.3.3, $A_\lambda$ 是 Lipschitz 连续的, 那么式 (3.3.5) 存在唯一的连续可微的全局解 $x_\lambda(\cdot)$.

接下来要证明 $x_\lambda(\cdot)$ 是 $C((0,\infty),X)$ 中的 Cauchy 列, 并且 $x(t)=\lim\limits_{\lambda\to 0^+}x_\lambda(t)$ 是问题 (3.3.4) 的解.

由于 $A_\lambda$ 是单调的, 进而应用 (2) 有 $||\dot{x}_\lambda(t)||\leqslant||\dot{x}_\lambda(0)||$, 所以

$$||A_\lambda x_\lambda(t)||=||\dot{x}_\lambda(t)||\leqslant||\dot{x}_\lambda(0)||=||A_\lambda x_0||\leqslant||m(F(x_0))||,$$

则

$$\frac{1}{2}||x_\lambda(t)-x_\mu(t)||^2=\frac{1}{2}\int_0^t\frac{\mathrm{d}}{\mathrm{d}\tau}||x_\lambda(\tau)-x_\mu(\tau)||^2\mathrm{d}\tau$$

$$= -\int_0^t \langle A_\lambda x_\lambda(\tau) - A_\mu x_\mu(\tau), x_\lambda(\tau) - x_\mu(\tau)\rangle \,\mathrm{d}\tau,$$

应用 $I - J_\lambda = \lambda A_\lambda$, $A_\lambda(x) \in F(J_\lambda(x))$ 及 $F$ 的单调性, 得

$$\begin{aligned}
\frac{1}{2}||x_\lambda(t) - x_\mu(t)||^2 &= -\int_0^t \langle A_\lambda x_\lambda(\tau) - A_\mu x_\mu(\tau), \lambda A_\lambda x_\lambda(\tau) - \mu A_\mu x_\mu(\tau)\rangle \,\mathrm{d}\tau \\
&\quad - \int_0^t \langle A_\lambda x_\lambda(\tau) - A_\mu x_\mu(\tau), J_\lambda x_\lambda(\tau) - J_\mu x_\mu(\tau)\rangle \,\mathrm{d}\tau \\
&\leqslant -\int_0^t \langle A_\lambda x_\lambda(\tau) - A_\mu x_\mu(\tau), \lambda A_\lambda x_\lambda(\tau) - \mu A_\mu x_\mu(\tau)\rangle \,\mathrm{d}\tau \\
&= \int_0^t \lambda \langle A_\lambda x_\lambda(\tau), A_\mu x_\mu(\tau)\rangle \,\mathrm{d}\tau + \int_0^t \mu \langle A_\mu x_\mu(\tau), A_\lambda x_\lambda(\tau)\rangle \,\mathrm{d}\tau \\
&\quad - \int_0^t (\lambda||A_\lambda x_\lambda(\tau))||^2 + \mu||A_\mu x_\mu(\tau)||^2) \,\mathrm{d}\tau.
\end{aligned}$$

由于

$$\begin{aligned}
\lambda \langle A_\lambda x_\lambda(\tau), A_\mu x_\mu(\tau)\rangle &\leqslant \lambda||A_\lambda x_\lambda(\tau)||||A_\mu x_\mu(\tau)|| \\
&\leqslant \lambda||A_\lambda x_\lambda(\tau)||^2 + \frac{\lambda}{4}||A_\mu x_\mu(\tau)||^2
\end{aligned}$$

及 $\mu \langle A_\mu x_\mu(\tau), A_\lambda x_\lambda(\tau)\rangle \leqslant \mu||A_\mu x_\mu(\tau)||^2 + \frac{\mu}{4}||A_\lambda x_\lambda(\tau)||^2$, 得

$$\begin{aligned}
\frac{1}{2}||x_\lambda(t) - x_\mu(t)||^2 &\leqslant \frac{1}{4}\int_0^t (\lambda||A_\mu x_\mu(\tau)||^2 + \mu||A_\lambda x_\lambda(\tau)||^2)\mathrm{d}\tau \\
&\leqslant t(\lambda+\mu)/4||m(F(x_0))||^2,
\end{aligned}$$

所以 $\{x_\lambda(\cdot)\}$ 是 $C((0,\infty), X)$ 中的 Cauchy 列.

令 $x(t) = \lim\limits_{\lambda\to 0^+} x_\lambda(t)$, 由

$$||x_\lambda(t) - J_\lambda x_\lambda(t)|| = \lambda||A_\lambda x_\lambda(t)|| \leqslant \lambda||m(F(x_0))||$$

意味着 $\{J_\lambda x_\lambda(\cdot)\}$ 也在紧区间上一致收敛 $x(t)$.

由 $A_\lambda(x)$ 有界性可知 $\dot{x}_\lambda(\cdot)$ 在 $L^\infty(0,\infty;X)$ 中是有界集, 所以存在 $\dot{x}_{\lambda_n}(\cdot)$ 的子列 (还是记为 $\dot{x}_{\lambda_n}(\cdot)$) 满足, $\forall T > 0$ 有

$$\begin{cases}
\dot{x}_{\lambda_n}(\cdot) \xrightarrow{W} \dot{x}(\cdot), & \text{在 } L^2(0,T;X) \text{ 中按弱拓扑收敛}, \\
x_{\lambda_n}(\cdot) \to x(\cdot), & \text{在 } L^2(0,T;X) \text{ 中按强拓扑收敛}.
\end{cases}$$

在空间 $L^2(0,T;X)$ 中定义集值映射 $\mathscr{F}$ 为

$$x(\cdot) \to (\mathscr{F}x)(\cdot) = F(x(\cdot))$$

易验证 $\mathscr{F}$ 也是一个极大单调算子, 从而根据命题 3.3.2, 得到 $\dot{x}(\cdot) \in -F(x(\cdot))$ 在 $L^2(0,T;X)$ 中成立, 从而 $\dot{x}(t) \in -F(x(t))$ 几乎处处成立.

第四步. 现证明 $t \to ||m(F(x(t)))||$ 是非增的.

由 $||A_\lambda x_\lambda(t)|| \leqslant ||m(F(x_0))||$, 取子列 $A_{\lambda_n} x_{\lambda_n}(t)$ 弱收敛到某一点 $v(t) \in X$. 又 $A_{\lambda_n} x_{\lambda_n}(t) \in F(J_{\lambda_n} X_{\lambda_n}(t))$, 由图像 Graph$(F)$ 的强–弱闭性 (命题 3.3.2) 可知 $v(t) \in F(x(t))$(这意味着 $x(t) \in D(F), \forall t \geqslant 0$). 令 $t \geqslant t_0$, 由 $||\dot{x}_\lambda(t)|| = ||A_\lambda x_\lambda(t)|| \leqslant ||m(F(x(t_0)))||$ 有

$$||v(t)|| \leqslant \varliminf_{\lambda \to 0^+} ||\dot{x}_\lambda(t)|| \leqslant ||m(F(x(t_0)))||,$$

进而有

$$||m(F(x(t)))|| \leqslant ||v(t)|| \leqslant ||m(F(x(t_0)))||.$$

从而证明了 $t \to ||m(F(x(t)))||$ 是非增的.

第五步. 验证 $t \to m(F(x(t)))$ 是右连续的, 令 $t_n > t_0$, 且 $t_n \to t_0\ (n \to \infty)$, 则 $x(t_n) \to x(t_0)$, 并且由于 $t \to ||m(F(t))||$ 非增的, 有

$$||m(F(x(t_n)))|| \leqslant ||v(t_n)|| \leqslant ||m(F(x(t_0)))||.$$

可抽子列 (仍记为)$m(F(x(t_n)))$ 弱收敛于某一点 $y \in X$, 那么由命题 3.3.2, $y \in F(x(t_0))$, 但

$$||y|| \leqslant \varliminf_{n \to \infty} ||m(F(x(t_n)))|| \leqslant ||m(F(x(t_0)))||,$$

所以 $y = m(F(x(t_0)))$, 即 $m(F(x(t_0)))$ 是 $m(F(x(t_n)))$ 的弱极限. 又由

$$\lim_{n \to \infty} ||m(F(x(t_n)))|| = ||m(F(x(t_0)))||$$

得到 $m(F(x(t_n)))$ 强收敛到 $m(F(x(t_0)))$, 当 $t_n \to t_0$. 这就证明了 $t \to m(F(x(t)))$ 是右连续的.

第六步. 令 $M = \{t \in [0, +\infty) : x(t)$ 不可微或 $\dot{x}(t) \notin -F(x(t))\}$. 设 $t_0 \notin M$, 有

$$\begin{aligned} ||x(t_0+h) - x(t_0)|| &\leqslant \int_{t_0}^{t_0+h} ||\dot{x}(t)|| \mathrm{d}t \\ &\leqslant \int_{t_0}^{t_0+h} ||m(F(x(t_0)))|| \mathrm{d}t \\ &\leqslant h||m(F(x(t_0)))||, \end{aligned}$$

所以 $||\dot{x}(t_0)|| = \lim\limits_{h \to 0^+} \left\| \dfrac{x(t_0+h) - x(t_0)}{h} \right\| \leqslant ||m(F(x(t_0)))||$. 因为 $\dot{x}(t_0) \in -F(x(t_0))$, 有

$$\dot{x}(t_0) = -m(F(x(t_0))), \quad \forall t_0 \in [0, +\infty) \backslash M.$$

由于 $M$ 是一个零测集, 对任何 $t_0 \geqslant 0$, 根据上式及 Newton-Leibniz 公式有

$$\frac{x(t_0+h)-x(t_0)}{h} = -\frac{1}{h}\int_{t_0}^{t_0+h} m(F(x(\tau)))d\tau,$$

又根据 $m(F(x(\cdot)))$ 的右连续性, 对上式对 $h$ 取极限便得

$$\dot{x}(t_0) = -m(F(x(t_0))),$$

即 $\dot{x}(t_0) = -m(F(x(t_0)))$, 这里 $\dot{x}(t_0) = \lim\limits_{h\to 0^+}\dfrac{x(t_0+h)-x(t_0)}{h}$. □

# 习　题

1. 设 $X$ 是 Hilbert 空间若 $f: X \to X$ 是线性算子, 证明: $f$ 是单调的当且仅当 $f$ 是正算子, 即 $\langle fx, x\rangle \geqslant 0, \forall x \in X$.

2. 定义 $g: \mathbb{R} \to \mathbb{R}$ 如下:

$$g(u) = \begin{cases} |u|^{p-2}u, & u \neq 0, \\ 0, & u = 0. \end{cases}$$

证明: (1) 若 $2 > p > 1$, 则 $g$ 是严格单调的;

(2) 若 $p = 2$, 则 $g$ 是强单调的;

(3) 若 $p > 2$, 则 $g$ 是一致单调的.

3. 设 $X$ 是 Hilbert 空间且 $f: X \to \mathbb{R}\cup\{+\infty\}$ 是一个下半连续的真凸函数, 证明: $f$ 的次微分映射 $x \to \partial f(x)$ 是一个极大单调算子.

4. 设 $X$ 是一个 Hilbert 空间, $A: X \to X$ 是一个集值极大单调算子, 定义集值映射 $\mathscr{A}: L^2(0,T;X) \to L^2(0,T;X)$ 如下:

$$(\mathscr{A}x)(t) := A(x(t)), \quad \text{a.e.} t \in [0,T].$$

证明: $\mathscr{A}$ 也是极大单调算子.

5. 设 $A, B: H \to H$ 是两个极值极大单调算子, 并且

$$D(A) \cap \ln D(B) = \varnothing,$$

证明: $A + B: H \to H$ 也是极大单调的.

6. 设 $L: D \subset H \to H$ 是一个线性算子, 那么如下两条等价:

(1) $L$ 是极大单调的;

(2) $D$ 在 $H$ 中是稠密的, $L$ 和 $L^*$ 是单调算子, 并且 $L$ 的图像是闭的.

7. 设 $X, Y$ 是两个 Banach 空间, 试证明集值映射 $F: X \to Y$ 在点 $x_0$ 处是下半连续的充要条件是对任意的收敛于 $x_0$ 的点列 $\{x_n\}$ 及 $y_0 \in F(x_0)$, 存在点列 $y_n \in F(x_n)$ 满足 $y_n \to y_0$.

8. 设 $X$ 为一个实 Hilbert 空间, 证明集值映射 $F: X \to X$ 是单调的充要条件是下列不等式

$$\|x-y+t(f-g)\| \geqslant \|x-y\|$$

对于任意的 $x, y \in X, f \in F(x), g \in F(y), t>0$ 都成立.

9. 设 $X$ 是实 Hilbert 空间, $f: X \to X$ 是 $d$ 连续的, $x(t):[0,1] \to X$ 是连续的, 记 $F(t)=\int_{0}^{t} f(x(s)) \mathrm{d} s$, 试证明 $F(t)$ 是弱可导的 $(\forall t \in(0,1))$.

# 第4章　变 分 原 理

类似于在数学分析中的用微分 (导数) 来求函数的极值, 对非线性泛函通过微分求极值的方法称为变分法. 变分法是泛函分析的起源, 也是泛函分析的重要分支, 变分法在力学、物理学、控制论等领域有广泛的应用.

## 4.1　经典变分原理

下面先看一个经典的例子.

**例 4.1.1(最速下降线问题)**　如图 4.1 所示, 一个质点 $M$ 在重力作用下沿光滑路径 $y=y(x)$ 无摩擦的由 $O(0,0)$ 点下滑到 $A(a,b)$. 问路径 $y=y(x)$ 为何时, 所用时间最短?

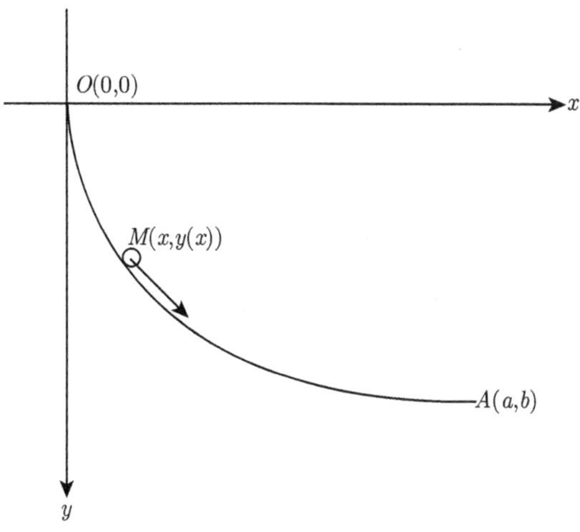


图 4.1

**解**　记 $M$ 在 $t$ 时刻的速度为 $v(t)$, 那么根据弧线公式

$$v(t)=\frac{\mathrm{d}s}{\mathrm{d}t}=\frac{\sqrt{1+\dot{y}^2(x)}}{\mathrm{d}t}\mathrm{d}x$$

以及能量守恒定律, $mgy=\dfrac{1}{2}mv^2$, 其中 $g$ 为重力加速度, 可推出 $v(t)=\sqrt{2gy(x)}$, 故 $\mathrm{d}t=\dfrac{\sqrt{1+\dot{y}^2(x)}}{\sqrt{2gy(x)}}\mathrm{d}x$, 所以质点 $M$ 由 $O$ 点沿曲线 $y(x)$ 滑到 $A$ 点的时间为

$\int_0^a \frac{\sqrt{1+\dot{y}^2(x)}}{\sqrt{2gy(x)}}\mathrm{d}x.$

在曲线集 $\Gamma = \{y(x) : y(x) \in C^1[0,a],\ y(0)=0,\ y(a)=b\}$ 上定义泛函

$$T(y(\cdot)) = \int_0^a \frac{\sqrt{1+\dot{y}^2}}{\sqrt{2gy}}\mathrm{d}x,$$

那么最速下降线问题转化成求 $y^*(\cdot) \in \Gamma$ 满足

$$T(y^*(\cdot)) = \min_{y(\cdot)\in\Gamma} T(y(\cdot)).$$

最速下降线问题是由瑞士著名数学家族成员之一 —— 约翰 · 伯努利 (Bernoulli) 于 1696 年提出的一个挑战问题. 当时, 有包括牛顿 (Newton)、莱布尼茨 (Leibniz) 等著名数学家参与了此问题的研究. 1726 年由数学家欧拉 (Euler) 给出了这类问题的统一处理方法, 后又经拉格朗日 (Lagrange) 的改进, 形成了经典变分原理即欧拉–拉格朗日 (Euler-Lagrange) 理论, 这也是泛函分析的起源之一.

**定义 4.1.1**　设 $X$ 是一个 Banach 空间, $\Omega \subset X$ 是开集, $f : \Omega \to \mathbb{R}$ 是 $\Omega$ 上定义的一个泛函. 如果 $f$ 在 $\Omega$ 中每一点都有有界线性的 G 导数, 记 $\nabla f(x) = f'(x)\ (x \in \Omega)$, 则称算子 $\nabla f : \Omega \to X^*$ 为泛函 $f$ 的**梯度**, 若记 $F = \nabla f$, 则称 $f$ 为算子 $F$ 的**位势**.

根据 G 微分的定义, 梯度算子 $F$ 与其位势函数 $f$ 之间成立如下关系式

$$\lim_{t\to 0}\frac{1}{t}[f(x+th)-f(x)] = F(x)h, \quad x \in \Omega, h \in X.$$

**定义 4.1.2**　设 $X$ 是一个 Banach 空间. $\Omega \subset X$ 是开集, $f : \Omega \to \mathbb{R}$ 是泛函, $x_0 \in \Omega$. 若存在 $x_0$ 的开球 $B_r(x_0) = \{x : \|x - x_0\| < r\}\ (r > 0)$ 满足 $B_r(x_0) \subset \Omega$, 且对一切 $x \in B_r(x_0)$ 有 $f(x) \geqslant f(x_0) (f(x) \leqslant f(x_0))$, 则称泛函 $f(x)$ 在 $x_0$ 点达到**局部极小值**(相应地, **局部极大值**). 极小值与极大值统称为**极值**.

**定义 4.1.3**　设 $X, Y$ 是两个 Banach 空间, $\Omega \subset X$ 为开集, $f : \Omega \to \mathbb{R}$ 为泛函. 设 $\varphi : X \to Y$ 为另一个映射. 记 $M = \{x \in \Omega : \varphi(x) = 0\}$, 且 $x_0 \in M$. 若存在 $x_0$ 点的一个开球 $B_r(x_0)$, 使当 $x \in B_r(x_0) \bigcap M$ 时有

$$f(x) \geqslant f(x_0) \quad (f(x) \leqslant f(x_0)),$$

则称泛函 $f(x)$ 关于条件 $\varphi(x) = 0$ 在 $x = x_0$ 点达到条件极小值 (相应地, 条件极大值). 条件极小值与条件极大值统称为**条件极值**.

**定理 4.1.1**　设 $f : \Omega \to \mathbb{R}$ 具有有界线性的 G 导数, 且在 $x_0 \in \Omega$ 达到极值, 那么

$$f'(x_0) = 0.$$

**证** $\forall h \in X$, 取常数 $a > 0$, 使当 $|t| \leqslant a$ 时, $x_0 + th \in \Omega$. 定义函数 $g(t): [-a, a] \to \mathbb{R}$ 为

$$g(t) = f(x_0 + th).$$

由 G 导数的性质 $g(t)$ 可微且 $g'(t) = f'(x_0 + th)h$. 特别地, 由于 $g(t)$ 在 $t = 0$ 点达到极值, 根据微分学的基本性质, $g'(0) = 0$. 又 $g'(0) = f'(x_0)h$, 即 $f'(x_0)h = 0$. 由 $h$ 的任意性, 得到 $f'(x_0) = 0$. □

这个定理虽然简单, 但为寻找泛函的极值提供了十分方便的条件.

**例 4.1.2** Euler-Lagrange 方程.

记 $C^1[a,b]$ 为 $[a,b]$ 上的连续可微函数全体. 对任意 $x \in C^1[a,b]$, 定义范数为

$$||x|| = \max\{|x(t)| : t \in [a,b]\} + \max\{|x'(t)| : t \in [a,b]\},$$

则 $C^1[a,b]$ 在此范数下是一个 Banach 空间. 又设 $L(x,u,t)$ 在 $\mathbb{R}^3$ 上定义的一个连续可微函数, 求函数 $x \in C^1[a,b]$ 满足边界条件 $x(a) = y_1$, $x(b) = y_2$, 且使泛函

$$J(x) = \int_a^b L(x(s), \dot{x}(s), s)\mathrm{d}s$$

达到极值.

**解** 令 $M = \{x \in C^1[a,b] : x(a) = y_1, x(b) = y_2\}$. 取定 $x(s) \in M$, 当 $h(s) \in C^1[a,b]$ 且 $h(a) = h(b) = 0$ 时, 有 $x(s) + th(s) \in M, \forall t \in \mathbb{R}$, 并且

$$\begin{aligned}
&\lim_{t\to 0} \frac{J(x+th) - J(x)}{t} \\
=&\lim_{t\to 0} \int_a^b \frac{L(x(s)+th(s), \dot{x}(s)+t\dot{h}(s), s) - L(x(s), \dot{x}(s), s)}{t}\mathrm{d}s \\
=&\int_a^b \left(\frac{\partial L}{\partial x}h + \frac{\partial L}{\partial \dot{x}}\dot{h}\right)\mathrm{d}s,
\end{aligned}$$

则 $J'(x)$ 满足 $J'(x)h = \displaystyle\int_a^b \left(\frac{\partial L}{\partial x}h + \frac{\partial L}{\partial \dot{x}}\dot{h}\right)\mathrm{d}s$. 因为若 $J$ 在 $x_0$ 点达到极值, 那么任何 $h \in C^1[a,b], h(a) = h(b) = 0$ 有 $J'(x_0)h = 0$, 即

$$\int_a^b \left(\frac{\partial L}{\partial x_0}h + \frac{\partial L}{\partial \dot{x}_0}\dot{h}\right)\mathrm{d}s = 0.$$

进一步假定 $L(x,u,t)$ 是二次连续可微的, 则上式中第二项进行分部积分可得

$$\begin{aligned}
&\int_a^b \left(\frac{\partial L}{\partial x_0}h + \frac{\partial L}{\partial \dot{x}_0}\dot{h}\right)\mathrm{d}s \\
=&\int_a^b \left[\frac{\partial L}{\partial x_0} - \frac{\mathrm{d}}{\mathrm{d}s}\left(\frac{\partial L}{\partial \dot{x}_0}\right)\right]h\mathrm{d}s + h\frac{\partial L}{\partial \dot{x}_0}\bigg|_a^b = 0. \qquad (4.1.1)
\end{aligned}$$

式 (4.1.1) 中根据 $h$ 的任意性以及 $h(a)=h(b)=0$ 得极值点 $x_0$ 满足如下的方程:

$$\begin{cases} \dfrac{\partial L}{\partial x_0}-\dfrac{\mathrm{d}}{\mathrm{d}s}\left(\dfrac{\partial L}{\partial \dot{x}_0}\right)=0, \\ x_0(a)=y_1, x_0(b)=y_2, \end{cases}$$

这个方程通常称为 Euler-Lagrange 方程.

**例 4.1.3** 通过 Euler-Lagrange 方程求泛函

$$J(x)=\int_0^1 [(x(t))^2+(\dot{x}(t))^2]\mathrm{d}t$$

满足条件 $x(0)=x_0, x(1)=x_1$ 的极值函数.

**解** 由 Euler-Lagrange 方程得

$$\frac{\partial L}{\partial x}-\frac{\mathrm{d}}{\mathrm{d}s}\left(\frac{\partial L}{\partial \dot{x}}\right)=2x(t)-\frac{\mathrm{d}}{\mathrm{d}t}(2\dot{x}(t))=0,$$

即 $\ddot{x}(t)-x(t)=0$.

这个方程的通解为

$$x(t)=c_1\mathrm{e}^t+c_2\mathrm{e}^{-t}.$$

由边界条件 $x(0)=x_0, x(1)=x_1$, 解得系数分别为

$$c_1=\frac{x_1-x_0\mathrm{e}^{-1}}{\mathrm{e}-\mathrm{e}^{-1}}, \quad c_2=\frac{x_0\mathrm{e}-x_1}{\mathrm{e}-\mathrm{e}^{-1}}.$$

**例 4.1.4** 利用 Euler-Lagrange 方程求解最速下降线问题. 前面的分析已知

$$J(y)=\int_0^a \frac{\sqrt{1+\dot{y}^2}}{\sqrt{2gy}}\mathrm{d}x, \quad y(0)=0, y(a)=b,$$

从而 $L(y,\dot{y},x)=L(y,\dot{y})=\dfrac{\sqrt{1+\dot{y}^2}}{\sqrt{2gy}}$, 即 $L$ 中不是显含 $x$. 所以

$$\frac{\mathrm{d}}{\mathrm{d}x}L(y,\dot{y})=\frac{\partial L}{\partial y}\dot{y}+\frac{\partial L}{\partial \dot{y}}\ddot{y},$$

结合 Euler-Lagrange 方程 $\dfrac{\partial L}{\partial y}-\dfrac{\mathrm{d}}{\mathrm{d}x}\left(\dfrac{\partial L}{\partial \dot{y}}\right)=0$, 得到

$$\frac{\mathrm{d}}{\mathrm{d}x}L(y,\dot{y})=\frac{\mathrm{d}}{\mathrm{d}x}\left(\frac{\partial L}{\partial \dot{y}}\right)\dot{y}+\frac{\partial L}{\partial \dot{y}}\ddot{y}=\frac{\mathrm{d}}{\mathrm{d}x}\left(\dot{y}\frac{\partial L}{\partial \dot{y}}\right),$$

所以 $\dfrac{\mathrm{d}}{\mathrm{d}x}\left(L-\dot{y}\dfrac{\partial L}{\partial \dot{y}}\right)=0$, 有 $L-\dot{y}\dfrac{\partial L}{\partial \dot{y}}=C_1$, 即 $\dfrac{\sqrt{1+\dot{y}^2}}{\sqrt{y}}-\dfrac{\dot{y}^2}{\sqrt{y}\sqrt{1+\dot{y}^2}}=C_2$, 其中

$C_2 = \sqrt{2g}C_1$.

进一步计算, 得

$$\frac{1}{\sqrt{y}\sqrt{1+\dot{y}^2}} = C_2,$$

这时, 引入参数 $t$, 并令 $\dot{y} = \dfrac{\mathrm{d}y}{\mathrm{d}x} = \cot t$, 则有 $y = \dfrac{1}{C_2^2}\sin^2 t = \tilde{C}_2(1-\cos 2t)$.

又

$$\mathrm{d}x = \frac{\mathrm{d}y}{\dot{y}} = \frac{\sin t}{\cos t}\tilde{C}_2 2\sin 2t\mathrm{d}t = 2\tilde{C}_2(1-\cos 2t)\mathrm{d}t,$$

故 $x(t) = \tilde{C}_2(2t - \sin 2t) + C_3$.

再由 $y(0) = 0$, 可得 $C_3 = 0$, 并令 $\theta = 2t$, 得旋转线方程

$$\begin{cases} x(\theta) = \tilde{C}_2(\theta - \sin\theta), \\ y(\theta) = \tilde{C}_2(1-\cos\theta), \end{cases} \tag{4.1.2}$$

这里 $\tilde{C}_2$ 可由 $y(a) = b$ 唯一确定. 上述曲线即为所求.

现在考虑一个条件极值问题.

令 $M = \{x(t) \in C^1[a,b] : x(a) = y_1, x(b) = y_2\}$. 求泛函 $J(x,u) = \int_a^b L(x(t), u(t), t)\mathrm{d}t$ 在 $M$ 中满足 $\dot{x}(t) = f(x(t), u(t), t)$ 的条件极值. 为了把它转化成无条件极值问题，引入一个辅助函数 $\lambda(t)$, 将上述问题化成如下泛函

$$v(x,u,\lambda) := \int_a^b \{L(x(t),u(t),t) + \lambda(t)[f(x(t),u(t),t) - \dot{x}(t)]\}\mathrm{d}t$$

的无条件极值问题, 这时记 $Y = M \times C^1[a,b] \times C^1[a,b]$. 若 $(x^*, u^*, \lambda^*)$ 是泛函 $v(x,u,\lambda)$ 在 $Y$ 中的极值点, 那么对任意的 $h, \xi, r \in C^1[a,b]$,(其中 $h(a) = h(b) = 0$) 有

$$\begin{aligned} &\lim_{s\to 0}\frac{v(x^*+sh, u^*+s\xi, \lambda^*+sr) - v(x^*,u^*,\lambda^*)}{s} \\ &= \int_a^b \left\{\frac{\partial L}{\partial x^*}h + \frac{\partial L}{\partial u^*}\xi + \lambda^*\frac{\partial f}{\partial x^*}h + \lambda^*\frac{\partial f}{\partial u^*}\xi - \lambda^*\dot{h} + (f-\dot{x})r\right\}\mathrm{d}t. \end{aligned} \tag{4.1.3}$$

因为 $h(a) = h(b) = 0$, 所以由分部积分得

$$\int_a^b \lambda^*\dot{h}\mathrm{d}t = \lambda^* h\Big|_a^b - \int_a^b \dot{\lambda}^* h\mathrm{d}t = -\int_a^b \dot{\lambda}^* h\mathrm{d}t,$$

再由式 (4.1.3) 得

$$v'(x^*,u^*,\lambda^*)(h,\xi,r) = \int_a^b \left\{\left[\frac{\partial L}{\partial x^*} + \lambda^*\frac{\partial f}{\partial x^*} + \dot{\lambda}^*\right]h\right.$$

$$+\left[\frac{\partial L}{\partial u^*}+\lambda^*\frac{\partial f}{\partial u^*}\right]\xi+(f-\dot{x})r\right\}\mathrm{d}t.$$

由无条件极值的必要条件 $v'(x^*,u^*,\lambda^*)=0$ 及 $(h,\xi,r)$ 的任意性, $(x^*,u^*,\lambda^*)$ 应满足下述微分方程组:

$$\begin{cases}\dfrac{\partial L}{\partial x}+\lambda\dfrac{\partial f}{\partial x}+\dot{\lambda}=0,\\ \dfrac{\partial L}{\partial u}+\lambda\dfrac{\partial f}{\partial u}=0,\\ f=\dot{x},\end{cases}$$

上式也称为 Euler-Lagrange 方程.

**例 4.1.5** 通过上述 Euler-Lagrange 方程求泛函

$$J(x,u)=\int_0^1[x^2(t)+u^2(t)]\mathrm{d}t$$

满足条件 $\dot{x}=x(t)+u(t),x(0)=x_0,u(0)=u_1$ 的极值函数.

**解** 由 Euler-Lagrange 方程得微分方程为

$$\begin{cases}2x(t)+\lambda(t)+\dot{\lambda}(t)=0,\\ 2u(t)+\lambda(t)=0,\\ \dot{x}(t)=x(t)+u(t).\end{cases}$$

整理后得

$$\begin{cases}\dot{\lambda}(t)=-2x(t)-\lambda(t),\\ \dot{x}(t)=x(t)-\dfrac{1}{2}\lambda(t),\\ u(t)=-\dfrac{1}{2}\lambda(t).\end{cases}$$

通过初始条件 $x(0)=x_0,u(0)=u_1$. 来确定 $(x(t),u(t))$. 记矩阵

$$A=\begin{pmatrix}-1 & -2\\ -\dfrac{1}{2} & 1\end{pmatrix}$$

则

$$\begin{pmatrix}\lambda(t)\\ x(t)\end{pmatrix}=\mathrm{e}^{At}\begin{pmatrix}-2u_1\\ x_0\end{pmatrix}.$$

Euler-Lagrange 方程提供了一类泛函极值问题的必要条件, 下面从理论上探讨泛函极值的存在性问题 (充分条件).

**定义 4.1.4** $X$ 是一个 Banach 空间, $A\subset X,x_0\in A,f:A\to\mathbb{R}$, 称 $f$ 在 $x_0$ 点下半连续是指若 $x_n\in A$ 且 $x_n\to x_0$ 时, 有

$$\underline{\lim}_{n\to\infty} f(x_n) \geqslant f(x_0).$$

称 $f$ 在 $x_0$ 点上半连续是指若 $x_n \in A$, $x_n \to x_0$ 时, 有

$$\overline{\lim}_{n\to\infty} f(x_n) \leqslant f(x_0).$$

称 $f$ 在 $A$ 上是下 (上) 半连续的, 是指 $f$ 在 $A$ 的每一点处下 (相应地, 上) 半连续.

**注** $f$ 在 $x_0$ 点下半连续, 可用 $\varepsilon$-$\delta$ 语言等价叙述如下: $\forall \varepsilon > 0, \exists \delta > 0$, 当 $x \in A$ 且 $||x - x_0|| < \delta$ 时, 有

$$f(x) > f(x_0) - \varepsilon.$$

同理, 读者可写出上半连续的 $\varepsilon$-$\delta$ 语言等价形式.

**定理 4.1.2**(Weierstrass) 设 $A$ 是 Banach 空间 $X$ 中一个非空紧集, $f$ 是 $A$ 上定义的下半连续泛函, 则存在 $x_0 \in A$, 使 $f(x_0) = \min_{x\in A} f(x)$.

**证** 记 $\alpha = \inf_{x\in A} f(x)$. 首先来证明 $\alpha > -\infty$. 若不然, 对任何自然数 $n$, 存在 $x_n \in A$ 使

$$f(x_n) < -n, \quad n = 1, 2, \cdots.$$

因为 $A$ 是紧集, 存在子列 $\{x_{n_k}\} \subset \{x_n\}$ 使 $x_{n_k} \to x_0 \in A$.

由 $f$ 在 $x_0$ 点的下半连续性, 可得

$$f(x_0) \leqslant \underline{\lim}_{k\to\infty} f(x_{n_k}) \leqslant \underline{\lim}_{k\to\infty} (-n_k) = -\infty.$$

这与 $f(x_0) \in (-\infty, +\infty)$ 矛盾. 于是 $\alpha > -\infty$. 另一方面, 由 $\alpha$ 的定义, 取 $y_n \in A$ 使

$$f(y_n) < \alpha + \frac{1}{n}, \quad n = 1, 2, 3, \cdots,$$

再利用 $A$ 的紧性, 有子列 $\{y_{n_k}\}$ 及 $x_0 \in A$ 使 $\lim_{k\to\infty} y_{n_k} = x_0$, 那么

$$f(x_0) = \underline{\lim}_{k\to\infty} f(y_{n_k}) \leqslant \underline{\lim}_{k\to\infty} \left(\alpha + \frac{1}{n_k}\right) = \alpha.$$

可见 $f(x_0) = \alpha$. □

一般而言, 定理 4.1.2 的条件太强, 在实际问题中, 泛函的定义域往往不是紧集, 为此, 需要对定理 4.1.2 作一些改进.

**定理 4.1.3** 设 $X$ 是一个 Banach 空间, $f:\ X \to \mathbb{R} \bigcup \{+\infty\}$ 满足如下条件: $\forall k \in \mathbb{R}$,

$$M_k = \{x \in X:\ \ f(x) \leqslant k\} \tag{4.1.4}$$

是非空紧集. 那么 $f$ 在 $X$ 中是下方有界, 且存在 $x_0 \in X$, 使得

$$f(x_0)=\inf_{x\in X}f(x).$$

**证**　由 $M_k$ 为非空紧集知 $f\not\equiv+\infty$, 记

$$\alpha=\inf_{x\in X}f(x)\geqslant-\infty$$

并取单调下降列 $\{\alpha_n\}$ 满足 $\lim\limits_{n\to\infty}\alpha_n=\alpha$. 记 $M_n=M_{\alpha_n}$. 由条件 (4.1.4) 每一个 $M_n$ 都是非空紧集, 并且 $\forall n\in\mathbb{N}$ 有 $M_n\supset M_{n+1}$. 由 $M_n$ 的紧性, 存在 $x_0\in\bigcap\limits_{n\in\mathbb{N}}M_n$, 满足 $f(x_0)\leqslant\alpha_n,\ \ \forall n\in\mathbb{N}$.

所以取极限便得到

$$\inf_{x\in X}f(x)\leqslant f(x_0)\leqslant\alpha=\inf_{x\in X}f(x).$$

□

**注**　用如下简单的例子来表明条件 (4.1.4) 的必要性

$$f_1(x)=\begin{cases}x^2, & x\neq0,\\ 1, & x=0\end{cases}\quad \text{或}\ f_2(x)=\mathrm{e}^x.$$

**定义 4.1.5**　设 $X$ 是 Banach 空间. $M\subset X$, 称 $M$ 是**弱序列闭的**, 是指若 $x_n\in M$ 且 $x_n\xrightarrow{W}x_0$, 则 $x_0\in M$(即, 弱序列闭是指 $M$ 中序列弱收敛的极限仍在 $M$ 中). 若 $M$ 是弱序列闭集, $f:M\to\mathbb{R},x_0\in M$, 称 $f$ 在 $x_0$ 点是**弱序列下半连续的**, 是指若 $x_n\in M$ 且 $x_n\xrightarrow{W}x_0$, 则 $f(x_0)\leqslant\varliminf\limits_{n\to\infty}f(x_n)$. 又称 $f$ 在 $M$ 上弱序列下半连续是指 $f$ 在 $M$ 的每一点是弱序列下半连续的.

**例 4.1.6**　设 $X$ 是 Banach 空间, 则任何闭球 $\bar{B}_r(0)$ 是弱序列闭的.

**证**　设 $x_n\in\bar{B}_r(0)$ 且 $x_n\xrightarrow{W}x_0$, 来证明 $x_0\in\bar{B}_r(0)$. 由 Hahn-Banach 定理的推论, 存在 $f^*\in X^*$ 且 $||f^*||=1$ 使 $f^*(x_0)=||x_0||$.

又 $\lim\limits_{n\to\infty}f^*(x_n)=f^*(x_0)$ 而 $|f^*(x_n)|\leqslant||f^*||\,||x_n||\leqslant r$, 于是

$$||x_0||=|f^*(x_0)|=|\lim_{n\to\infty}f^*(x_n)|\leqslant r,$$

所以 $x_0\in\bar{B}_r(0)$.　□

根据定义, 若 $M_1,M_2$ 都是弱序列闭的, 那么 $M_1\bigcap M_2$ 也是弱序列闭的.

**例 4.1.7**　设 $X$ 是 Banach 空间, 则范数 $||\cdot||:X\to\mathbb{R}$ 是 $X$ 上的弱序列下半连续函数.

对极小问题而言, 定义域上的紧性条件太强了, 下面把 "紧性" 条件添加到函数本身上去.

**定义 4.1.6**　$X$ 是一个 Banach 空间. 点列 $\{x_n\}\subset X$ 称为泛函 $f:X\to\mathbb{R}$ 的一个 Palais-Smale(P.S.) 序列是指, 存在 $c>0$, 满足

$$\begin{cases}|f(x_n)|\leqslant c, & \forall n\in\mathbb{N},\\ ||f'(x_n)||\to0, & n\to\infty.\end{cases}$$

称 $f$ 满足 (P.S.) 条件是指 $f$ 的任意 (P.S.) 序列都有收敛子列.

**例 4.1.8** 设 $f\in C^1(\mathbb{R}^n,\mathbb{R})$ 满足 $||\nabla f||+|f|:\ \mathbb{R}^n\to\mathbb{R}$ 是强制的, 则 $f$ 满足 (P.S.) 条件.

**证** 由 $||\nabla f||+|f|$ 的强制性, 易得到 $f$ 的 (P.S.) 序列一定是有界列. 又根据有限维空间中的有界列一定有收敛子列, 可知 $f$ 满足 (P.S.) 条件.

**定理 4.1.4** 设 $X$ 是自反 Banach 空间, $A\subset X$ 是弱序列闭, $f:A\to\mathbb{R}$ 弱序列下半连续且满足:

(1) 强制的, 即 $\lim\limits_{||x||\to\infty} f(x)=+\infty$;

(2) 下方有界, 即 $\inf\limits_{x\in A} f(x)>-\infty$,

则 $\exists x_0\in A$, 使 $f(x_0)=\min\limits_{x_0\in A} f(x)$.

**证** 令 $\alpha=\inf\limits_{x\in A} f(x)$, 则由下确界的定义, 存在 $x_n\in A$ 使得

$$\alpha\leqslant f(x_n)<\alpha+\frac{1}{n},\quad n=1,2,\cdots.$$

再由条件 (1) 可知 $\{x_n\}$ 必为有界点列，从而必存在 $b>0$, 使得 $x_n\in A\bigcap \bar{B}_b(0)$. 因为 $X$ 是自反 Banach 空间, $\bar{B}_b(0)$ 是弱紧的, 故有子列 $\{x_{n_k}\}$ 及 $x_0\in\bar{B}_b(0)$, 使 $x_{n_k}\xrightarrow{W} x_0$. 而 $A$ 是弱序列闭, 那么 $x_0\in A$. 再利用 $f$ 的弱序列下半连续性有

$$\alpha\leqslant f(x_0)\leqslant \varliminf_{k\to\infty} f(x_{n_k})\leqslant \varliminf_{k\to\infty}\left(\alpha+\frac{1}{n_k}\right)=\alpha.$$

即 $f(x_0)=\alpha$. □

**定理 4.1.5** 设 $f(x)$ 是 Hilbert 空间 $X$ 上的连续可微泛函, $f(x)$ 下方有界, 且满足 (P.S.) 条件, 则存在 $\bar{x}\in X$. 使 $f(\bar{x})=\inf\limits_{x\in X} f(x)$ 且 $f'(\bar{x})=0$.

**证** $\forall\varepsilon>0$, 令 $A_\varepsilon=\{x\in X: f(x)\leqslant\alpha+\varepsilon\}$, $\alpha=\inf\limits_{x\in X} f(x)$. 显然 $A_\varepsilon$ 是闭集.

考虑微分方程

$$\begin{cases} \dot{u}(t)=-f'(u), \\ u(0)=x_0,\quad x_0\in A_\varepsilon. \end{cases}\tag{4.1.5}$$

其中 $f'(u)=\nabla f(u)$. 方程 (4.1.5) 的解在 $[0,+\infty)$ 上全局存在.

记它的解为 $u(t,x_0)$. 令 $\varphi(t)=f(u(t,x_0))$, 那么

$$\begin{aligned}\varphi'(t)&=\langle f'(u(t,x_0)),\dot{u}(t_0x_0)\rangle\\ &=\langle f'(u(t,x_0)),\ -f'(u(t,x_0))\rangle\\ &=-||f'(u(t,x_0))||^2\leqslant 0,\end{aligned}$$

故 $\varphi(t)$ 单调减. 可知

$$f(u(t,x_0))\leqslant f(x_0)\leqslant\alpha+\varepsilon,$$

从而 $u(t,x_0)$ 在 $A_\varepsilon$ 中.

由 $f$ 下方有界, 可知 $\lim\limits_{t\to+\infty} f'(u(t,x_0))=0$. 由 (P.S.) 条件推出 $\exists t_n$ 使得 $\lim\limits_{n\to\infty} u(t_n, x_0)=x_\varepsilon$. 又 $A_\varepsilon$ 为闭, 知 $x_\varepsilon\in A_\varepsilon$, 且 $x_\varepsilon$ 是式 (4.1.5) 的平衡点即 $f'(x_*)=0$.

取 $\varepsilon=\dfrac{1}{n}$, $\exists x_n\in A_{\frac{1}{n}}$, 使 $f'(x_n)=0$ 且 $\alpha\leqslant f(x_n)\leqslant\alpha+\dfrac{1}{n}$. 由 (P.S.) 条件不妨设 $x_n\to\bar{x}$, 那么 $f(\bar{x})=\alpha$ 且 $f'(\bar{x})=0$. □

## 4.2　变分原理的应用

设 $\Omega\subset\mathbb{R}^n$ 是一个有界开区域, $f\in L^2(\Omega)$, 考虑如下方程:

$$\begin{cases} -\Delta u=f, & 在\ \Omega\ 中, \\ u=0, & 在\ \partial\Omega\ 上, \end{cases} \tag{4.2.1}$$

当 $n=2$ 时, 上述方程可以看成物理学中的薄膜平衡问题的数学描述: 设有一个处于紧张状态的薄膜, 其水平位置为平面 $\mathbb{R}^2$ 中的区域 $\Omega$, 用 $u(x,y)$ 表示膜上坐标为 $(x,y)$ 的点在膜平移时的垂直位移. 已知薄膜在 $\Omega$ 的边界 $\partial\Omega$ 上的垂直位移为 0. 若膜的内部还受到垂直于水平位置的密度为 $f(x,y)$ 的外力的作用, 讨论膜处于平衡状态时的形状.

根据力学中的最小势能原理: 受外力作用的弹性体, 在满足已知边界位移约束的一切可能位移中以达到平衡状态的位移使物体的总势能为最小 (其总势能为应变能减去外力做功).

记总势能为 $E(u)$, 那么

$$E(u)=\frac{1}{2}\int_\Omega|\nabla u|^2\mathrm{d}x-\int_\Omega fu\mathrm{d}x. \tag{4.2.2}$$

记 $M$ 为全部位移的可能性. 由最小势能原理, 可知求解方程 (4.2.1) 等价于求解如下变分问题:

$$E(u)=\min_{v\in M}E(v). \tag{4.2.3}$$

从数学的角度来讲, 即使 $f$ 是连续的, 即 $f\in C(\Omega)$ 时, 式 (4.2.1) 的经典解 $u$(即$u\in C^2(\Omega)$ 且 $u$ 满足式 (4.2.1)) 也未必存在. 这时需要引入式 (4.2.1) 的弱解的概念, 并先证明 $u$ 的弱解的存在唯一性, 进而用现代偏微分方程理论来讨论其光滑性. 比如当 $f\in C^\alpha(\Omega)$ $(\alpha>0)$ 时, 根据 Schauder 理论得到, 其经典解 (强解)$u$ 存在, 并且不仅是 $u\in C^2(\Omega)$ 而且是 $u\in C^{2+\alpha}(\Omega)$ 的.

**定义 4.2.1** 称 $u \in H_0^1(\Omega)$ 为方程 (4.2.1) 的一个弱解是指 $u$ 满足

$$\int_\Omega (\nabla u \cdot \nabla v)\mathrm{d}x = \int_\Omega f v\mathrm{d}x, \quad \forall v \in H_0^1(\Omega).$$

显然, 方程 (4.2.1) 的强解一定是其弱解. 这是因为若 $u \in C^2(\bar{\Omega})$, 并且满足方程 (4.2.1), 那么, $\forall v \in H_0^1(\Omega)$ 有

$$\int_\Omega -\Delta u v\mathrm{d}x = \int_\Omega f v\mathrm{d}x.$$

由 Green 公式, 可知

$$\int_\Omega -\Delta u v\mathrm{d}x = \int_\Omega \nabla u \cdot \nabla v\mathrm{d}x - \int_\Omega \frac{\partial u}{\partial n} v\mathrm{d}x = \int_\Omega \nabla u \cdot \nabla v\mathrm{d}x,$$

从而可知, $\forall v \in H_0^1(\Omega)$, 有

$$\int_\Omega (\nabla u \cdot \nabla v)\mathrm{d}x = \int_\Omega f v\mathrm{d}x.$$

首先应用 Riesz 表示定理 (Lax-Milgram 定理) 给出其弱解的存在唯一性.

**定理 4.2.1** 对任意 $f \in L^2(\Omega)$, Dirichlet 问题 (4.2.1) 的弱解存在且唯一.

**证** 存在性. 由于 $\Omega$ 是有界开集, 根据 Poincaré不等式, 存在 $C > 0$ 使得 $\forall v \in H_0^1(\Omega)$ 有

$$\int_\Omega |v|^2\mathrm{d}x \leqslant C\int_\Omega |\nabla v|^2\mathrm{d}x,$$

并且 $(u, v) = \int \nabla u \cdot \nabla v\mathrm{d}x$ 就是 $H_0^1(\Omega)$ 上的一个等价内积, 那么

$$\left|\int_\Omega f v\mathrm{d}x\right| \leqslant ||f||_{L^2(\Omega)}||v||_{L^2(\Omega)} \leqslant C||f||_{L^2(\Omega)}||v||_{H_0^1(\Omega)},$$

可知 $v \to \int_\Omega f v\mathrm{d}x$ 是 $H_0^1(\Omega)$ 上的一个有界线性泛函. 应用 Riesz 表示定理, 存在 $u \in H_0^1(\Omega)$ 使得

$$(u, v) = \int \nabla u \cdot \nabla v\mathrm{d}x = \int f v\mathrm{d}x, \quad \forall v \in H_0^1(\Omega),$$

从而 $u$ 是式 (4.2.1) 的一个弱解.

唯一性. 假设 $\bar{u}$ 也是式 (4.2.1) 的一个弱解, 那么 $(u - \bar{u}, v) = 0, \forall v \in H_0^1(\Omega)$. 可知 $u = \bar{u}$. □

回到变分问题 $E(u) = \min\limits_{v \in M} E(u)$, 先证明最小势能原理, 并利用它, 从另一个角度得到 Dirichlet 问题 (4.2.1) 的弱解的存在性.

先证明 $E(u)$ 是 $H_0^1(\Omega)$ 上连续可微的泛函, 并且

$$(E'(u),v)=\int_\Omega \nabla u\cdot\nabla v\mathrm{d}x-\int_\Omega fv\mathrm{d}x,\quad \forall v\in H_0^1(\Omega). \tag{4.2.4}$$

这是因为通过计算易知

$$\begin{aligned}&\lim_{||v||\to 0}\frac{\left|E(u+v)-E(u)-\displaystyle\int_\Omega(\nabla u\cdot\nabla v-fv)\mathrm{d}x\right|}{||v||}\\ &=\lim_{||v||\to 0}\frac{\dfrac{1}{2}\displaystyle\int_\Omega|\nabla v|^2\mathrm{d}x}{\left(\displaystyle\int_\Omega|\nabla v|^2\mathrm{d}x\right)^{\frac{1}{2}}}=\lim_{||v||\to 0}\frac{1}{2}||v||=0,\end{aligned}$$

并且由于

$$\begin{aligned}||E'(u)-E'(v)||&=\sup_{||w||=1}|(E'(u)-E'(v),w)|\\ &=\sup_{||w||=1}\left|\int_\Omega\nabla(u-v)\cdot\nabla w\mathrm{d}x\right|\\ &\leqslant\sup_{||w||=1}\left(\int_\Omega|\nabla(u-v)|^2\mathrm{d}x\right)^{\frac{1}{2}}\left(\int_\Omega|\nabla w|^2\mathrm{d}x\right)^{\frac{1}{2}}\\ &\leqslant||u-v||_{H_0^1(\Omega)},\end{aligned}$$

可知 $E'(u)$ 在 $H_0^1(\Omega)$ 上连续. 那么, 若 $u$ 是满足

$$E(u)=\min_{v\in H_0^1(\Omega)}E(v), \tag{4.2.5}$$

即 $u$ 是 $E$ 在 $H_0^1(\Omega)$ 上的最小值点, 自然有 $E'(u)=0$, 根据式 (4.2.4), 这个等价于

$$\int_\Omega\nabla u\cdot\nabla v\mathrm{d}x-\int_\Omega fv\mathrm{d}x=0,\quad\forall v\in H_0^1(\Omega),$$

即等价于 $u$ 是方程 (4.2.1) 的弱解, 这证明了最小势能原理. □

现在从变分的角度来考虑 (4.2.1) 的弱解的存在性.

**引理 4.2.1** $E(u)$ 是强制的, 下方有界, 弱下半连续的泛函.

**证** 由 Poincaré不等式,

$$\begin{aligned}E(u)&=\frac{1}{2}\int_\Omega|\nabla u|^2\mathrm{d}x-\int_\Omega fu\mathrm{d}x\\ &\geqslant\frac{1}{2}||u||^2_{H_0^1(\Omega)}-\left(\int_\Omega|f|^2\mathrm{d}x\right)^{\frac{1}{2}}\left(\int_\Omega|u|^2\mathrm{d}x\right)^{\frac{1}{2}}\end{aligned}$$

$$\geqslant \frac{1}{2}||u||^2_{H_0^1(\Omega)} - C||f||_{L^2}||u||_{H_0^1(\Omega)},$$

可知, 当 $||u||_{H_0^1(\Omega)} \to +\infty$ 时, $E(u) \to +\infty$.

在定理 4.2.1 的证明中可知, $\exists u \in H_0^1(\Omega)$, 使得

$$(u, v) = \int fv\mathrm{d}x, \quad \forall v \in H_0^1(\Omega),$$

从而当 $v_n \xrightarrow{W} v_0(n \to \infty)$ 时, 根据弱收敛的定义, 有

$$\lim_{n\to\infty} \int f(v_n - v_0)\mathrm{d}x = \lim_{n\to\infty} (u, v_n - v_0) = 0.$$

可知, $v \to \int_\Omega fv\mathrm{d}x$ 在 $H_0^1(\Omega)$ 中是弱连续的. 又结合范数的弱下半连续性, 可知

$$E(u) = \frac{1}{2}\int_\Omega |\nabla u|^2\mathrm{d}x - \int_\Omega fv\mathrm{d}x$$

是弱下半连续的.

设 $m = \inf\limits_{u\in H_0^1(\Omega)} E(u)$, 取 $\{u_n\} \subset H_0^1(\Omega)$ 使 $\lim\limits_{n\to\infty} E(u_n) = m$. 由于 $E$ 的强制性, 存在 $K > 0$, 满足

$$||u_n|| \leqslant K, \quad \forall n = 1, 2, \cdots,$$

从而

$$|E(u_n)| \leqslant \frac{1}{2}K^2 + CK||f||_{L^2(\Omega)}, \quad \forall n = 1, 2, \cdots,$$

可知 $m \geqslant -\frac{1}{2}K^2 - CK||f||_{L^2(\Omega)}$, 证明了 $E$ 是下方有界的. □

**注** 此时, 应用定理 4.1.4. 便得到存在 $u \in H_0^1(\Omega)$. 使得

$$E(u) = \min_{v\in H_0^1(\Omega)} E(v).$$

由等价性可知, $u$ 便是式 (4.2.1) 的一个弱解. □

考虑

$$\begin{cases} -\Delta u = |u|^{p-2}u, & \text{在 } \Omega \text{ 中}, \\ u = 0, & \text{在 } \partial\Omega \text{ 上}, \end{cases} \tag{4.2.6}$$

其中 $\Omega \subset \mathbb{R}^n$ 是有界集且 $2 < p < 2^*$. 若直接考虑其一般的变分形式, $\forall u \in X = H_0^1(\Omega)$,

$$E(u) = \frac{1}{2}\int_\Omega |\nabla u|^2\mathrm{d}x - \frac{1}{p}\int_\Omega |u|^p\mathrm{d}x. \tag{4.2.7}$$

当固定 $u \neq 0$, 考虑

$$E(tu)=\frac{t^2}{2}\int_\Omega|\nabla u|^2\mathrm{d}x-\frac{t^p}{p}\int_\Omega|u|^p\mathrm{d}x.$$

由 $p>2$, 可知 $E(tu)\to-\infty$ 当 $t\to+\infty$, 所以 $E(u)$ 是下方无界的. 同时 $E(u)$ 也是上方无界的. 为了计算简单, 不妨设 $n=1$, 且 $\Omega=(0,1)$, 此时, 取 $u_k=\sin k\pi t, k\in\mathbb{N}$, 则

$$\begin{aligned}\lim_{k\to\infty}E(u_k)&=\lim_{k\to\infty}\left[k^2\int_0^1|\cos k\pi t|^2\mathrm{d}t-\frac{1}{p}\int_0^1|\sin k\pi t|^p\mathrm{d}t\right]\\&=+\infty,\end{aligned}$$

可知 $E$ 不满足强制性条件, 这时一般意义的变分原理 (即 4.1 节提到的变分) 不再适用.

为此, 介绍如下的 Lagrange 乘子法的抽象形式:

设 $X,Y$ 是两个 Banach 空间, $\Omega\subset X$ 是一个开集. $E:\Omega\to\mathbb{R}$, $G:\Omega\to Y$ 均是连续可微映射. 记 $M=\{x\in\Omega:G(x)=0\}$, 寻找极小值问题

$$\min_{x\in M}E(x) \tag{4.2.8}$$

的必要条件.

**定理 4.2.2**(Ljusternik) 设 $x_0\in M$ 满足式 (4.2.8), 并且 $G'(x_0)$ 的值域 $R(G'(x_0))$ 是闭的, 则存在 $(\lambda,y^*)\in\mathbb{R}\times Y^*$ 满足 $(\lambda,y^*)\neq(0,0)$, 并且

$$\lambda E'(x_0)+y^*G'(x_0)=0.$$

特别地, 当 $R(G'(x_0))=Y$, 即 $x_0$ 为映射 $G$ 的正则点时, $\lambda\neq0$.

**证** 当 $Y_1=R(G'(x_0))\neq Y$ 时, 只需取 $\lambda=0$ 和 $y^*\in Y_1^\perp=\{f\in Y^*:\langle f,y\rangle=0,\forall y\in Y_1\}$ 即可.

下面要证明 $R(G'(x_0))=Y$, 即 $x_0$ 是 $G$ 的正则点的情形. 注意到 $E'(x_0)\in X^*$. 先证明 $T_{x_0}(M)=\ker G'(x_0)$, 其中

$$\begin{aligned}T_{x_0}(M)=&\{h\in X:\exists\varepsilon>0\ 及\ v\in C^1((-\varepsilon,\varepsilon),E)\ 且\ x_0+v(t)\in M|v(0)=\\&0,\dot v(0)=h\}\end{aligned}$$

为 $M$ 在 $x_0$ 点处的切空间.

首先由 $G(x_0+v(t))=0$, 可知

$$G'(x_0)h=\frac{\mathrm{d}}{\mathrm{d}t}G(x_0+v(t))|_{t=0}=0,\quad\forall h\in T_{x_0}(M).$$

从而 $T_{x_0}(M)\subset\ker G'(x_0)$. 另一方面, 若 $h\in\ker G'(x_0)$, 令 $X_1$ 是 $\ker G'(x_0)$ 的补空间, 取 $y_0\in X_1,y_0\neq0$. 对足够小的 $\varepsilon>0$, 考虑如下方程:

$$G(x_0+th+w(t)y_0)=0, \tag{4.2.9}$$

其中 $w \in C^1((-\varepsilon,\varepsilon),\mathbb{R}), w(0)=0$. 令 $F(t,w)=G(x_0+th+wy_0)$, 则 $F(0,0)=0$ 且 $\dfrac{\partial F}{\partial w}(0,0)=G'(x_0)y_0\neq 0$. 从而由隐函数定理对足够小的 $\varepsilon$, 满足方程 (4.2.9) 的 $w=w(t)$ 是存在的. 令 $v(t)=th+w(t)y_0$, 那么 $v(0)=0, \dot{v}(0)=h+\dot{w}(0)y_0$, 由 $G'(x_0)(h+\dot{w}(0)y_0)=0$, 可知 $\dot{w}(0)y_0\in \ker G'(x_0)$. 又 $\dot{w}(0)y_0\in X_1$, 可知 $\dot{w}(0)y_0=0$ 且 $\dot{v}(0)=h$, 从而 $h\in T_{x_0}(M)$ 即 $\ker G'(x_0)\subset T_{x_0}(M)$.

对任意 $h\in T_{x_0}(M)$, 取对应的 $v(t)$ 使得 $v(0)=0$, $\dot{v}(0)=h$ 且 $x_0+v(t)\in M$, 又观察到条件 $E(x_0)=\inf\limits_{x\in M}E(x)$, $E(x_0+v(t))\geqslant E(x_0)$, 从而 $E'(x_0)h=0$, 这意味着 $E'(x_0)\in \ker G'(x_0)^{\perp}$. 根据闭值域定理可知, $\ker G'(x_0)^{\perp}=R(G'(x_0)^*)$, 从而存在 $y^*\in Y^*$ 及 $\lambda\in\mathbb{R}$ 使得 $\lambda E'(x_0)+y^*G'(x_0)=0$. □

**推论 4.2.1** 设 $X$ 是 Banach 空间, $E$ 和 $G$ 都是 $X$ 上的连续可微泛函, 定义 $M=\{u\in X: G(u)=0\}$, 若对每一个 $u\in M$ 有 $G'(u)\neq 0$, 并且在 $x_0\in M$ 处满足

$$E(x_0)=\inf_{x\in M}E(x),$$

则存在 $\lambda\in\mathbb{R}$, 使得

$$E'(x_0)=\lambda G'(x_0).$$

**注** 推论 4.2.1 中的常数 $\lambda$ 称为 Lagrange 乘子.

作为 Lagrange 乘子法的应用, 得到如下定理:

**定理 4.2.3** 若 $2<p<2^*$, 则方程

$$\begin{cases} -\Delta u=|u|^{p-2}u, & 在\ \Omega\ 中, \\ u=0, & 在\ \partial\Omega\ 上 \end{cases} \tag{4.2.10}$$

有非平凡正解.

**证** 取 $X=H_0^1(\Omega)$, 定义 $E(u)=\displaystyle\int_\Omega|\nabla u|^2\mathrm{d}x, G(u)=\int_\Omega|u|^p\mathrm{d}x-1$, $M=\{u\in X: G(u)=0\}$. 当 $u\in M$, 由 $\langle G'(u),u\rangle=p\displaystyle\int_\Omega|u|^p\mathrm{d}x=p\neq 0$, 可知 $G'(u)\neq 0$.

现证明 $m=\inf\limits_{u\in M}E(u)>0$, 并且在某一点 $u_0$ 处可达到最小值.

若 $m=0$, 则存在下降列 $\{u_n\}\subset M$ 使得

$$E(u_n)=\int_\Omega|\nabla u_n|^2\mathrm{d}x\to 0,\quad n\to\infty,$$

那么由 Sobolev 嵌入定理, $u_n\to 0$ 在 $L^p(\Omega)$ 中 $(n\to\infty)$, 即 $\displaystyle\int_\Omega|u_n|^p\mathrm{d}x\to 0(n\to\infty)$. 这与 $u_n\in M$ 矛盾, 所以 $m>0$. 这时由于 $\{u_n\}$ 在 $X$ 中有界, 由 Sobolev 嵌入定理, 存在 $\{u_n\}$ 的子列 (还是记为 $\{u_n\}$) 及 $u_0\in L^p(\Omega)$, 使得

$$u_n \to u_0 \text{ 在 } L^p(\Omega) \text{ 中}, \quad n \to \infty,$$

从而 $\int_\Omega |u_0|^p \mathrm{d}x = \lim_{n\to\infty} \int_\Omega |u_n|^p \mathrm{d}x = 1$, 即 $u_0 \in M$. 又 $E$ 是弱下半连续的, 可知

$$\inf_M E \leqslant E(u_0) \leqslant \lim_{n\to\infty} E(u_n) = \inf_M E$$

得到了 $E(u_0) = m = \inf\limits_M E$. 那么根据 Lagrange 乘子法, 存在 $\lambda \in \mathbb{R}$, 使得 $E'(u_0) = \lambda G'(u_0)$, 即 $\forall \varphi \in H_0^1(\Omega)$ 有

$$2\int_\Omega \nabla u_0 \cdot \nabla \varphi \mathrm{d}x = \lambda p \int_\Omega |u_0|^{p-2} u_0 \varphi \mathrm{d}x. \tag{4.2.11}$$

取 $\varphi = u_0$, 则有 $E(u_0) = \dfrac{p\lambda}{2}$, 可知 $\lambda = \dfrac{2m}{p} > 0$, 这时由式 (4.2.11) 很容易验证 $u_1 = m^{\frac{1}{p-2}} u_0$ 就是方程

$$\begin{cases} -\Delta u = |u|^{p-2}u, & \text{在 } \Omega \text{ 中}, \\ u = 0, & \text{在 } \partial\Omega \text{ 上} \end{cases}$$

的一个弱解. 因为 $E(|u_1|) = E(u_1), G(|u_1|) = G(u_1)$, 可知 $u = |u_1|$ 就是方程 (4.2.6) 的非平凡正解. □

现应用 Lagrange 乘子法来研究一个线性控制问题.

**例 4.2.1**　考虑一般线性控制系统:

$$\begin{cases} \dot{x} = Ax + Bu, \\ x(t_0) = x_0, \end{cases} \tag{4.2.12}$$

其中 $A: \mathbb{R}^n \to \mathbb{R}^n, B: \mathbb{R}^m \to \mathbb{R}^n$, 即 $A$ 是 $n \times n$ 矩阵, $B$ 是 $n \times m$ 矩阵, 给定 $\boldsymbol{x}_1 \in \mathbb{R}^n$, 目标函数 $J: M \to \mathbb{R}$ 为

$$J(u) = \frac{1}{2}\int_{t_0}^{t_1} ||u(t)||^2 \mathrm{d}t,$$

其中 $M = L^2([t_0, t_1], \mathbb{R}^m)$, 求 $u_0 \in M$ 使得 $J(u_0) = \min\limits_{u\in M} J(u)$ 且满足 $x(t_1) = \boldsymbol{x}_1$.

**解**　记 $X = C^1([t_0, t_1], \mathbb{R}^n)$, 则对 $J: M \to \mathbb{R}$ 的约束条件为

$$H(x, u) = \dot{x} - Ax - Bu = \mathbf{0}.$$

并且 $H: X \times M \to M$.

根据定理 4.2.2 存在 $\lambda(t) \in M$ 使条件极值 $u$ 满足

$$\frac{\partial L}{\partial x} = J'(u) + \lambda H'(x, u) = 0. \tag{4.2.13}$$

$\forall h \in M$ 及 $k \in X$, 计算 $J'(u)h$ 及 $\lambda H'(x,u)(k,h)$ 为

$$J'(u)h = \int_{t_0}^{t_1} \langle u(t), h(t)\rangle \, \mathrm{d}t,$$

$$\lambda H'(x,u)(k,h) = \int_{t_0}^{t_1} \left[\left\langle \dot{k}(t), \lambda(t)\right\rangle - \langle Ak(t), \lambda(t)\rangle - \langle Bh(t), \lambda(t)\rangle\right] \mathrm{d}t,$$

这里 $\langle\cdot,\cdot\rangle$ 表示 $\mathbb{R}^n$ 中的内积运算, 即

$$w = (w_1, w_2, \cdots, w_n), \quad s = (s_1, s_2, \cdots, s_n) \in \mathbb{R}^n$$

有

$$\langle w, s\rangle = \sum_{j=1}^{n} w_j s_j.$$

于是根据式 (4.2.13), 有

$$J'(u)h + \lambda H'(x,u)(k,h) = 0 \tag{4.2.14}$$

$\forall h \in M,\ k \in X$ 成立. 为了求解 (4.2.14) 可假定 $\lambda$ 连续可微且 $k(t_0) = k(t_1) = 0$, 那么由式 (4.2.14) 及

$$\int_{t_0}^{t_1} \left\langle \dot{k}(t), \lambda(t)\right\rangle \mathrm{d}t = -\int_{t_0}^{t_1} \left\langle k(t), \dot{\lambda}(t)\right\rangle \mathrm{d}t,$$

得

$$\int_{t_0}^{t_1} \langle u(t) - B^{\mathrm{T}}\lambda(t), h(t)\rangle \, \mathrm{d}t - \int_{t_0}^{t_1} \left\langle \dot{\lambda}(t) + A^{\mathrm{T}}\lambda(t), k(t)\right\rangle \mathrm{d}t = 0.$$

再由 $h$ 及 $k$ 的任意性有

$$u(t) = B^{\mathrm{T}}\lambda(t), \dot{\lambda}(t) + A^{\mathrm{T}}\lambda(t) = 0.$$

这样求得 $\lambda(t) = C\mathrm{e}^{-A^{\mathrm{T}}t}$, 从而

$$u(t) = B^{\mathrm{T}}C\mathrm{e}^{-A^{\mathrm{T}}t},$$

其中矩阵 $C$ 由条件 $x(t_1) = x_1$ 来确定.

在本节最后, 来研究一类非自治二阶 Hamilton 系统

$$\ddot{x} = \nabla_x H(t,x) \tag{4.2.15}$$

周期解存在性, 这里讨论的仍然是弱解.

**定理 4.2.4** 假设 $H(t,x)$ 满足

(1) $H(t,x) \in C^1(\mathbb{R} \times \mathbb{R}^n), H(t+w,x) = H(t,x), w > 0$;

(2) $H(t,x) \geqslant \varphi(x)$, 其中 $\varphi: \mathbb{R} \to \mathbb{R}$ 且 $\lim\limits_{|x|\to+\infty} \varphi(x) = +\infty$,

那么式 (4.2.14) 有周期为 $w$ 的解.

**证**　记 $X = W_p^{1,1}([0,w],\mathbb{R}^n) = \{x(t) : x(t)$ 在 $[0,w]$ 上绝对连续且 $|\dot{x}(t)|^2 \in L[0,w],\ x(0) = x(w)\}$. 在 $X$ 中定义内积为

$$\langle x(\cdot), y(\cdot)\rangle \triangleq \int_0^w x(t)\cdot y(t)\mathrm{d}t + \int_0^w \dot{x}(t)\cdot \dot{y}(t)\mathrm{d}t,$$

则 $X$ 是一个 Hilbert 空间. 在 $X$ 上定义泛函

$$J(x) \triangleq \int_0^w \frac{1}{2}|\dot{x}(t)|^2\mathrm{d}t + \int_0^w H(t,x(t))\mathrm{d}t,$$

来证 $J(\cdot)$ 在 $X$ 上的下确界可达. 为此, 根据定理 4.1.4 仅需验证 $J(\cdot)$ 是弱下半连续且是强制的. 由于 $J(\cdot)$ 的第一项是凸泛函且连续, 所以是弱下半连续的. 又由 Sobolev 嵌入定理知 $X$ 嵌入 $C([0,w],\mathbb{R}^n)$ 及 Fatou 引理知第二项也是弱下半连续的. 下面来证 $J(\cdot)$ 是强制的. 首先, 对每个 $x(\cdot)\in X$ 可唯一表示成如下形式:

$$x(t) = y(t) + a,$$

这里 $\int_0^w y(t)\mathrm{d}t = 0, a\in\mathbb{R}^n$ 是常向量. 对于这样的 $y(\cdot)\in X$, 有

$$\int_0^w |y(t)|^2\mathrm{d}t \leqslant \lambda^2\int_0^w |\dot{y}(t)|^2\mathrm{d}t,\quad \lambda \text{ 是一个不依赖于 } y \text{ 的常数},$$

因此

$$||y||_X \leqslant \lambda_1||\dot{y}||_{L^2[0,w]},\quad \lambda_1 \text{ 是常数}.$$

另一方面, 由条件 (1) 和条件 (2), 可选常数 $\alpha$ 满足

$$H(t,x)\geqslant\alpha,\quad (t,x)\in[0,w]\times\mathbb{R}^n.$$

于是

$$J(x)\geqslant\frac{1}{2\lambda_1}||y||_X + \alpha w. \tag{4.2.16}$$

若 $||x_n||_X\to+\infty$, 则有两种情况发生:

(i) 存在子列 $x_{n_k} = y_{n_k} + a_{n_k}$ 满足 $||y_{n_k}||_X\to+\infty$;

(ii) $x_n = y_n + a_n$ 满足 $\{||y_n||_X\}$ 有界但 $|a_n|\to+\infty$.

若 (i) 成立, 则由式 (4.2.16) 知 $J(\cdot)$ 是强制的. 现来证明 (ii). 令

$$A_n = \left\{t\in[0,w] : |y_n(t)| > \frac{1}{2}|a_n|\right\},$$

那么

$$\int_{A_n}\frac{1}{4}|a_n|^2\mathrm{d}t \leqslant \int_0^2 |y_n(t)|^2\mathrm{d}t \leqslant ||y_n||_X^2 \leqslant \sup_n ||y_n||_X^2 < +\infty,$$

知 $m(A_n)\to 0$, 从而 $m(A_n^{\rm c})\to m([0,w])$, 故当 $n$ 充分大时 $m(A_n^{\rm c})>\dfrac{w}{2}$. 又当 $t\in A_n^{\rm c}$ 时,

$$|x_n(t)|\geqslant |a_n|-|y_n|\geqslant \frac{1}{2}|a_n|,$$

于是

$$\begin{aligned}J(x_n)&\geqslant \int_0^w H(t,x_n(t))\mathrm{d}t\\&\geqslant \int_{A_n} H(t,x_n(t))\mathrm{d}t+\int_{A_n^{\rm c}} H(t,x_n(t))\mathrm{d}t\\&\geqslant \alpha m(A_n)+\varphi\left(\frac{|a_n|}{2}\right)m(A_n^{\rm c})\\&\geqslant \alpha m(A_n)+\varphi\left(\frac{|a_n|}{2}\right)\frac{w}{2},\end{aligned}$$

可见 $\lim\limits_{||x_n||_X\to+\infty} J(x_n)=+\infty$.

根据定理 4.1.4, 存在 $x_0\in X$ 使 $J(x_0)=\inf\limits_{x\in X}J(x)$. 注意到 $J(\cdot)$ 是 $X$ 上连续可微泛函, 那么 $J'(x_0)=0$, 故 $\forall h\in X$ 有

$$J'(x_0)h=\int_0^w [\dot{x}_0\cdot\dot{h}+\nabla_x H(t,x_0(t))\cdot h]\,\mathrm{d}t=0. \tag{4.2.17}$$

特别地, 当 $x_0(\cdot)\in C^2([0,w],\mathbb{R}^n)$ 时, 由分部积分得

$$J(x_0)h=\int_0^w [-\ddot{x}_0+\nabla_x H(t,x_0(t))]\cdot h\,\mathrm{d}t=0,$$

再由 $h$ 的任意性有

$$\ddot{x}_0=\nabla_x H(t,x_0(t)).$$

□

**注** 定理 4.2.4 仅证明有弱解, 即满足式 (4.2.17). 事实上, 由条件 (1) 及正则性理论, 可以证明 $x_0\in C^2([0,w],\mathbb{R}^n)$.

## 4.3 Ekeland 变分原理

一般来讲, 下方有界且下半连续泛函未必下确界可达. 比如可微函数 $f(x)=\arctan x$ 是有界的, 但其上下确界都不可达. Ekeland 变分原理表明可构造一系列下确界可达的泛函来逼近上述泛函.

**定理 4.3.1**(Ekeland) 设 $(E,d)$ 是完备度量空间, $f:E\to\mathbb{R}\bigcup\{+\infty\}$ 是下方有界、下半连续函数. 则 $\forall\varepsilon>0,\delta>0$ 以及 $u=u(\varepsilon,\delta)\in E$ 满足

$$f(u) \leqslant \inf_{x\in E} f(x)+\varepsilon,$$

必存在 $v=v(\varepsilon,\delta)\in E$ 满足

$$f(v) \leqslant f(u), \tag{4.3.1}$$

$$d(u,v) \leqslant \delta, \tag{4.3.2}$$

且 $v$ 是泛函 $f_v(x)\equiv f(x)+\dfrac{\varepsilon}{\delta}d(v,x)$ 的最小值点, 即

$$f(v) < f(x)+\frac{\varepsilon}{\delta}d(v,x), \quad \forall x\neq v. \tag{4.3.3}$$

为了更直观地认识以上定理, 取 $E=\mathbb{R}$, $d(x,y)=|x-y|$, 并设 $\inf\limits_{x\in E} f(x)=0$, 则有图 4.2.

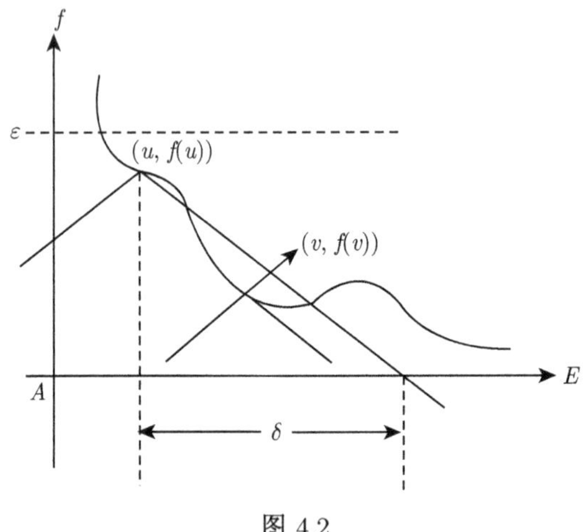


图 4.2

在 $E\times\mathbb{R}=\mathbb{R}^2$ 中取闭锥 $A=\left\{(x,y):\dfrac{\varepsilon}{\delta}|x|+y\leqslant 0\right\}$, $(0,0)$ 是 $A$ 的顶点, 并且锥 $A$ 与 $x$ 轴的夹角为 $w=\arctan\dfrac{\varepsilon}{\delta}$. 现将锥 $A$ 平移, 使其顶点变成 $(v,f(v))$, 则得到新锥 $A_1$

$$\begin{aligned} A_1 =& A+(v,f(v))=\left\{(x,y):\frac{\varepsilon}{\delta}|x-v|+(y-f(v))\leqslant 0\right\} \\ =&\left\{(x,y):f(v)\geqslant y+\frac{\varepsilon}{\delta}d(v,x)\right\}, \end{aligned}$$

则从图 4.2 中可以看出, $\delta$ 可控制锥 $A_1$ 的顶点位置的范围.

式 (4.3.3) 意味着锥 $A_1$ 完全在 $f$ 的图像下面, 并且 $\dfrac{\varepsilon}{\delta}$ 越小, 锥 $A_1$ 和 $x$ 轴的夹角越小, $v$ 点的函数值 $f(v)$ 越靠近下确界 $\inf\limits_{x\in E} f(x)$. 当然若能取 $\varepsilon=0$, 则 $v$ 就是函数 $f$ 的最小值点.

**Ekeland 变分原理的证明** 令 $\alpha = \dfrac{\varepsilon}{\delta}$, 且在 $E \times \mathbb{R}$ 上定义如下半序关系:

$$(v,\beta) \prec (v',\beta') \Leftrightarrow (\beta'-\beta) + \alpha d(v,v') \leqslant 0. \tag{4.3.4}$$

易验证这种关系 “$\prec$” 是一种等价关系, 即

自反性: $(v,\beta) \prec (v,\beta)$.

反对称性: $(v,\beta) \prec (v',\beta')$ 且 $(v',\beta') \prec (v,\beta) \Leftrightarrow v = v'$, $\beta = \beta'$.

传递性: $(v,\beta) \prec (v',\beta')$, 且 $(v',\beta') \prec (v'',\beta'') \Rightarrow (v,\beta) \prec (v'',\beta'')$.

定义 $S = \{(v,\beta) \in E \times \mathbb{R}:\ \ f(v) \leqslant \beta\}$. 由 $f$ 的下半连续, $S$ 在 $E \times \mathbb{R}$ 中是闭的. 下面证明 $S$ 中存在极大元 $(v_0,\beta_0)$ 满足 $(u,f(u)) \prec (v_0,\beta_0)$. 事实上, 令 $(v_1,\beta_1) = (u,f(u))$, 用如下方法取序列 $\{v_m,\beta_m\}$:

对每一个 $(v_m,\beta_m)$ 定义

$$\begin{aligned}
S_m &= \{(v,\beta) \in S:\ (v_m,\beta_m) \prec (v,\beta)\}.\\
k_m &= \inf\{\beta : (v,\beta) \in S_m\}\\
&\geqslant \inf\{f(v):\ (v,\beta) \in S_m\}\\
&\geqslant \inf_{x\in E}\{f(x)\} =: k_0.
\end{aligned}$$

显然, $k_m \leqslant \beta_m$, 这时取 $(v_{m+1},\ \beta_{m+1}) \in S_m$ 满足

$$\beta_m - \beta_{m+1} \geqslant \frac{1}{2}(\beta_m - k_m), \tag{4.3.5}$$

那么由 $\prec$ 的传递性, 有 $S_1 \supset S_2 \supset \cdots S_m \supset S_{m+1}$, 进而

$$\cdots \leqslant k_m \leqslant k_{m+1} \leqslant \cdots \leqslant \beta_{m+1} \leqslant \beta_m \leqslant \cdots.$$

由式 (4.3.5), 得到

$$\begin{aligned}
\beta_{m+1} - k_{m+1} \leqslant \beta_{m+1} - k_m &\leqslant \frac{1}{2}(\beta_m - k_m),\\
&\leqslant \cdots \leqslant \left(\frac{1}{2}\right)^m (\beta_1 - k_1),
\end{aligned}$$

那么, 由 $S_m$ 的定义, $\forall m \in \mathbb{N}$ 及 $\forall (v,\beta) \in S_m$ 有

$$|\beta_m - \beta| = \beta_m - \beta \leqslant \beta_m - k_m \leqslant C\left(\frac{1}{2}\right)^m, \tag{4.3.6}$$

$$d(v_m,v) \leqslant \alpha^{-1}(\beta_m - \beta) \leqslant C\alpha^{-1}\left(\frac{1}{2}\right)^m. \tag{4.3.7}$$

特别地, $\{(v_m,\beta_m)\}_{m\in\mathbb{N}}$ 是 $E\times\mathbb{R}$ 中的一个 Cauchy 列, 由 $E\times\mathbb{R}$ 是完备的, 可知存在 $(v_0,\beta_0)\in\bigcap\limits_{m\in\mathbb{N}}S_m$, 使得

$$\lim_{m\to\infty}(v_m,\beta_m)=(v_0,\beta_0).$$

根据 $\prec$ 的传递性, 显然, 有 $(u,f(u))=(v_1,\beta_1)\prec(v_0,\beta_0)$. 若 $\exists(\bar{v},\bar{\beta})\in E\times\mathbb{R}$ 满足 $(v_0,\beta_0)\prec(\bar{v},\bar{\beta})$, 则对每一个 $m\in\mathbb{N}$, 有 $(v_m,\beta_m)\prec(\bar{v},\bar{\beta})$, 且 $(\bar{v},\bar{\beta})\in S_m$. 从而在式 (4.3.6)、式 (4.3.7) 中令 $(v,\beta)=(\bar{v},\bar{\beta})$, 得到 $\lim\limits_{m\to\infty}(v_m,\beta_m)=(\bar{v},\ \bar{\beta})$, 意味着 $(v_0,\ \beta_0)=(\bar{v},\ \bar{\beta})$, 极大性得证.

由于 $(v_0,\beta_0)$ 是 $S$ 中极大元, 及 $(v_0,f(v_0))\in S$, 可得 $\beta_0=f(v_0)$, 并且根据 $\prec$ 的定义 4.3.4, 可以知道

$$(u,f(u))\prec(v_0,f(v_0))\Leftrightarrow f(v_0)-f(u)+\alpha d(u,v_0)\leqslant 0,$$

特别地, $f(v_0)\leqslant f(u)$ 且

$$d(u,v_0)\leqslant\frac{1}{\alpha}(f(u)-f(v_0))\leqslant\frac{\delta}{\varepsilon}\left(\inf_E f+\varepsilon-\inf_E f\right)=\delta.$$

最后, 若 $x\in E$ 满足

$$f_{v_0}(x)=f(x)+\alpha d(v_0,x)\leqslant f(v_0)=f_{v_0}(v_0).$$

根据定义式 (4.3.4) 得到 $(v_0,f(v_0))\prec(x,f(x))$, 即 $v_0$ 是 $f_{v_0}$ 的最小元. □

下面给出两个常用的情况. 当 $\delta\equiv 1$ 时, 得到如下推论.

**推论 4.3.1**　设 $(E,d)$ 是完备度量空间, $f:E\to\mathbb{R}\bigcup\{+\infty\}$ 是下方有界, 下半连续函数, 且 $f\not\equiv+\infty$, 则 $\forall\varepsilon>0$, 存在 $u=u(\varepsilon)\in E$ 满足

$$f(u)\leqslant\inf_{x\in E}f(x)+\varepsilon,$$

$$f(u)<f(x)+\varepsilon d(u,x),\quad x\neq u.$$

当 $\delta=\sqrt{\varepsilon}$ 时, 得到如下推论.

**推论 4.3.2**　设 $(E,d)$ 是完备度量空间. $f:E\to\mathbb{R}\bigcup\{+\infty\}$ 是下方有界, 下半连续函数且 $f\not\equiv+\infty$, 则 $\forall\varepsilon>0$ 及 $u=u(\varepsilon)\in E$, 满足

$$f(u)\leqslant\inf_{x\in E}f(x)+\varepsilon,$$

必存在 $v=v(\varepsilon)\in E$ 满足

$$f(v)\leqslant f(u),$$

$$d(u,v)\leqslant\sqrt{\varepsilon},$$

$$f(v) < f(x) + \sqrt{\varepsilon} d(v, x), \quad \forall x \neq v.$$

在 Banach 空间框架下可得到如下推论:

**推论 4.3.3** 若 $X$ 是一个 Banach 空间, $f \in C^1(X)$ 是下方有界的, 则存在 $f$ 的下降列 $\{v_m\}$ 满足

$$f(v_m) \to \inf_{x \in X} f(x),$$

$$f'(v_m) \to 0 \quad (\text{在} X^* \text{中}),$$

$m \to \infty$.

**注** 这个推论表明, 可以构造不仅函数值逼近下确界, 并且其导数任意靠近零的下降列. 这种下降列就是我们在 4.1 节定义的 (P.S.) 序列 (见定义 4.1.6).

**证** 取 $\{u_m\} \subset X$ 满足

$$f(u_m) \leqslant \inf_{x \in X} f(x) + \frac{1}{m^2}.$$

对 $\varepsilon = \dfrac{1}{m^2}$, $\delta_0 = \dfrac{1}{m}$ 及 $u = u_m$, 根据定理 4.3.1, $\exists v_m = v$, 满足

$$f(v_m) \leqslant f(v_m + w) + \frac{1}{m^2} ||w||, \quad \forall w \in X,$$

从而

$$||f'(v_m)||_{X^*} = \lim_{\delta \to 0} \sup_{\substack{||w|| \leqslant \delta \\ w \neq 0}} \frac{f(v_m) - f(v_m + w)}{||w||_X} \leqslant \frac{1}{m^2} \to 0.$$

□

现给出 Ekeland 变分的一个直接应用. 其更大的用处在于结合 (P.S.) 条件应用于临界点理论.

**命题 4.3.1** 设 $X$ 是一个 Banach 空间, $f : X \to \mathbb{R}$ 是一个下半连续的 Gâteaux 可微函数. 若对常数 $a > 0$ 及 $C \in \mathbb{R}$, 有

$$f(x) \geqslant a||x|| + C, \quad \forall x \in X, \tag{4.3.8}$$

则 $f'(X)$ 在 $X^*$ 中的球 $aB^*$ 中是稠密的.

若条件 (4.3.8) 加强到

$$f(x) \geqslant \phi(||x||), \quad \forall x \in X, \tag{4.3.9}$$

这里 $\phi : [0, +\infty) \to \mathbb{R}$ 是连续的且 $t^{-1}\phi(t) \to +\infty$, 当 $t \to +\infty$, 则 $f'(X)$ 在 $X^*$ 中稠密.

**证** 设条件 (4.3.8) 成立, 取 $p \in X^*, ||p|| < a$, 即 $p \in aB^*$, 下面将证明, 存在一个点列 $\{p_n\} \subset f'(X)$ 使得 $\lim\limits_{n \to \infty} p_n = p$.

为此, 定义一个新函数 $g: X \to \mathbb{R}$ 如下:

$$g(x) = f(x) - \langle p, x\rangle, \quad \forall x \in X.$$

显然, $g$ 是下半连续的, 并且 Gâteaux 可微的. 又因为

$$\begin{aligned} g(x) &\geqslant f(x) - ||p||||x|| \\ &\geqslant (a - ||p||)||x|| + C, \end{aligned}$$

可知, 函数 $g$ 是下方有界的, 应用推论 4.3.3, 存在点列 $\{x_n\} \subset X$, 满足 $g'(x_n) = f'(x_n) - p \to 0$, 在 $X^*$ 中. 取 $p_n = f'(x_n)$ 便可得我们需要的结果.

注意到条件 (4.3.9) 意味着 $\forall a > 0$, 都存在某一个 $C$ 使得 $f$ 满足条件 (4.3.8), 所以 $f'(X)$ 在 $X^*$ 中的以零点为中心的任意球中都是稠密的, 从而自然在 $X^*$ 中稠密. □

## 习　题

1. 证明: 定理 4.1.3 中的条件 (4.1.4) 改成 $\forall k \in \mathbb{R}$, 水平集 $M_k$ 是序列紧的, 则定理仍然成立.

2. 证明例 4.1.7, 即范数是弱序列下半连续的.

3. 求泛函 $E(x) = \int_0^{\frac{\pi}{2}} (\dot{x}^2 + x^2)\mathrm{d}t$ 的极值曲线, 边界条件为

$$x(0) = 0, \quad x\left(\frac{\pi}{2}\right) = 1.$$

4. 求泛函 $E(x) = \int_1^2 (\dot{x}^2 + 2xt)\mathrm{d}t$ 的极值曲线. 边界条件为

$$x(1) = 0, \quad x(2) = -1.$$

5. 证明 Poincaré不等式: 若 $u \in H_0^1(\Omega)$, 则

$$\int_\Omega u^2 \mathrm{d}x \leqslant C \int_\Omega |\nabla u|^2 \mathrm{d}x,$$

其中常数 $C$ 仅依赖于 $\Omega$.

6. 设 $X$ 是一个 Banach 空间, $f: X \to \mathbb{R}$ 是凸函数. 若 $f$ 是下半连续的, 则 $f$ 也是弱序列下半连续的.

7. 设 $H$ 是一个 Hilbert 空间, $a(u, v): H \times H \to \mathbb{R}$ 是双线性泛函, 且满足

(1) $|a(u, v)| \leqslant \beta||u||\,||v||, \forall u, v \in H$;

(2) $a(u, u) \geqslant \alpha||u||^2, \forall u \in H$,

这里 $\beta \geqslant \alpha > 0$ 是常数. 证明: 对任何 $\varphi \in H^*$, 存在唯一 $u \in H$ 使

$$a(u, v) = \varphi(v), \quad \forall v \in H.$$

这个命题就是著名的 Lax-Milgram 定理.

8. 证明下面的 Sturm-Liouville 问题:

$$\begin{cases} -(pu')' + qu = f, \text{在 } \Omega = (a,b) \text{ 上}, \\ u(a) = u(b) = 0 \end{cases}$$

(其中 $p \in C^1(\bar{\Omega})$, 并且 $p(x) \geqslant \alpha > 0$, $\forall x \in \bar{\Omega}$, $q \in C(\bar{\Omega})$ 且 $q(x) \geqslant 0, x \in \bar{\Omega}$), 当 $f \in L^2(\Omega)$ 时弱解存在且唯一即存在唯一的 $u \in H_0^1(\Omega)$ 满足

$$\int_\Omega pu'v'\mathrm{d}x + \int_\Omega quv\mathrm{d}x = \int_\Omega fv\mathrm{d}x, \quad \forall v \in H_0^1(\Omega).$$

9. 设 $\Omega \subset \mathbb{R}^n$ 是光滑有界开集, 证明: 如下 Neumann 问题:

$$\begin{cases} -\Delta u + u = f, & \text{在 } \Omega \text{ 中}, \\ \dfrac{\partial u}{\partial n} = 0, & \text{在 } \Gamma \text{ 上} \end{cases}$$

(这里 $f \in L^2(\Omega), \Gamma$ 是 $\Omega$ 的边界, $\dfrac{\partial u}{\partial n}$ 表示 $u$ 的单位外法向导数) 的弱解存在且唯一即存在唯一的 $u \in H^1(\Omega)$ 满足

$$\int_\Omega \nabla u \cdot \nabla v\mathrm{d}x + \int_\Omega uv\mathrm{d}x = \int_\Omega fv\mathrm{d}x, \quad \forall v \in H^1(\Omega).$$

10. 设 $X, Y$ 是两个 Banach 空间, $T \in L(X,Y)$, 且 $T(X)$ 是 $Y$ 的闭子空间. 证明:

(1)$(\ker L)^\perp = R(T^*)$;

(2) 存在常数 $\lambda > 0$, 满足

$$||Lx|| \geqslant \lambda d(x, \ker L).$$

11. 设 $X$ 是一个自反的 Banach 空间, $f: X \to \mathbb{R}$ 是弱序列下半连续、强制的泛函, 试证明存在 $x^* \in X$ 使得 $f(x^*) = \min\limits_{x \in X} f(x)$.

12. 设 $D$ 是实 Banach 空间 $X$ 中的一个弱列紧的弱闭集, 泛函 $f: D \to \mathbb{R}$ 是弱序列下半连续的, 试证明泛函 $f$ 在 $D$ 上的下确界可达.

# 第 5 章　临界点理论

临界点理论是利用拓扑学的相关理论和方法，通过泛函水平集的拓扑变换，判断泛函临界点存在性的理论，属于现代变分学的范畴. 有关临界点的理论和应用可见文献 [7], [15], [20]~[22].

## 5.1　伪梯度向量场和形变原理

众所周知, 当 $X$ 是一个 Hilbert 空间且 $f \in C^1(X)$ 时, 负梯度方程

$$\begin{cases} \dot{x} = -\nabla f(x), \\ x(0) = x_0 \end{cases}$$

在 $[0,\infty)$ 上有解, 通常把解 $x(t,x_0)$ 称为*梯度流*. 当 $\nabla f(x(t,x_0)) \neq \mathbf{0}$ 时, 函数 $f(x(t,x_0))$ 沿着梯度流关于 $t$ 是严格下降的, 当 $\nabla f(x(t,x_0)) = \mathbf{0}$ 时, 流不动即 $x(t,x_0) \equiv u$, 此时 $u$ 为 $f$ 的临界点. 因为 $f'(x) = \nabla f(x) \notin X(\in X^*)$, 所以不能将 Hilbert 空间的结论直接推广到一般 Banach 空间. 因此, 需建立 $\nabla f(x)$ 的替代物, 即伪梯度.

设 $X$ 是 Banach 空间, $f \in C^1(X,\mathbb{R})$, 记

$$K = \{u \in X : f'(u) = 0\},$$

称 $K$ 为 $f$ 的*临界点集*, $K_C = \{u \in K : f(u) = C\}$ *表示临界值为 $C$ 的临界点全体*. $f_C = \{u \in X : f(u) \leqslant C\}$ 为 $f$ 的下水平集, $\tilde{X} = X \backslash K$.

**定义 5.1.1**　设 $f \in C^1(X,\mathbb{R})$, $u \in X$, 称 $v \in X$ 为 $f$ 在 $u$ 点的*伪梯度*, 如果

(1) $\|v\| \leqslant 2\|f'(u)\|$;

(2) $\langle f'(u), v\rangle \geqslant \|f'(u)\|^2$,

其中 $\langle\ ,\ \rangle$ 表示 $X^*$ 与 $X$ 的对偶.

**定理 5.1.1**　设 $f \in C^1(X,\mathbb{R})$, $f \not\equiv$ 常数, 则存在 $f$ 的局部 Lipschitz 连续的伪梯度向量场 $\varPhi : \tilde{X} \to X$. 特别地, $f$ 为偶泛函时, $\varPhi$ 为奇泛函.

**证**　对 $u \in \tilde{X}$, $f'(u) \neq 0$. 因此由

$$\|f'(u)\| = \sup_{\substack{v\in X \\ \|v\|=1}} \langle f'(u), v\rangle$$

可选取 $v \in X, \|v\| = 1$ 使

$$\langle f'(u), v\rangle > \frac{2}{3}\|f'(u)\|.$$

令 $w=\dfrac{3}{2}\|f'(u)\|v$, 则 $\langle f'(u), w\rangle > \|f'(u)\|^2$ 且

$$\|w\| = \frac{3}{2}\|f'(u)\| < 2\|f'(u)\|,$$

即 $w$ 为 $f$ 在 $u$ 点的伪梯度向量. 根据 $f'$ 的连续性, 存在 $u$ 的邻域 $N_u$ 使 $\forall v\in N_u$, 有

$$\begin{cases} \langle f'(v), w\rangle > \|f'(v)\|^2, \\ \|w\| < 2\|f'(v)\|. \end{cases} \tag{5.1.1}$$

于是 $\{N_u\}_{u\in\tilde{X}}$ 构成 $\tilde{X}$ 的一个开覆盖. 又 $\tilde{X}$ 为范数诱导的度量空间, 因此 $\tilde{X}$ 为仿紧空间. 设 $\{N_{u_\alpha}:\alpha\in\Lambda\}$ 是从属于 $\{N_u\}_{u\in\tilde{X}}$ 的局部有限加细开覆盖, $\Lambda$ 是指标集.

记 $\rho_\alpha(x)=d(x, X\backslash N_{u_\alpha}), \alpha\in\Lambda$. 则当 $x\in X\backslash N_{u_\alpha}, \rho_\alpha(x)=0$, 且 $\rho_\alpha(\cdot)\in C^{0,1}(X,\mathbb{R})$. 定义 $\rho(x):=\sum\limits_{\alpha\in\Lambda}\rho_\alpha(x)$. 对每个 $u\in\tilde{X}$, $\exists R_u>0$ 使 $B(u,R_u)$ 只与有限个 $N_{u_\alpha}$ 相交, 不妨设 $N_{u_{\alpha_1}}, N_{u_{\alpha_2}},\cdots,N_{u_{\alpha_m}}$, 于是

$$\rho(x)=\sum_{\alpha\in\Lambda}\rho_\alpha(x)=\sum_{i=1}^m\rho_{\alpha_i}(x)>0,\quad \forall x\in B(u,R_u),$$

且当 $x,y\in B(u,R_u)$ 时, 有

$$|\rho(x)-\rho(y)|\leqslant\sum_{i=1}^m|\rho_{\alpha_i}(x)-\rho_{\alpha_i}(y)|\leqslant m\|x-y\|,$$

故 $\rho$ 是局部 Lipschitz 的.

令

$$\mu_\alpha(x)=\frac{\rho_\alpha(x)}{\rho(x)},\quad \forall x\in\tilde{X},$$

则 $\forall x\in\tilde{X}$, $\exists\alpha_0\in\Lambda, \mu_{\alpha_0}(x)>0$ 且

$$\sum_{\alpha\in\Lambda}\mu_\alpha(x)=1.$$

下证 $\mu_\alpha(x)$ 满足局部 Lipschitz 条件. 对 $u\in\tilde{X}$, 选取 $B(u,r)\subset B(u,R_u)$ 使 $\forall x\in B(u,r)$ 有

$$\rho(x)\geqslant\frac{1}{2}\rho(u),\quad \forall x\in B(u,r).$$

那么

$$|\mu_\alpha(x)-\mu_\alpha(y)|=\left|\frac{\rho_\alpha(x)}{\rho(x)}-\frac{\rho_\alpha(y)}{\rho(y)}\right|$$

$$
\begin{aligned}
&= \frac{1}{\rho(x)}\left|\rho_\alpha(x)-\rho_\alpha(y)-\frac{\rho_\alpha(y)}{\rho(y)}[\rho(x)-\rho(y)]\right| \\
&\leqslant \frac{1}{\rho(x)}|\rho_\alpha(x)-\rho_\alpha(y)|+\frac{1}{\rho(x)}|\rho(x)-\rho(y)| \\
&\leqslant \frac{2}{\rho(u)}[\|x-y\|+m\|x-y\|] \\
&= \frac{2(1+m)}{\rho(u)}\|x-y\|,
\end{aligned}
$$

故 $\mu_\alpha(\cdot)$ 为局部 Lipschitz 的.

记

$$
\varPhi(x)=\sum_{\alpha\in\varLambda}\mu_\alpha(x)w_\alpha,\quad x\in\tilde{X},
$$

其中 $w_\alpha$ 是 $u_\alpha$ 处满足式 (5.1.1) 的伪梯度, 则 $\varPhi(x)$ 为 $\tilde{X}$ 上满足局部 Lipschitz 条件的向量场.

又

$$
\|w_\alpha\|<2\|f'(x)\|,\quad \forall x\in N_{u_\alpha},
$$

$$
\langle f'(x),w_\alpha\rangle>\|f'(x)\|^2,
$$

$$
\mu_\alpha(x)=0,\quad \forall x\in X\backslash N_{u_\alpha}.
$$

因此

$$
\|\varPhi(x)\|\leqslant\sum_{\alpha\in\varLambda}\mu_\alpha(x)\|w_\alpha\|<2\|f'(x)\|,
$$

$$
\langle f'(x),\varPhi(x)\rangle=\sum_{\alpha\in\varLambda}\mu_\alpha(x)\langle f'(x),w_\alpha\rangle>\|f'(x)\|^2,
$$

这说明 $\varPhi(x)$ 为伪梯度向量场. 若 $f$ 是偶泛函, 则 $\tilde{\varPhi}(x)=\dfrac{1}{2}[\varPhi(x)-\varPhi(-x)], x\in\tilde{X}$ 为满足条件的奇算子, 且仍为伪梯度向量场. □

**定义 5.1.2**　设 $A$ 是一个拓扑空间, $B\subset A$ 是一个子空间, $i:B\to A$ 为内射. 称连续映射 $r:A\to B$ 是一个*形变收缩*, 如果

$$
r\circ i=\mathrm{Id}_B
$$

$$
i\circ r=\mathrm{Id}_A.
$$

并称 $B$ 为 $A$ 的一个*形变收缩核*, 这里 $\mathrm{Id}_B$ 及 $\mathrm{Id}_A$ 表示相应集上的恒同映射.

若还存在 $\tau:[0,1]\times A\to A$ 连续, 并满足

$$
\tau(0,\cdot)=\mathrm{Id}_A,\quad \tau(1,\cdot)=i\circ r,
$$

$$\tau(t,\cdot)|_B = \mathrm{Id}_B, \quad \forall t \in [0,1],$$

则称 $\tau$ 为一个强形变收缩.

现在的目的是通过考虑下水平集 $f_C$ 的拓扑结构来建立如下的形变引理. 特别当 $f^{-1}[a,b]\bigcap K = \varnothing$ 时, 即 $a, b$ 之间没有 $f$ 的临界值时, 那么 $f_a$ 和 $f_b$ 在同伦意义下的拓扑结构是一样的, 确切地说, $f_a$ 是 $f_b$ 的一个强形变收缩核.

为此先建立如下引理.

**引理 5.1.1** 设 $X$ 是一个 Banach 空间, $f \in C^1(X,\mathbb{R})$. 设 $f$ 满足 (P.S.) 条件, 则对任意两个常数 $a < b$, 若 $f^{-1}[a,b]\bigcap K = \varnothing$, 那么存在 $\varepsilon_0, \delta > 0$ 使得

$$\|f'(x)\| \geqslant \varepsilon_0, \quad \forall x \in f^{-1}[a-\delta, b+\delta].$$

**证** 用反证法. 若不然, 存在 $x_n \in f^{-1}\left[a-\dfrac{1}{n}, b+\dfrac{1}{n}\right]$, $n = 1, 2, \cdots$, 使得 $f'(x_n) \to 0 (n \to \infty)$. 由于 $f$ 满足 (P.S.) 条件, 存在子列 $\{x_{n_k}\} \subset \{x_n\}$ 及 $x_0 \in X$ 有 $\lim\limits_{k\to\infty} x_{n_k} = x_0$. 从而 $f'(x_0) = 0$ 且 $x_0 \in f^{-1}[a,b]$, 这与 $f^{-1}[a,b]\bigcap K = \varnothing$ 矛盾.□

下面回顾抽象常微分方程的初值问题解的存在性.

**引理 5.1.2** $X$ 是一个 Banach 空间, $U \subset X$ 是一个开集, $f : U \to X$ 是一个局部 Lipschitz 映射, $x_0 \in U$, 则存在 $a > 0$, 使方程

$$\begin{cases} \dot{x}(t) = f(x), \\ x(0) = x_0 \end{cases} \tag{5.1.2}$$

在 $[0,a]$ 上存在唯一解. 若 $U = X$, 则方程 (5.1.2) 在 $[0,+\infty)$ 上有唯一解.

**证** 方程 (5.1.2) 可以等价转化为下列积分方程

$$x(t) = x_0 + \int_0^t f(x(s))\mathrm{d}s, \tag{5.1.3}$$

取 $B_r(x_0) \subset U$ 使得 $f$ 在 $B_r(x_0)$ 内满足 Lipschitz 条件, 即存在 $L > 0$, 使得任意 $x, x' \in B_r(x_0)$ 有

$$\|f(x) - f(x')\| \leqslant L\|x - x'\|.$$

记 $M = \|f(x_0)\| + Lr$. 显然有 $\sup\limits_{x\in B_r(x_0)} \|f(x)\| \leqslant M$. 任取正的常数 $a < \min\left\{\dfrac{r}{M}, \dfrac{1}{L}\right\}$. 定义 $(Tx)(t) := x_0 + \displaystyle\int_0^t f(x(s))\mathrm{d}s$. 根据下列不等式

$$\|(Tx)(t) - x_0\| \leqslant \left\|\int_0^t f(x(s))\mathrm{d}s\right\| \leqslant Ma < r, \quad \forall t \in [0,a]$$

可以推出

$$T: C\left([0,a],\bar{B}_r(x_0)\right) \to C\left([0,a],\bar{B}_r(x_0)\right).$$

并且,

$$\|(Tx_1)(t)-(Tx_2)(t)\| \leqslant \int_0^t L\|x_1-x_2\|\mathrm{d}s \leqslant La\|x_1-x_2\|, \quad \forall t\in[0,a].$$

根据 Banach 压缩映射原理, 推出方程 (5.1.2) 在 $[0,a]$ 上有唯一解.

若 $f$ 在整个 $X$ 上有定义且局部 Lipschitz 的, 那么通过解的延拓可以得到方程 (5.1.2) 在 $[0,+\infty)$ 上有唯一解. □

通过伪梯度向量场, 可以构造 $f$ 的一个下降流, 具体如下: $\forall u_0\in\tilde{X}$, 考虑初值问题

$$\begin{cases} \dot{u}(t) = -\varPhi(u(t)), \\ u(0)=u_0, \end{cases} \tag{5.1.4}$$

这里 $\varPhi$ 是 $\tilde{X}$ 上的伪梯度向量场.

由 $\varPhi$ 的局部 Lipschitz 性, 可知 (5.1.4) 的局部解一定存在, 并且

$$\begin{aligned} \frac{\mathrm{d}}{\mathrm{d}t}f(u(t)) &= \langle f'(u(t)),\dot{u}(t)\rangle \\ &= -\langle f'(u(t)),\varPhi(u(t))\rangle \\ &\leqslant -\|f'(x(t))\|^2, \end{aligned}$$

这表明函数 $f(u(t))$ 沿着流 $u(t)$ 的方向关于 $t$ 是单调递减的. 再结合引理 5.1.1, 当 $f$ 满足 (P.S.) 条件且 $f^{-1}[a,b]\bigcap K=\varnothing$, 则用向量场 $\dfrac{\varPhi(x)}{\|\varPhi(x)\|^2}$ 来代替向量场 $\varPhi(x)$. 那么由 $\|\varPhi(x)\|^2\geqslant\|f'(x)\|^2\geqslant\varepsilon_0^2$, 可知

$$\frac{1}{\|\varPhi(x)\|}\leqslant\frac{1}{\varepsilon_0}.$$

**引理 5.1.3** 设 $f\in C^1(X,\mathbb{R})$ 满足 (P.S.) 条件, 并且 $f^{-1}[a,b]\bigcap K=\varnothing$, 则 $\forall u_0\in f^{-1}[a,b]$, 初值问题

$$\begin{cases} \dot{u}(t) = -\dfrac{\varPhi(u(t))}{\|\varPhi(u(t))\|^2}, \\ u(0)=u_0 \end{cases} \tag{5.1.5}$$

在 $f^{-1}[a,b]$ 上有极大半解区间 $[0,r_{u_0})$, 其中 $r_{u_0}$ 为有限数, 满足 $f(u(r_{u_0}-0))=a$ 且 $u\to r_u: f^{-1}[a,b]\to\mathbb{R}$ 是连续的.

**注** 引理 5.1.3 表明 $\forall u_0\in f^{-1}[a,b]$, 存在唯一的实数 $r_{u_0}\geqslant 0$, 满足 $f(u(r_{u_0}-0))=a$. 此时称 $r_{u_0}$ 为到达时间. 进一步, 到达时间 $r_{u_0}$ 对初值 $u_0$ 是连续依赖的.

**引理 5.1.3 的证明** 由 $-\dfrac{\Phi(x)}{\|\Phi(x)\|^2}$ 的局部 Lipschitz 性质, 应用引理 5.1.2. 可推出方程 (5.1.5) 在 $f^{-1}[a,b]$ 内有极大半解区间. 又 $\forall t\in[0,r_{u_0})$

$$\begin{aligned}
f(u(t))&\geqslant a,\\
f(u(t))-f(u_0)&=\int_0^t\langle f'(u(\tau)),\dot{u}(\tau)\rangle\,\mathrm{d}\tau\\
&=-\int_0^t\frac{1}{\|\Phi(x(\tau))\|^2}\langle f'(u(\tau)),\Phi(u(\tau))\rangle\,\mathrm{d}\tau\\
&\leqslant-\frac{t}{4},
\end{aligned}$$

可见, $r_{u_0}\leqslant 4(f(u_0)-f(u(t)))\leqslant 4(b-a)$, 即 $r_{u_0}$ 为有穷数. 注意到

$$\left\|\int_t^{t'}\dot{u}(\tau)\mathrm{d}\tau\right\|\leqslant\int_t^{t'}\frac{1}{\|\Phi(u(\tau))\|}\mathrm{d}\tau\leqslant\frac{1}{\varepsilon_0}|t'-t|,$$

所以, 当 $t\to r_{u_0}-0$ 时, $u(t)$ 的极限存在, 记为 $u_1$. 若 $f(u_1)>a$, 则由引理 5.1.2. 可知流 $u(t)$ 还可以继续延拓, 这与 $r_{u_0}$ 的极大性矛盾, 故 $f(u(r_{u_0}-0))=a$.

为了讨论初值 $u_0$ 和到达时间 $r_{u_0}$ 的关系, 不妨将方程 (5.1.5) 的解 $u(t)$ 写成 $u(t,u_0)$. 这时 $t=r_{u_0}$ 看成 $f(u(t,u_0))=a$ 的解, 则因

$$\frac{\partial}{\partial t}(f(u(t,u_0)))\bigg|_{t=r_{u_0}}=\langle f'(u(r_{u_0},u_0)),\dot{u}(r_{u_0},u_0)\rangle\leqslant-\frac{1}{4}.$$

应用隐函数定理, 解 $t=r_{u_0}$ 对 $u_0$ 连续依赖的. □

**定理 5.1.2** (形变引理 1) 设 $f\in C^1(X,\mathbb{R})$ 满足 (P.S.) 条件, 且对 $a<b$, 有 $f^{-1}[a,b]\bigcap K=\varnothing$, 则 $f_a$ 是 $f_b$ 的一个强形变收缩核.

**证** 设 $u(t,u_0)$ 为方程 (5.1.5) 过初值 $u_0$ 的解, 并令

$$y(s,u_0)=\begin{cases}u_0, & u_0\in f_a,\\ u(r_{u_0}s,u_0), & u_0\in f_b\backslash f_a,\end{cases}$$

则易验证 $y:[0,1]\times f_b\to f_b$ 满足:

$$y(0,u)=u,\quad \forall u\in f_a, \tag{5.1.6}$$

$$y(1,u)\in f_a,\quad \forall u\in f_b, \tag{5.1.7}$$

$$y(t,u)=u,\quad \forall (t,u)\in[0,1]\times f_a. \tag{5.1.8}$$

下面证明 $y$ 的连续性.

$y$ 在 $[0,1]\times f_a$ 上的连续性是显然的. 在 $[0,1]\times(f_b\backslash f_a)$ 上的连续性, 由引理 5.1.3 中的到达时间 $r_{u_0}$ 对初值 $u_0$ 的连续依赖性直接得到.

下面证明 $y$ 在集合 $[0,1]\times f^{-1}(a)$ 上的连续性. 任取 $(t,u)\in[0,1]\times f^{-1}(a)$, 仅需证明 $\forall\varepsilon>0,\exists\delta>0$, 对于 $u\in f^{-1}(a)$ 且 $\|u-u_1\|<\delta$, 以及 $\forall s\in[0,1]$ 且 $|s-t|<\delta$ 时, 有 $\|y(s,u_1)-y(t,u)\|=\|y(s,u_1)-u\|<\varepsilon$.

若 $u_1\in f_a$, 则 $y(s,u_1)=u_1$, 取 $\varepsilon=\delta$ 即可. 若 $u_1\notin f_a$, 则

$$\begin{aligned}\|u-y(s,u_1)\|&=\|u(sr_{u_1},u_1)-u\|\\&\leqslant\|u_1-u\|+\int_0^{sr_{u_1}}\|\dot{u}(\tau,u_1)\|\mathrm{d}\tau\\&\leqslant\|u_1-u\|+\frac{1}{\varepsilon_0}r_{u_1}=\|u_1-u\|+\frac{1}{\varepsilon_0}(r_{u_1}-r_u).\end{aligned}$$

注意上式中 $r_u=0$. 由 $r_u$ 的连续性, 存在 $\delta_0>0$, 当 $\|u-u_1\|<\delta_0$ 时,

$$r_{u_1}<r_u+\frac{1}{2}\varepsilon_0\varepsilon.$$

取 $\delta=\min\left\{\frac{\varepsilon}{2},\delta_0\right\}$, 即得 $\|y(s,u_1)-u\|<\varepsilon$, 当 $\|u-u_1\|<\delta$. 从而得知 $y(t,u)$ 在 $[0,1]\times f^{-1}(a)$ 上也连续的.

这时取 $r=y(1,\cdot)$ 则由式 (5.1.6)~(5.1.8) 及 $y$ 在 $[0,1]\times f_b$ 上的连续性, 可推出 $r$ 就是一个形变收缩, 并且 $f_a$ 是 $f_b$ 的一个强形变收缩. □

**定义 5.1.3**　$f\in C^1(X,\mathbb{R}),C\in\mathbb{R}$, 称序列 $\{u_k\}$ 为 $f$ 关于 $C$ 的临界点序列, 若

(1) $f(u_k)\to C$;

(2) $f'(u_k)\to 0$ 在 $X^*$ 中.

**性质 5.1.1**　若 $f$ 满足 (P.S.) 条件, 且 $f$ 关于 $C$ 有临界点序列, 则 $C$ 为 $f$ 的临界值.

**证**　由于 $f(u_k)\to C\ (k\to\infty)$, 易知 $\{f(u_k)\}$ 是有界的. 又结合条件 $f'(u_k)\to 0(k\to\infty)$, 应用 (P.S.) 条件得到, 存在子列 $\{u_{k_n}\}\subset\{u_k\}$ 及 $u\in X$ 满足

$$C=\lim_{n\to\infty}f(u_{k_n})=f(u),$$

且 $f'(u)=\lim\limits_{n\to\infty}f'(u_k)=0$, 可知 $C$ 为 $f$ 的一个临界值.

**性质 5.1.2**　设 $f\in C^1(X,\mathbb{R})$. 若 $f$ 满足 (P.S.) 条件, 则 $\forall C\in\mathbb{R}$, $K_C$ 是紧集.

**引理 5.1.4**　设 $f\in C^1(X,\mathbb{R})$. 若 $f$ 关于 $C$ 不存在临界点序列, 则存在 $\varepsilon_0>0$ 使得对任意的 $\varepsilon,\eta:0<\varepsilon<\eta\leqslant\varepsilon_0$, 存在局部 Lipschitz 连续的向量场 $\psi\equiv\psi_{\varepsilon,\eta}:X\to X$ 满足 $\|\psi(x)\|\leqslant 1,\forall x\in X$. 特别地, $f$ 是偶泛函时, $\psi$ 为奇算子.

**证**　令 $J_\varepsilon=\{x\in X:C-\varepsilon\leqslant f(x)\leqslant C+\varepsilon\}$, 由于 $f$ 关于 $C$ 无临界点序列, 则 $\exists\varepsilon_0>0$, 使 $J_{\varepsilon_0}\bigcap K=\varnothing$. 对 $0<\eta\leqslant\varepsilon_0$ 有 $J_\eta\subset J_{\varepsilon_0}$, 而且

$$K\subset X\backslash J_\eta=A\triangleq\{x\in X:f(x)>C+\eta,\ 或\ f(x)<C-\eta\}.$$

对 $0<\varepsilon<\eta$, 令

$$B=f_{C+\varepsilon}\backslash f_{C-\varepsilon}=\{x\in X:C-\varepsilon<f(x)\leqslant C+\varepsilon\}$$

则

$$\bar{A}\bigcap\bar{B}=\varnothing.$$

令 $g(x)=\dfrac{d(x,A)}{d(x,A)+d(x,B)}$, 则 $g(x)$ 有意义且是局部 Lipschitz 的. 取

$$\xi(t)=\begin{cases}1, & t\in[0,1],\\ \dfrac{1}{t}, & t>1,\end{cases}$$

则 $|\xi(t)-\xi(t')|\leqslant|t-t'|$.

令

$$\psi\equiv\psi_{\varepsilon,\eta}=\begin{cases}g(x)\xi(\|\varPhi(x)\|)\varPhi(x), & x\in\tilde{X},\\ 0, & x\in K\end{cases}$$

由 $g$ 和 $\xi$ 定义, 可知 $\forall x\in X$ 有 $\|\psi(x)\|\leqslant 1$ .

往证 $\psi$ 满足局部 Lipschitz 条件. 对 $u\in\tilde{X}$, 因 $\tilde{X}$ 是开集可知存在球 $B_r(u)\subset\tilde{X}$, 使 $g(\cdot),\varPhi(\cdot)$ 在 $B_r(u)$ 上满足 Lipschitz 条件, 而且存在 $M>0$, 使得 $\|\varPhi(x)\|\leqslant M,\forall x\in B_r(u)$. 这时 $\forall x,y\in B_r(u)$ 有

$$\begin{aligned}\psi(x)-\psi(y)=&g(x)\xi(\|\varPhi(x)\|)\varPhi(x)-g(y)\xi(\|\varPhi(y)\|)\varPhi(y)\\ =&[g(x)-g(y)]\xi(\|\varPhi(x)\|)\varPhi(x)+g(y)[\xi(\|\varPhi(x)\|)\\ &-\xi(\|\varPhi(y)\|)]\varPhi(x)+g(y)\xi(\|\varPhi(y)\|)[\varPhi(x)-\varPhi(y)].\end{aligned}$$

可见 $\psi(\cdot)$ 在 $B_r(u)$ 上满足 Lipschitz 条件. 当 $u\notin\tilde{X}$, 则 $u\in K$. 又由 $K\subset A$ 及 $A$ 是开集可知, 存在 $r>0$, 使 $B_r(u)\subset A$. 那么 $g(x)=0$, 故 $\psi(x)=\psi(y)=0,\forall x,y\in B_r(u)$. 因此, $\psi$ 在 $K$ 上同样满足局部 Lipschitz 条件.

特别地, 当 $f(x)$ 为偶泛函时, $\varPhi(x)$ 为奇算子, 那么

$$\begin{aligned}\psi(-x)&=g(-x)\xi(\|\varPhi(-x)\|)\varPhi(-x)\\ &=g(x)\xi(\|\varPhi(x)\|)[-\varPhi(x)]\\ &=-g(x)\xi[\|\varPhi(x)\|]\varPhi(x),\end{aligned}$$

即 $\psi$ 为奇算子. □

**定理 5.1.3** (形变引理 2)　设 $f \in C^1(X,\mathbb{R}), C \in \mathbb{R}$, 且 $f$ 关于 $C$ 不存在临界点序列, 则存在 $\tau > 0$, 使对于 $\forall \varepsilon, \sigma$ 满足 $0 < \varepsilon < \sigma \leqslant \tau$ 存在 $\eta(t,u) = \eta_{\varepsilon,\sigma} \in C([0,1] \times X, X)$ 满足下面的条件:

(1) $f(\eta(t,u))$ 关于 $t$ 是单调减函数, 且 $f(\eta(t,u)) \leqslant f(u), t \in [0,1]$;

(2) $\eta(0,u) = u$;

(3) $\eta(t,u) = u$, 当 $u \notin f^{-1}[C-\sigma, C+\sigma], t \in [0,1]$;

(4) $\eta(t,\cdot)$ 是 $X \to X$ 的同胚;

(5) $\|\eta(t,u) - u\| \leqslant 1$;

(6) $\eta(1, f_{C+\varepsilon}) \subset f_{C-\varepsilon}$;

(7) 若 $f$ 为偶泛函, 则 $\eta(t,u)$ 对 $u$ 为奇算子.

**证**　取 $b > 0$ 及 $\varepsilon_1 > 0$, 使

$$\|f'(x)\| \geqslant b, \quad \forall x \in f_{C+\varepsilon_1} \backslash f_{C-\varepsilon_1}.$$

取 $\tau < \min\left\{\varepsilon_1, \dfrac{1}{8}, \dfrac{b^2}{2}\right\}$, 则当 $0 < \varepsilon < \sigma \leqslant \tau$ 时, 由引理 5.1.4, 存在局部 Lipschitz 连续的向量场 $\psi : X \to X$.

考虑微分方程

$$\begin{cases} \dfrac{\mathrm{d}\eta(t,u)}{\mathrm{d}t} = -\psi(\eta(t,u)), \\ \eta(0,u) = u, \end{cases} \tag{5.1.9}$$

由引理 5.1.2, 该方程在 $[0,+\infty)$ 上存在解. 因此 $\eta(t,u) \in C([0,1] \times X, X)$.

(1) 由于

$$\begin{aligned} \frac{\mathrm{d}f}{\mathrm{d}t}(\eta(t,u)) &= \langle f'(\eta(t,u)), \eta'(t,u)\rangle \\ &= -\langle f'(\eta(t,u)), \psi(\eta(t,u))\rangle \\ &= -g(\eta(t,u))\xi(\varPhi(\eta(t,u)))\langle f'(\eta(t,u)), \varPhi(\eta(t,u))\rangle \\ &\leqslant -g(\eta(t,u))\xi(\varPhi(\eta(t,u)))\|f'(\eta(t,u))\|^2 \leqslant 0, \end{aligned}$$

故 $f(\eta(t,u))$ 关于 $t$ 单调.

(2) 显然.

(3) 若 $u \notin f^{-1}[C-\sigma, C+\sigma]$, 则 $u \in A = \{x \in X : f(x) > C+\sigma \text{ 或 } f(x) < C-\sigma\}$, 从而由 $\psi$ 的定义知 $\psi(u) = 0$. 显然 $\eta(t,u) \equiv u$ 为方程 (5.1.9) 过初始点 $u$ 的解. 由引理 5.1.2 知方程 (5.1.9) 的解唯一, 因此 $\eta(t,u) \equiv u, \forall t \in [0,1]$.

(4) 由微分方程的解的连续流性质, 直接得到.

(5) $\|\eta(t,u) - u\| = \left\|\displaystyle\int_0^t \psi(\eta(s,u))\mathrm{d}s\right\| \leqslant t \leqslant 1, (t,u) \in (0,1] \times X$.

(6) 设 $u \in \eta(1, f_{C+\varepsilon})$, 则存在 $v \in f_{C+\varepsilon}$, 使得 $u = \eta(1, v)$.

(i) 当 $f(v) \leqslant C - \varepsilon$ 时, 则有 $f(u) = f(\eta(1, v)) \leqslant f(\eta(0, v)) = f(v) \leqslant C - \varepsilon$, 即 $u \in f_{C-\varepsilon}$ 从而 $\eta(1, f_{C+\varepsilon}) \subset f_{C-\varepsilon}$.

(ii) 当 $C - \varepsilon < f(v) \leqslant C + \varepsilon$, 仅需证明 $\exists t \in [0,1]$ 使 $\eta(t, v) \in f_{C-\varepsilon}$ 即可. 反证法, 若不然, 对一切 $t \in [0,1]$ 有

$$\eta(t, v) \notin f_{C-\varepsilon},$$

即

$$C - \varepsilon < f(\eta(t, v)) \leqslant C + \varepsilon, \quad t \in [0,1],$$

从而

$$\|f'(\eta(t, v))\| \geqslant b,$$

且 $\eta(t, v) \in B = \{x \in X : C - \varepsilon < f(x) \leqslant C + \varepsilon\}$, 故 $g(\eta(t, v)) = 1, t \in [0,1]$.

$$\begin{aligned}
2\varepsilon > f(v) - f(\eta(1, v)) &= -\int_0^1 \frac{\mathrm{d}}{\mathrm{d}t} f(\eta(t, v))\mathrm{d}t \\
&= \int_0^1 \langle f'(\eta(t, v)), \psi(\eta(t, v))\rangle\, \mathrm{d}t \\
&= \int_0^1 \xi(\|\Phi(\eta(t, v))\|)\, \langle f'(\eta(t, v)), \Phi(\eta(t, v))\rangle\, \mathrm{d}t \\
&\geqslant \int_0^1 \xi(\|\Phi(\eta(t, v))\|)\|f'(\eta(t, v))\|^2 \mathrm{d}t,
\end{aligned}$$

又因为

$$\xi(\|\Phi(\eta(t, v))\|)\|f'(\eta(t, v))\|^2 \geqslant \begin{cases} b^2, & \|\Phi(\eta(t, v))\| \leqslant 1, \\ \dfrac{\|f'(t, v)\|^2}{\|\Phi(\eta(t, v))\|} \geqslant \dfrac{1}{4}, & \|\Phi(\eta(t, v))\| \geqslant 1, \end{cases}$$

这与 $\varepsilon$ 的选取矛盾. □

(7) 显然.

## 5.2 极小极大原理

这一节, 将利用形变原理给出判断泛函临界值的几个常用定理, 并且利用这些定理去证明偏微分方程解的存在性.

**定理 5.2.1** (极小极大) 设 $f \in C^1(X, \mathbb{R})$, $\mathscr{A}$ 为 $X$ 的非空子集族, 记

$$C = \inf_{A \in \mathscr{A}} \sup_{x \in A} f(x).$$

如果满足条件:

(1) $C<+\infty$;

(2) 存在 $\tau>0$, 使 $\mathscr{A}$ 关于映射族

$$\mathcal{T}=\{T\in C(X,X):Tx=x \text{ 当 } f(x)<C-\tau\}$$

是不变的, 即 $\forall T\in\mathcal{T}$ 满足若 $A\in\mathscr{A}$ 有 $TA\in\mathscr{A}$. 那么, $f$ 关于 $C$ 有临界点序列. 特别地, 如果 $f$ 还满足 (P.S.) 条件, 则 $C$ 为 $f$ 的临界值.

**证** 若 $f$ 关于 $C$ 没有临界点序列, 则存在 $0<\varepsilon\leqslant\sigma\leqslant\tau$ 及 $\eta(t,x)$ 满足定理 5.1.3 的所有条件. 特别地, 当 $f(x)<C-\tau$ 时有 $f(x)<C-\tau\leqslant C-\sigma$, 那么 $\eta(t,x)=x$, 即 $\eta(t,\cdot)\in\mathcal{T}$. 故 $\eta(t,A)\in\mathscr{A}$. 由 $C$ 的定义, $\exists A_0\in\mathscr{A}$ 使得

$$\sup_{x\in A_0}f(x)<C+\varepsilon,$$

因此, $A_0\subset f_{C+\varepsilon}$. 于是

$$\eta(1,A_0)\subset\eta(1,f_{C+\varepsilon})\subset f_{C-\varepsilon},$$

那么, $\forall x\in\eta(1,A_0)$ 有 $f(x)\leqslant C-\varepsilon$.

但另一方面, $\eta(1,A_0)\in\mathscr{A}$, 由 $C$ 的定义有 $\sup\limits_{x\in\eta(1,A_0)}f(x)\geqslant C$, 产生矛盾, 故 $f$ 关于 $C$ 有临界点序列. 由性质 5.1.1 , 若 $f$ 还满足 (P.S.) 条件, 则 $C$ 为 $f$ 的临界值.

**推论 5.2.1** 设 $f\in C^1(X,\mathbb{R})$, 且 $f$ 满足 (P.S.) 条件, 若 $C=\inf\limits_{x\in X}f(x)>-\infty$, 则 $C$ 是 $f$ 的临界点.

**证** 取 $\mathscr{A}=\{\{x\}:x\in X\}$, 由定理 5.2.1 可得到结论. □

**推论 5.2.2** 设 $f\in C^1(X,\mathbb{R})$ 满足 (P.S.) 条件, 若 $C=\sup\limits_{x\in X}f(x)<+\infty$, 则 $C$ 是 $f$ 的一个临界值.

**证** 取 $\mathscr{A}=\{X\}$, 即可. □

**定理 5.2.2** (山路引理) 设 $X$ 是 Banach 空间, $f\in C^1(X,\mathbb{R})$ 满足

(1) $f(0)=0,\exists\rho>0$ 使 $f|_{\partial B_\rho(0)}\geqslant\alpha>0$;

(2) $\exists x_0\in X\backslash\overline{B_\rho(0)}$ 使得 $f(x_0)\leqslant 0$.

令 $\varGamma$ 是连接 0 与 $x_0$ 的道路集合, 即

$$\varGamma=\{g\in C([0,1],X):g(0)=0,g(1)=x_0\}.$$

再记

$$C=\inf_{g\in\varGamma}\max_{t\in[0,1]}f(g(t)),$$

那么 $C \geqslant \alpha$, 且 $f$ 关于 $C$ 有临界序列. 特别地, 若 $f$ 满足 (P.S.) 条件, 则 $C$ 是 $f$ 的临界值.

**证** 由条件 $\|x_0\| = \|g(1)\| > \rho > 0 = \|g(0)\|$, 以及 $\|g(t)\|$ 的连续性, $\exists t_0 \in [0,1]$ 使 $\|g(t_0)\| = \rho$. 故

$$\max_{t\in[0,1]} f(g(t)) \geqslant f(g(t_0)) \geqslant \alpha,$$

即 $C \geqslant \alpha$.

若 $f$ 关于 $C$ 不存在临界点序列, 则存在 $\tau > 0$ 及 $0 < \varepsilon \leqslant \bar{\varepsilon} \leqslant \min\left(\frac{\alpha}{2}, \tau\right)$ 及相应的形变 $\eta(t,u) \in C([0,1] \times X, X)$. 由 $C$ 的定义, 对上述 $\varepsilon$ 存在 $g_0 \in \Gamma$, 使得

$$\max_{t\in[0,1]} f(g_0(t)) < C + \varepsilon.$$

由不等式 $f(x_0) \leqslant 0 = f(0) < \frac{\alpha}{2} \leqslant C - \bar{\varepsilon}$ 可知

$$x_0, 0 \notin f^{-1}[C - \bar{\varepsilon}, C + \bar{\varepsilon}].$$

令 $h(t) = \eta(1, g_0(t))$, 则由定理 5.1.3 中的 (3) 可知

$$h(0) = \eta(1, g_0(0)) = \eta(1, 0) = 0,$$

$$h(1) = \eta(1, g_0(1)) = \eta(1, x_0) = x_0,$$

故 $h \in \Gamma$, 那么

$$C \leqslant \max_{t\in[0,1]} f(h(t)).$$

另一方面, $g_0(t) \in f_{C+\varepsilon}$, 可知 $\eta(1, g_0(t)) \subset \eta(1, f_{C+\varepsilon}) \subset \eta(1, f_{C-\varepsilon})$. 可见 $f(h(t)) \leqslant C - \varepsilon, t \in [0,1]$, 矛盾. □

为了给出山路引理的应用, 这里介绍 Nemyckii 算子的性质.

**定义 5.2.1** 设 $\Omega \subset \mathbb{R}^m$ 是一个可测集, $F: \Omega \times \mathbb{R}^m \to \mathbb{R}$ 称为满足 Carathéodory 条件, 如果

(1) 对几乎处处 $x \in \Omega$, $F(x, \cdot): \mathbb{R}^m \to \mathbb{R}$ 连续;

(2) $\forall u \in \mathbb{R}^m$, $F(\cdot, u): \Omega \to \mathbb{R}$ 可测.

若 $u: \Omega \to \mathbb{R}^m$ 是可测函数, 则算子 $A: u(x) \to F(x, u(x))$ 称为 Nemyckii 算子 (或 Carathéodory 算子).

**定理 5.2.3** 设 $p, r \geqslant 1$, $F$ 在 $\Omega \times \mathbb{R}$ 上满足 Carathéodory 条件且

$$|F(x,u)| \leqslant a(x) + b|u|^{\frac{p}{r}}, \quad \forall (x,u) \in \Omega \times \mathbb{R},$$

这里 $a(\cdot) \in L^r(\Omega), b > 0$, 则算子 $A: u(x) \to F(x, u(x))$ 是 $L^p(\Omega) \to L^r(\Omega)$ 的有界连续算子.

**证**　由于当 $u\in L^p(\Omega)$,

$$\begin{aligned}\left(\int_\Omega |F(x,u)|^r\mathrm{d}x\right)^{\frac{1}{r}} &\leqslant \left(\int_\Omega [|a(x)|+b|u|^{\frac{p}{r}}]^r\mathrm{d}x\right)^{\frac{1}{r}}\\ &\leqslant \left(\int_\Omega |a(x)|^r\mathrm{d}x\right)^{\frac{1}{r}}+b\left(\int_\Omega |u(x)|^p\mathrm{d}x\right)^{\frac{1}{r}}\\ &\leqslant \|a\|_r+b\|u\|_p^{\frac{p}{r}}<+\infty,\end{aligned}$$

所以 $A: L^p(\Omega)\to L^r(\Omega)$.

下证连续性.

取函数列 $\{u_k\}\subset L^p(\Omega)$, 满足 $u_k\to u_0$ 在 $L^p(\Omega)$ 中, 且 $u_k\to u_0$ a.e. 于 $\Omega$. 令 $f_k(x)=F(x,u_k(x)), g_k(x)=a(x)+b|u_k(x)|^{\frac{p}{r}}$, 那么 $f_k\to f_0$ 和 $g_k\to g_0$ a.e. 于 $\Omega$. 又因为 $|f_k(x)|\leqslant|g_k(x)|$ 且 $||u_k|^p-|u_0|^p|\leqslant|u_k|^p+|u_0|^p$ , 由 Fatou 引理知,

$$\begin{aligned}\int_\Omega 2\mid u_0\mid^p\mathrm{d}x &= \int_\Omega \varliminf_{k\to\infty}\left[|u_k|^p+|u_0|^p-\left||u_k|^p-|u_0|^p\right|\right]\mathrm{d}x\\ &\leqslant \varliminf_{k\to\infty}\int_\Omega[|u_k|^p+|u_0|^p-||u_k|^p-|u_0|^p|]\mathrm{d}x\\ &=2\int_\Omega|u_0|^p\mathrm{d}x-\varlimsup_{k\to\infty}\int_\Omega\left||u_k|^p-|u_0|^p\right|\mathrm{d}x.\end{aligned}$$

故

$$2\int_\Omega|u_0|^p\mathrm{d}x\leqslant 2\int_\Omega|u_0|^p\mathrm{d}x-\varlimsup_{k\to\infty}\int_\Omega\left||u_k|^p-|u_0|^p\right|\mathrm{d}x,$$

即

$$\lim_{k\to\infty}\int_\Omega\left||u_k|^p-|u_0|^p\right|\mathrm{d}x=0.$$

进而

$$\begin{aligned}\int_\Omega|g_k-g_0|^r\mathrm{d}x &= b^r\int_\Omega\left||u_k|^{\frac{p}{r}}-|u_0|^{\frac{p}{r}}\right|^r\mathrm{d}x\\ &\leqslant b^r\int_\Omega\left||u_k|^p-|u_0|^p\right|\mathrm{d}x\to 0,\quad k\to\infty.\end{aligned}$$

故

$$\int_\Omega|g_k|^r\mathrm{d}x\to\int_\Omega|g_0|^k\mathrm{d}x\quad(k\to\infty),$$

另一方面,

$$|f_k-f_0|^r\leqslant 2^{r-1}(|f_k|^r+|f_0|^r)\leqslant 2^{r-1}(|g_k|^r+|g_0|^r).$$

由 Fatou 引理

$$\int_\Omega\varliminf_{k\to\infty}[2^{r-1}(|g_k|^r+|g_0|^r)-|f_k-f_0|^r]\mathrm{d}x$$

$$\leqslant \varliminf_{k\to\infty}\int_\Omega [2^{r-1}(|g_k|^r+|g_0|^r)-|f_k-f_0|^r]\mathrm{d}x,$$

同理, 可推出 $\varlimsup\limits_{k\to\infty}\int_\Omega |f_k-f_0|^r\mathrm{d}x=0$, 即 $\lim\limits_{k\to\infty}\int_\Omega |f_k-f_0|^r\mathrm{d}x=0$. □

**定理 5.2.4** 设 $f$ 在 $\Omega\times\mathbb{R}$ 上满足 Carathéodory 条件, 且

$$|f(x,u)|\leqslant a(x)+b|u|^r,\quad \forall (x,u)\in\Omega\times\mathbb{R},$$

其中 $a(x)\in L^{\frac{r+1}{r}}(\Omega), b>0$, 且 $r$ 满足

$$0<r<\begin{cases}\dfrac{n+2}{n-2}, & n>2,\\ +\infty, & n\leqslant 2.\end{cases}$$

记

$$E=H_0^1(\Omega),\quad F(x,u)=\int_0^u f(x,t)\mathrm{d}t,$$

$$J(u)=\int_\Omega F(x,u(x))\mathrm{d}x=\int_\Omega\int_0^{u(x)} f(x,t)\mathrm{d}t\mathrm{d}x,$$

则$J\in C^1(E,\mathbb{R})$且有$(J'(u),\varphi)=\int_\Omega f(x,u(x))\varphi(x)\mathrm{d}x$. 另外, $J':E\to E^*$ 是紧算子.

**证** 任取 $\varphi\in H_0^1(\Omega)$, 考虑 $J$ 在 $\varphi$ 方向的方向导数如下:

$$\begin{aligned}\langle J'(u),\varphi\rangle&=\lim_{t\to 0^+}\frac{J(u+t\varphi)-J(u)}{t}\\&=\lim_{t\to 0^+}\int_\Omega f(x,u(x)+t\theta\varphi(x))\varphi(x)\mathrm{d}x,\quad 0\leqslant\theta(x)\leqslant 1,\quad \forall x\in\Omega.\end{aligned}$$

由于

$$\begin{aligned}|f(x,u+\theta t\varphi)\varphi|&\leqslant [a(x)+b|u+\theta t\varphi|^r]|\varphi|\\&\leqslant \frac{r}{r+1}[a(x)+b|u+\theta t\varphi|^r]^{\frac{r+1}{r}}+\frac{1}{r+1}|\varphi|^{r+1}\\&\leqslant \frac{r}{r+1}2^{\frac{1}{r}}\left[|a(x)|^{\frac{r+1}{r}}+b^{\frac{r+1}{r}}|u+t\theta\varphi|^{r+1}\right]+\frac{1}{r+1}|\varphi|^{r+1}\\&\leqslant C[|a(x)|^{\frac{r+1}{r}}+|u|^{r+1}+|\varphi|^{r+1}].\end{aligned}$$

根据 $a(x)\in L^{\frac{r+1}{r}}(\Omega)$ 及 $H_0^1(\Omega)\subset L^{r+1}(\Omega)$, 以及 Lebesgue 控制收敛定理, 可知

$$\langle J'(u),\varphi\rangle=\int_\Omega f(x,u)\varphi\mathrm{d}x.$$

又由

$$|\langle J'(u),\varphi\rangle|=\left|\int_\Omega f(x,u)\varphi\mathrm{d}x\right|$$

$$
\begin{aligned}
&\leqslant \int_{\Omega} |f(x,u)||\varphi| \mathrm{d}x \\
&\leqslant \|f(x,u(x))\|_{\frac{r+1}{r}} \|\varphi\|_{r+1} \\
&\leqslant C_* \|f(x,u(x))\|_{\frac{r+1}{r}} \|\varphi\|_E,
\end{aligned}
$$

这里 $C_*$ 是 $H_0^1(\Omega)$ 到 $L^{r+1}(\Omega)$ 的嵌入常数, 从而 $J'(u): E \to \mathbb{R}$ 是有界线性算子.

再证明 $J': E \to E^*$ 是连续的, 这是因为

$$
\begin{aligned}
\|J'(u) - J'(v)\|_{E^*} &= \sup_{\|\varphi\| \leqslant 1} |(J'(u), \varphi) - (J'(v), \varphi)| \\
&= \sup_{\|\varphi\| \leqslant 1} \left| \int_{\Omega} (f(x,u) - f(x,v)) \varphi \mathrm{d}x \right| \\
&\leqslant \sup_{\|\varphi\| \leqslant 1} C \|f(x,u) - f(x,v)\|_{\frac{r+1}{r}} \|\varphi\|_E \\
&\leqslant C \|f(x,u) - f(x,v)\|_{\frac{r+1}{r}} \to 0, \quad \text{当 } u \to v \text{ 在 } E \text{ 中}. \qquad (5.2.1)
\end{aligned}
$$

若 $\{u_n\} \subset E$ 且有界, 则由 $E$ 紧嵌入到 $L^{\frac{r+1}{r}}(\Omega)$ 中, 不妨设 $u_n \to u_0$ 在 $L^{\frac{r+1}{r}}(\Omega)$ 中, 那么根据式 (5.2.1) 可得 $\{J'(u_n)\}$ 在 $E^*$ 中是 Cauchy 列, 从而 $\{J'(u_n)\}$ 收敛. 故 $J': E \to E^*$ 是紧算子. □

**引理 5.2.1**　设 $f(x,u)$ 在 $\Omega \times \mathbb{R}$ 上满足 Carathéodory 条件, 且有

$$
|f(x,u)| \leqslant a(x) + b|u|^r,
$$

其中 $a(x) \in L^{\frac{r+1}{r}}(\Omega), b > 0, r$ 满足

$$
0 < r < \begin{cases} \dfrac{n+2}{n-2}, & n > 2, \\ +\infty, & n \leqslant 2. \end{cases}
$$

记 $I(u) = \dfrac{1}{2} \displaystyle\int_{\Omega} |Du|^2 \mathrm{d}x - \int_{\Omega} F(x,u) \mathrm{d}x$.

如果 $\{u_k\}$ 是 $E = H_0^1(\Omega)$ 中的有界列, 且 $I'(u_k) \to 0$ 在 $E^* = H^{-1}(\Omega)$ 中, 则 $\{u_k\}$ 有收敛子列.

**证**　设 $\|u_k\| \leqslant M$. 如上面的定理当 $J(u) = \displaystyle\int_{\Omega} F(x,u) \mathrm{d}x$ 时, 由 $J': E \to E^*$ 紧, 不妨设 $J'(u_k) \to J'(u)$ 在 $E^*$ 中. 又 $\forall \varphi \in E$, 因为

$$
\langle I'(u), \varphi \rangle = \int_{\Omega} Du \cdot D\varphi \mathrm{d}x - \langle J'(u), \varphi \rangle,
$$

可知

$$
\langle I'(u_k) - I'(u_m), \varphi \rangle = \int_{\Omega} (Du_k - Du_m) D\varphi \mathrm{d}x - \langle J'(u_k) - J'(u_m), \varphi \rangle.
$$

特别地,

$$\langle I'(u_k)-I'(u_m),u_k-u_m\rangle=\int_\Omega|Du_k-Du_m|^2\mathrm{d}x-\langle J'(u_k)-J'(u_m),u_k-u_m\rangle,$$

从而由 Schwarz 不等式及 Poincaré 不等式有

$$\|u_k-u_m\|_E^2\leqslant 2M[\|I'(u_k)\|+\|I'(u_m)\|+\|J'(u_k)-J'(u_m)\|],$$

即 $\|u_k-u_m\|_E\to 0$, 从而 $\{u_k\}$ 是收敛列. □

下面给出山路引理的应用.

**定理 5.2.5** 设 $\Omega\subset\mathbb{R}^n$ 是光滑有界区域, $n\geqslant 3$, $f:\Omega\times\mathbb{R}\to\mathbb{R}$ 是一个 Carathéodory 函数, 并且满足

(1) 关于 $x\in\Omega$ 一致地成立 $\limsup\limits_{t\to 0}\dfrac{f(x,t)}{t}\leqslant 0$;

(2) 存在常数 $p$: $2<p<2^*=\dfrac{2n}{n-2}$ 和常数 $C>0$, 使得对于几乎处处 $x\in\Omega$, $t\in\mathbb{R}$ 有 $|f(x,t)|\leqslant C(1+|t|^{p-1})$;

(3) (A-R 条件即 Ambrosetti-Rabinowicz 条件) 存在常数 $q>2$ 和常数 $R_0>0$, 当 $|t|\geqslant R_0$ 时, 对于几乎处处 $x\in\Omega$ 有 $0<qF(x,t)\leqslant f(x,t)t$,

其中

$$F(x,t)=\int_0^t f(x,\tau)\mathrm{d}\tau,$$

那么问题

$$\begin{cases}-\Delta u=f(x,u), & \text{在 } \Omega \text{ 中},\\ u=0, & \text{在 } \partial\Omega \text{ 上}\end{cases}\tag{5.2.2}$$

有非平凡解.

**证** 定义泛函 $I:H_0^1(\Omega)\to\mathbb{R}$ 如下,$\forall u\in H_0^1(\Omega)$,

$$I(u)=\frac{1}{2}\int_\Omega|\nabla u|^2\mathrm{d}x-\int_\Omega F(x,u)\mathrm{d}x,\quad \forall u\in H_0^1(\Omega).$$

由条件 (2) 我们容易验证 $I\in C^1(H_0^1(\Omega),\mathbb{R})$. 并且, 对于 $\forall\varphi\in H_0^1(\Omega)$, 都有

$$\begin{aligned}\langle I'(u),\varphi\rangle&=\int_\Omega\nabla u\cdot\nabla\varphi\mathrm{d}x-\int_\Omega f(x,u)\varphi\mathrm{d}x\\&=-\int_\Omega(\Delta u\varphi+f(x,u)\varphi)\mathrm{d}x,\end{aligned}$$

所以 $I(u)$ 的临界点就是问题 (5.2.2) 的弱解.

记 $E=H_0^1(\Omega)$. 下面先证明 $I$ 是满足 (P.S.) 条件的.

设 $\{u_n\}$ 是 $E$ 中的关于 $I$ 的 (P.S.) 序列, 即存在 $C>0$, 使得 $\forall n\in\mathbb{N}$ 有 $|I(u_n)|\leqslant C$ 且 $\lim\limits_{n\to\infty}\|I'(u_n)\|_{E^*}=0$.

$$C+o(1)\|u_n\|_E\geqslant qI(u_n)-\langle I'(u_n)\cdot u_n\rangle$$

$$= \frac{q-2}{2}\int_\Omega |\nabla u_n|^2 \mathrm{d}x + \int_\Omega (f(x,u_n)u_n - qF(x,u_n))\mathrm{d}x.$$

又由条件 (3) 及条件 (2), 存在常数 $C_1$ 满足当 $|u| \leqslant R_0$ 时, 有

$$\begin{aligned}
&\int_\Omega (qF(x,u) - f(x,u)u)\mathrm{d}x \\
\leqslant &\int_{\{x\in\Omega:|u|\leqslant R_0\}} (qF(x,u) - f(x,u)u)\mathrm{d}x \\
\leqslant &|\Omega| \operatorname*{ess\,sup}_{x\in\Omega\cdot|u|\leqslant R_0} (qF(x,u) - f(x,u)u) = C_1,
\end{aligned}$$

从而 $C_1 + C + o(1)\|u_n\|_E \geqslant \frac{q-2}{2}\int_\Omega |\nabla u_n|^2 \mathrm{d}x.$

注意到 $\left(\int_\Omega |\nabla u|^2 \mathrm{d}x\right)^{\frac{1}{2}}$ 是 $E$ 上的等价范数. 可知 $\{u_n\}$ 是 $E$ 中的有界列, 这时应用引理 5.2.1 便可知, $\{u_n\}$ 有收敛子列, 即 $I$ 满足 (P.S.) 条件. 显然, $I(0) = 0$.

由条件 (1), 每一个 $\varepsilon > 0$ 都存在 $\delta > 0$, 使得当 $|u| < \delta$ 时, $|f(x,u)| \leqslant \frac{\varepsilon}{2}|u|$, 进一步, 由条件 (2), 存在 $C(\varepsilon)$, 使得当 $|u| \geqslant \delta$ 时 $|f(x,u)| \leqslant C(\varepsilon)|u|^{p-1}$. 那么由定义 $F(x,u) = \int_0^u f(x,\tau)\mathrm{d}\tau$, 可知 $\forall\varepsilon > 0$, 存在 $C(\varepsilon)$, 使得 $\forall u \in \mathbb{R}$ 及几乎处处 $x \in \Omega$ 成立

$$F(x,u) \leqslant \varepsilon|u|^2 + C(\varepsilon)|u|^p.$$

记 $\lambda_1$ 为算子 $-\Delta$ 的第一特征值, 即 $\lambda_1 = \min\limits_{u\neq 0} \frac{\int_\Omega |\nabla u|^2 \mathrm{d}x}{\int_\Omega |u|^2 \mathrm{d}x}$.利用 Sobolev 不等式, $\|u\|_{L^p} \leqslant C\|u\|_E$, 选取 $\varepsilon_1 > 0$ 充分小, 当 $\rho$ 足够小时, 存在 $\alpha > 0, \forall u \in E$且$\|u\|_E = \rho$ 有

$$\begin{aligned}
I(u) &\geqslant \frac{1}{2}\int_\Omega |\nabla u|^2 \mathrm{d}x - \varepsilon_1 \int_\Omega |u|^2 \mathrm{d}x - C(\varepsilon_1)\int_\Omega |u|^p \mathrm{d}x \\
&\geqslant \left(\frac{1}{2} - \frac{\varepsilon_1}{\lambda_1} - C(\varepsilon_1)C\|u\|_E^{p-2}\right)\|u\|_E^2 \geqslant \alpha > 0.
\end{aligned}$$

另一方面, 由条件 (3) 可知,

$$\frac{\mathrm{d}}{\mathrm{d}u}(|u|^{-q}F(x,u)) = (u|u|^q)^{-1}(uf(x,u) - qF(x,u)) \geqslant 0, \quad \forall|u| \geqslant R_0.$$

从而,

$$F(x,u) \geqslant K_0(x)|u|^q, \quad \forall|u| \geqslant R_0.$$

这里

$$K_0(x) = R_0^{-q}\min\{F(x,R_0), F(x,-R_0)\}.$$

这时, 取 $u_1 \neq 0$, 则存在 $C(u_1) > 0$, 使得

$$\begin{aligned} I(\lambda u_1) &= \frac{\lambda^2}{2}\int_\Omega |\nabla u|^2 \mathrm{d}x - \int_\Omega F(x,\lambda u_1)\mathrm{d}x \\ &\leqslant \left(\frac{1}{2}\int_\Omega |\nabla u_1|^2 \mathrm{d}x\right)\lambda^2 - C(u_1)\lambda^q + |\Omega| \operatorname*{ess\,sup}_{x\in\Omega,|v|\leqslant R_0} |F(x,v)| \to -\infty, \\ &\qquad \text{当 } \lambda \to \infty. \end{aligned}$$

取足够大的 $\lambda > 0$, 并令 $u_0 = \lambda u_1$, 则 $I(u_0) < 0$, 那么根据山路引理 (定理), 便得到问题 (5.2.2) 至少有一个非平凡解. □

**注**　其实在定理 5.2.5 的条件下, 通过取 $f(x,u)$ 的截断函数 $f^{\pm}(x,u)$ 及相应的 $F^{\pm}(x,u)$ 可得到问题 (5.2.2) 的两个常号解 $u^+ \geqslant 0 \geqslant u^-$.

## 5.3 环　绕

环绕是一个拓扑的概念, 可以通俗地理解为两个集合不能完全地分离. 环绕在临界点理论中, 特别是处理非对称变分问题时是一个有效的工具.

设 $X$ 是一个 Banach 空间, $S$ 是 $X$ 中的一个非常闭子集, $Q \subset X$ 是一个有边界 $\partial Q$ 的子流形.

**定义 5.3.1**　称 $S$ 和 $\partial Q$ 是环绕的, 是指

(i) $S \bigcap \partial Q = \varnothing$;

(ii) 对任意的连续映射 $h \in C(X,X)$ 满足 $h|_{\partial Q} = \mathrm{Id}$ 都有 $h(Q)\bigcap S \neq \varnothing$.

更一般地, 对上述的两个集合 $S$ 和 $Q$ 以及 $C(X,X)$ 的一个子集 $P$, 称 $S$ 和 $\partial Q$ 相对于 $P$ 是环绕的, 是指前面的条件 (i) 和 (ii)$\forall h \in P$ 成立.

下面给出两个环绕的经典例子:

**例 5.3.1**　设 $X$ 是一个 Banach 空间, $X_1$ 是它的一个有限维子空间, 即 $\dim X_1 < +\infty$. $X_2$ 是 $X_1$ 的补空间, 即 $X = X_1 \oplus X_2$. 令 $S = X_2$, $Q = B_R \bigcap X_1$, 其中 $B_R$ 是以 0 为中心, $R > 0$ 为半径的开球 (图 5.1), 则 $\partial Q = \{x \in X_1 : \|x\| = R\}$, 那么 $S$ 和 $\partial Q$ 是环绕的.

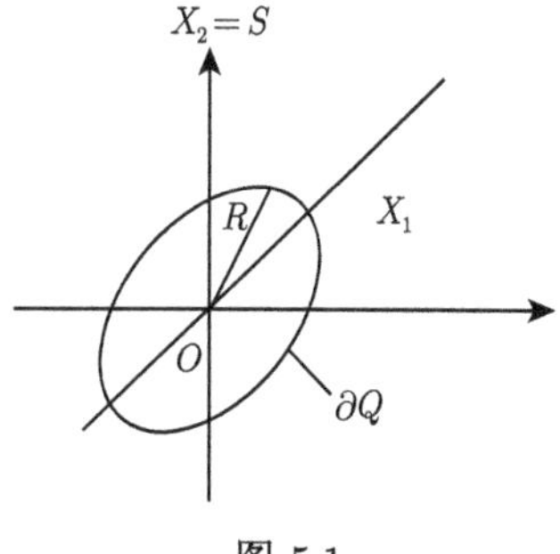

图 5.1

显然, 有 $S\bigcap \partial Q = \varnothing$. 只需证明, 若 $h \in C(X,X)$ 且 $h|_{\partial Q} = \mathrm{Id}$, 则 $h(Q)\bigcap S \neq \varnothing$. 即要证 $0 \in \pi(h(Q))$, 其中 $\pi: X \to X_1$ 是投影算子. $\forall t \in [0,1]$, $x \in X_1$ 定义

$$h_t(x) = t\pi(h(x)) + (1-t)x.$$

显然, $\forall t \in [0,1]$, $h_t \in C(X,X)$ 并且 $h_0 = \mathrm{Id}$ 和 $h_1 = \pi \circ h$. 又 $h_t|_{\partial Q} = \mathrm{Id}$, $\forall t \in [0,1]$. 这意味着 $0 \notin h_t(\partial Q)$, $\forall t \in [0,1]$. 这时, 可以定义 Brouwer 拓扑度 $\deg(h_t, Q, 0)$, 根据同伦不变性易得 $\deg(\pi \circ h, Q, 0) = \deg(\mathrm{Id}, Q, 0) = 1$.

从而 $0 \in \pi(h(Q))$, 即得到 $S$ 和 $\partial Q$ 是环绕的.

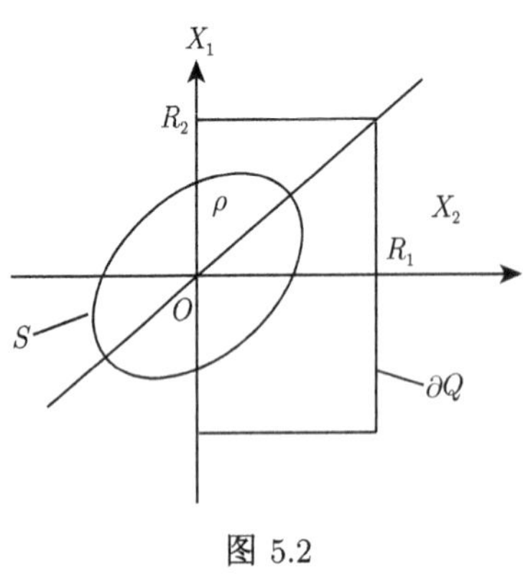

图 5.2

**例 5.3.2**　$X$ 是 Banach 空间, $X_1$ 是 $X$ 的有限维子空间, $\dim X_1 < +\infty$, $X_2$ 是 $X_1$ 的补空间, $X = X_1 \oplus X_2$, 取 $\hat{x} \in X_2$, 满足 $\|\hat{x}\| = 1$. 假设 $0 < \rho < R_1, 0 < R_2$ 且

$$S = \{x \in X_2 : \|x\| = \rho\},$$

$$Q = \{s\hat{x} + x_1 : 0 \leqslant s \leqslant R_1,\ x_1 \in X_1 \text{ 且 } \|x_1\| \leqslant R_2\},$$

那么 $Q$ 的边界为

$$\partial Q = \{s\hat{x} + x_1 \in Q : s \in \{0, R_1\} \text{ 或 } \|x_1\| = R_2\},$$

那么 $S$ 和 $\partial Q$ 是环绕的 (见图 5.2).

**证**　令 $\pi : X \to X_1$ 是投影算子. 设 $h \in C(X,X)$ 满足 $h|_{\partial Q} = \mathrm{Id}$, 下面证明存在 $x \in Q$ 同时满足 $\|h(x)\| = \rho$ 和 $\pi(h(x)) = 0$.

对 $t \in [0,1]$, $s \in \mathbb{R}$ 及 $x_1 \in X_1$, 定义 $\bar{h}_t : \mathbb{R} \times X_1 \to \mathbb{R} \times X_1$ 如下.

$$\bar{h}_t(s, x_1) = \big(t\|h(x) - \pi(h(x))\| + (1-t)s - \rho,\ t\pi(h(x)) + (1-t)x_1\big),$$

这里 $x = s\hat{x} + x_1$, 那么若 $x = s\hat{x} + x_1 \in \partial Q$, $\forall t \in [0,1]$ 我们有

$$\bar{h}_t(s, x_1) = (t\|x - x_1\| + (1-t)s - \rho,\ x_1) = (s - \rho,\ x_1) \neq 0,$$

从而可以定义 Brouwer 拓扑度 $\deg(\bar{h}_t, Q, 0)$, 并根据拓扑度的同伦不变性

$$\deg(\bar{h}_1, Q, 0) = \deg(\bar{h}_0, Q, 0) = 1,$$

这里 $\bar{h}_0(s, x_1) = (s - \rho, x_1)$, 因此, 存在 $x = s\hat{x} + x_1 \in Q$ 使得 $\bar{h}_1(x) = 0$. 这等价于要证的 $\pi(h(x)) = 0$ 且 $\|h(x)\| = \rho$. □

设空间 $X$ 中 $\partial Q$ 和 $S$ 是环绕的, 若 $f : X \to \mathbb{R}$ 在 $\partial Q$ 和 $S$ 上的值是可以分离的, 即实数 $\alpha > \alpha_0$ 使得

$$\sup_{x \in \partial Q} f(x) = \alpha_0, \tag{5.3.1}$$

$$\inf_{x \in S} f(x) = \alpha, \tag{5.3.2}$$

那么便有

**定理 5.3.1** 设 $f\in C^1(X,\mathbb{R})$ 满足式 (5.3.1)、式 (5.3.2) 并且满足 (P.S.) 条件, 定义 $P=\{h\in C(X,X):h|_{\partial Q}=\mathrm{Id}\}$, 那么数

$$\beta=\inf_{h\in P}\sup_{x\in Q}f(h(x))$$

是 $f$ 的一个临界值, 并且 $\beta\geqslant\alpha$.

**证** 用反证法, 假设 $\beta$ 不是 $f$ 的临界值. 由定理 5.1.3, 取 $\tau\in(0,\alpha-\alpha_0)$. 注意到 $\beta\geqslant\alpha$ 及对 $0<\varepsilon<\eta\leqslant\tau$, 当 $u\in\partial Q$ 时,

$$f(u)\leqslant\alpha_0<\alpha-\tau\leqslant\alpha-\eta\leqslant\beta-\eta,$$

故由定理 5.1.3 的 (3), $\eta(t,u)\equiv u$, 即 $\eta(t,\cdot)|_{\partial Q}=\mathrm{Id}$, 取 $h\in P$ 满足

$$\sup_{u\in Q}f(h(u))<\beta+\varepsilon.$$

令 $h_1(u)=\eta(1,h(u))$, 则 $h_1|_{\partial Q}=\mathrm{Id}$, 即 $h_1(\cdot)\in P$. 再由定理 5.1.3 中的 (6) 知

$$\sup_{u\in Q}f(h_1(u))\leqslant\beta-\varepsilon,$$

这与 $\beta$ 的选取矛盾! □

定理 5.3.1 中对泛函 $f$ 的条件可以适当的加强, 对 $f$ 在 $\partial Q$ 和 $S$ 上的值分离的条件减弱, 得到如下定理:

**定理 5.3.2** 设 Banach 空间 $X$ 上 $S$ 和 $\partial Q$ 是环绕的, $f\in C^{2-0}(X,\mathbb{R})$ 满足 (P.S.) 条件, 并且

$$\sup_{x\in\partial Q}f(x)=\alpha,\tag{5.3.3}$$

$$f(x)>\alpha,\quad\forall x\in S,\tag{5.3.4}$$

又设 $f$ 的每个临界值只对应着有穷多个临界点, 则 $f$ 必有一个临界值 $C>\alpha$.

**证** 取 $P=\{h\in C(X,X):\ h|_{\partial Q}=\mathrm{Id}\}$. 定义实数

$$C=\inf_{h\in P}\sup_{x\in Q}f(h(x)),$$

显然 $C\geqslant\alpha$.

若 $C>\alpha$, 那么取 $\varepsilon\in(0,\ C-\alpha)$. 利用定理 5.2.1 的证明可完成结论.

若 $C=\alpha$, 不妨设存在 $\varepsilon_0>0$ 使得 $f$ 在 $(C,C+\varepsilon_0]$ 上没有临界值, 因为若不然定理结论自然成立. 取 $h_0\in P$ 使得 $h_0(Q)\subset f_{C+\varepsilon_0}$. 由定理 5.1.3(形变引理), 存在强形变收缩 $\eta$: $f_{C+\varepsilon_0}\to f_C=f_\alpha$. 由条件 (5.3.3), $\partial Q\subset f_\alpha$. 所以 $\eta\circ h_0\in P$. 由假设 $\partial Q\bigcap S$ 是环绕的, 有 $\eta\circ h_0(Q)\bigcap S\neq\varnothing$. 但 $\eta\circ h_0(Q)\subset f_\alpha$, 这与条件 (5.3.4) 矛盾. □

环绕的每一个具体例子都可由定理 5.2.1 和定理 5.2.2 导出相应的临界点定理. 特别如下的环绕情形对应的极大极小原理便是山路引理.

**例 5.3.3**　设 $X$ 是一个 Banach 空间, $\Omega$ 是包含零点 $O$ 的一个开邻域, $S=\partial\Omega$. 设 $x_0\notin\Omega$, 令 $Q=\{\lambda x_0:\lambda\in[0,1]\}$, 则 $\partial Q=\{0,\ x_0\}$. 由连通性易知 $\partial Q$ 和 $S$ 是环绕的.

下面给出环绕的一个具体应用.

**定理 5.3.3**　设 $\Omega\subset\mathbb{R}^n$ 是光滑有界区域, $n\geqslant 3$, $f:\Omega\times\mathbb{R}\to\mathbb{R}$ 是一个 Carathéodory 函数, 并且满足

(1) $f(x,0)=0$ 且几乎处处 $x\in\Omega$, $u\in\mathbb{R}$ 成立 $\dfrac{f(x,u)}{u}\geqslant f_u(x,0)$;

(2) $\exists p<2^*=\dfrac{2n}{n-2}$ 和常数 $C$ 使得几乎处处 $x\in\Omega$, $u\in\mathbb{R}$ 有

$$|f_u(x,u)|\leqslant C(1+|u|^{p-2});$$

(3) A-R 条件. 存在 $q>2$ 和常数 $R_0$, 当 $|u|\geqslant R_0$ 时几乎处处 $x\in\Omega$ 有

$$0<qF(x,u)\leqslant f(x,u)u,$$

这里 $F(x,u)=\displaystyle\int_0^u f(x,v)\mathrm{d}v$. 那么方程

$$\begin{cases}-\Delta u=f(x,u), & 在\ \Omega\ 中,\\ u=0, & 在\ \partial\Omega\ 上\end{cases}\tag{5.3.5}$$

有非平凡解.

**证**　定义泛函 $I:\ H_0^1(\Omega)\to\mathbb{R}$ 如下

$$I(u)=\frac{1}{2}\int_\Omega|\nabla u|^2\mathrm{d}x-\int_\Omega F(x,u)\mathrm{d}x.$$

类似于定理 5.2.4 的证明过程, 由条件 (2) 和条件 (3) 可知, $I$ 是 $C^2$ 的, 并且满足 (P.S.) 条件. 只需说明泛函 $I$ 有非零临界点 $u$ 即可. 注意由条件 (1) 可知 $u\equiv 0$ 是问题 (5.3.5) 的一个平凡解.

用 $\varphi_k$ 表示如下线性化方程的特征函数:

$$\begin{cases}-\Delta\varphi_k=f_u(x,0)\varphi_k+\lambda_k\varphi_k, & 在\ \Omega\ 中,\\ \varphi_k=0, & 在\ \partial\Omega\ 上\end{cases}$$

对应的特征值为 $\lambda_1\leqslant\lambda_2\leqslant\lambda_3\leqslant\cdots$. 记 $k_0=\min\{k:\lambda_k>0\}$, 并记 $X^+=\mathrm{span}\{\varphi_k:k\geqslant k_0\}$, $X^-=\mathrm{span}\{\varphi_1,\varphi_2,\cdots,\varphi_{k_0-1}\}$. 由条件 (1), 有

$$F(x,u)=\int_0^u f(x,v)\mathrm{d}v\geqslant\frac{1}{2}f_u(x,0)u^2.$$

所以

$$
\begin{aligned}
I(u) &= \frac{1}{2}\int_{\Omega}|\nabla u|^2\mathrm{d}x - \int_{\Omega}F(x,u)\mathrm{d}x \\
&\leqslant \frac{1}{2}\int_{\Omega}|\nabla u|^2\mathrm{d}x - \frac{1}{2}\int_{\Omega}f_u(x,0)u^2\mathrm{d}x \\
&= \frac{1}{2}D^2I(0)(u,u) \leqslant 0, \quad \forall u \in X^-.
\end{aligned} \tag{5.3.6}
$$

又根据子空间 $X^+$ 的定义可知

$$
D^2I(0)(u,u) \geqslant \lambda_{k_0}\|u\|_{L_2}^2, \quad \forall u \in X^+. \tag{5.3.7}
$$

条件 (2) 意味着 $|f_u(x,0)| \leqslant C$, 即 $f_u(x,0)$ 是一致有界的, 所以存在足够大的 $k_1$, $\forall u \in Y := \mathrm{span}\{\varphi_k : k \geqslant k_1\}$, 有下式成立,

$$
\begin{aligned}
D^2I(0)(u,u) &= \int_{\Omega}|\nabla u|^2\mathrm{d}x - \int_{\Omega}f_u(x,0)u^2\mathrm{d}x \\
&\geqslant \frac{1}{2}\|u\|_{H_0^1(\Omega)}^2.
\end{aligned} \tag{5.3.8}
$$

因为 $Y$ 的相对 $X^+$ 的补空间为有限维空间, 利用有限维空间上的任意两个范数的等价性, 由式 (5.3.7) 和式 (5.3.8), 可推出存在 $\lambda > 0$, 使得 $\forall u \in X^+$ 一致地成立

$$
D^2I(0)(u,u) \geqslant \lambda\|u\|_{H_0^1}^2.
$$

又因为 $I \in C^2(H_0^1(\Omega))$, 通过 Taylor 展开, 并注意 $I(0) = 0$, $\langle DI(0), u\rangle = 0$, 可得对足够小的 $\rho > 0$, 有

$$
\inf_{u \in S_\rho^+} I(u) \geqslant \frac{1}{2}D^2I(0)(u,u) - o(\|u\|_{H_0^1}^2) \geqslant \frac{\lambda\rho^2}{4} > 0, \tag{5.3.9}
$$

这里 $S_\rho^+ = \{u \in X^+ : \|u\|_{H_0^1} = \rho\}$, $\dfrac{o(s)}{s} \to 0(s \to 0)$.

最后由条件 (3), 类似于定理 5.2.4 证明, 对任意有限维子空间 $W$ 满足

$$
I(u) \to -\infty, \quad 当\ \|u\| \to \infty, \ u \in W.
$$

这时取 $S = S_\rho^+$, 对足够大的 $R$, 取

$$
Q = \{u^- + s\varphi_{k_0} :\ u^- \in X^-,\ \|u^-\|_{H_0^1} \leqslant R,\ 0 \leqslant s \leqslant R\},
$$

则 $S$ 和 $\partial Q$ 是环绕的, 并由式 (5.3.6) 和式 (5.3.9) 可知满足定理 5.3.1 的全部条件, 所以泛函 $I$ 存在临界点 $u$ 满足 $I(u) \geqslant \dfrac{\lambda\rho^2}{4}$. □

## 5.4　Ljusternik-Schnirelmann 临界点理论

这个理论是由俄罗斯数学家 Ljusternik 和 Schnirelmann 于 20 世纪 30 年代建立的, 其主要思想是通过拓扑变换判断泛函临界值的变化. 这个理论对偏微分方程多解问题的研究有很大帮助.

**定义 5.4.1**　设 $X$ 是一个 Hilbert 空间, $\mathfrak{b}$ 表示 $X$ 中闭集的全体, $\mathbb{Z}_+$ 表示非负整数全体. 定义 $H:\mathfrak{b}\to\mathbb{Z}_+\bigcup\{+\infty\}$ 满足

(i) 若 $F$ 是单点集, 则 $H(F)=1$, $H(\varnothing)=0$;

(ii) 若 $F_1\subset F_2$, 则 $H(F_1)\leqslant H(F_2)$;

(iii) 若 $F_1,F_2\in\mathfrak{b}$, 则 $H(F_1\bigcup F_2)\leqslant H(F_1)+H(F_2)$;

(iv) 设 $h:[0,1]\times X\to X$ 连续, 且 $h(0,\cdot)=\mathrm{Id}$, 那么对任何 $F\in\mathfrak{b}$, 有

$$H(F)\leqslant H(h(1,F));$$

(v) 设 $F\in\mathfrak{b}$, 则存在包含 $F$ 的闭邻域 $N$ 满足

$$F\subset \mathrm{In}(N)\subset N$$

且

$$H(F)=H(N),$$

称 $H$ 为定义在 $X$ 上的一个**范畴**.

**注**　这样的映射 $H$ 是存在的. 例如, 定义

$$H(F)\triangleq\inf\left\{n\in\mathbb{Z}_+\bigcup\{+\infty\}\text{: 存在 } n \text{ 个可收缩闭集 } F_1,\cdots,F_n \text{ 使 } F\subset\bigcup_{i=1}^n F_i\right\},$$

其中可收缩闭集的含义是 $F$ 可同伦于单点集.

显然 (i)~(iii) 满足, 下面来证 (iv) 和 (v).

**(iv) 的证明**　记 $n=H(h(1,F))$, 若 $n=+\infty$, 则结论自然成立. 设 $n<+\infty$, 那么存在可收缩闭集 $G_1,G_2,\cdots,G_n$ 使 $h(1,F)\subset\bigcup\limits_{i=1}^n G_i$. 记

$$F_i=h^{-1}(1,G_i),\quad i=1,2,\cdots,n.$$

由于 $h(1,\cdot)$ 是连续映射, 故 $F_i$ 是闭集, 且 $F\subset\bigcup\limits_{i=1}^n F_i$. 因此仅需证明 $F_i$ 是可收缩集. 由于 $G_i$ 可收缩, 于是存在连续映射 $\psi:[0,1]\times X\to X$ 满足

$$\psi(0,\cdot)=\mathrm{Id},\quad \psi(1,\cdot)=y_0.$$

定义 $\theta:[0,1]\times X\to X$ 为

$$\theta_t\triangleq\psi_t\circ h_t,$$

则 $\theta_0 = \psi_0 \circ h_0 = \mathrm{Id}, \theta_1 = \psi(1, h(1, F_i)) = \psi(1, G_i) = y_0$, 故 $F_i$ 可收缩. 根据定义有

$$H(F) \leqslant n = H(h(1, F)).$$

**(v) 的证明** 设 $F$ 是 $X$ 中闭集, 且 $H(F) = n < +\infty$ (若 $H(F) = +\infty$, 结论自然成立). 于是存在可收缩闭集 $F_1, \cdots, F_n$ 使 $F \subset \bigcup_{i=1}^{n} F_i$, 且同时存在连续映射 $h_i : [0,1] \times F_i \to X$ 满足 $h_i(0, \cdot) = \mathrm{Id}$, $h_i(1, \cdot) = x_i$. 取 $V_i$ 为 $x_i$ 的一个可收缩闭邻域. 定义映射 $\psi_i : (\{0\} \times X) \bigcup ([0,1] \times F_i) \to X$ 为

$$\psi_i(0, x) = x, \quad x \in X,$$

$$\psi_i(t, x) = h_i(t, x), \quad (t, x) \in [0,1] \times F_i.$$

显然, $\psi_i$ 是连续映射, 于是由闭集上连续映射的延拓定理, 存在 $\psi_i$ 的扩张映射 $\tilde{\psi}_i : [0,1] \times X \to X$. 令 $U_i = \tilde{\psi}_i^{-1}(1, V_i)$, 则有

$$U_i \supset F_i.$$

又注意到 $V_i$ 是收缩的, 于是存在连续映射 $\theta_i : [0,1] \times X \to X$ 满足

$$\theta_i(0, \cdot) = \mathrm{Id},$$

$$\theta_i(1, V_i) = P_i.$$

令 $r_i : [0,1] \times X \to X$ 为 $r_i = \theta_i(t, \cdot) \circ \tilde{\psi}(t, \cdot)$, 则 $r_i$ 满足

$$r_i(1, U_i) = \theta_i(1, \tilde{\psi}(1, U_i)) = \theta_i(1, V_i) = P_i,$$

故 $U_i$ 是收缩的, 于是 $U = \bigcup_{i=1}^{n} U_i$ 是 $F$ 的闭邻域且

$$H(U) \leqslant n.$$

另一方面, $H(U) \geqslant H(F) = n$, 故 $H(U) = n$. 进一步, 还可以证明

(vi) 若 $H(F) = n$, 则 $F$ 中至少含有 $n$ 个不同的点;

(vii) 若 $F$ 是紧集, 则 $H(F) < +\infty$.

(vi) 和 (vii) 的证明留为练习.

下面给出第三形变引理.

**定理 5.4.1** 设 $X$ 是一个 Hilbert 空间, $f \in C^2(X, \mathbb{R})$ 且满足 (P.S.) 条件, $c \in \mathbb{R}$, $N$ 是 $K_c = \{x \in X : f(x) = c, \nabla f(x) = 0\}$ 的任一邻域, 那么存在常数 $\varepsilon, \bar{\varepsilon} : 0 < \varepsilon < \bar{\varepsilon}$ 以及形变 $\eta_{\bar{\varepsilon},\varepsilon} \equiv \eta : [0,1] \times X \to X$ 使得

(1) $x \notin f^{-1}([c - \bar{\varepsilon}, c + \bar{\varepsilon}])$ 时, $\eta(t, x) = x$;

(2) $\eta(0,x)=x, \forall x\in X$;

(3) $\eta(1, f_{c+\varepsilon}\backslash N)\subset f_{c-\varepsilon}$.

**证**　由于 $K_c$ 是紧集, $N$ 是 $K_c$ 的邻域, 存在 $\delta>0$, 使

$$N_\delta=\{x\in X|d(x,K_c)\leqslant\delta\}\subset N.$$

再由 (P.S.) 条件, $\exists b>0$ 及 $\bar{\varepsilon}>0$, 当 $x\in f^{-1}[c-\bar{\varepsilon},c+\bar{\varepsilon}]\backslash N_{\frac{\delta}{4}}$ 时有

$$\|f'(x)\|\geqslant b.$$

取局部 Lipschitz 函数

$$\eta_1(x)=\begin{cases}1, & x\notin N_{\frac{\delta}{2}},\\ 0, & x\in N_{\frac{\delta}{4}},\\ \text{光滑连接}, & \text{其他}.\end{cases}$$

再取 $\varepsilon>0$ 满足 $\varepsilon<\min\left\{\bar{\varepsilon},\dfrac{b\delta}{4},\dfrac{b}{2}\right\}$ 及相应的局部 Lipschitz 函数

$$\eta_2(x)=\begin{cases}0, & x\notin f^{-1}([c-\bar{\varepsilon},c+\bar{\varepsilon}]),\\ 1, & x\in f^{-1}([c-\varepsilon,c+\varepsilon]).\\ \text{光滑连接}, & \text{其他}.\end{cases}$$

定义向量场为

$$\varPhi(x)=\begin{cases}-\eta_1(x)\eta_2(x)\dfrac{f'(x)}{\|f'(x)\|}, & x\in f^{-1}[c-\bar{\varepsilon},c+\bar{\varepsilon}]\backslash N_{\frac{\delta}{4}},\\ 0, & \text{其他},\end{cases}$$

则容易验证 $\varPhi$ 是 $X$ 上局部 Lipschitz 的, 于是如下方程:

$$\begin{cases}\dot{x}(t)=\varPhi(x(t)),\\ x(0)=x_0\end{cases}\tag{5.4.1}$$

在 $[0,\infty)$ 上整体解存在, 记解为 $\eta(t,x_0)$.

(1) 当 $x_0\notin f^{-1}([c-\bar{\varepsilon},c+\bar{\varepsilon}])$ 时, $\eta_2(x_0)=0$, 故 $\varPhi(x_0)=0$. 即 $x_0$ 为方程 (5.4.1) 的平衡点, 故 $\eta(t,x_0)\equiv x_0$.

(2) 显然.

下面来证 (3). 首先由于 $\|\varPhi(x)\|\leqslant 1$ 知

$$\|\eta(t,x_0)-x_0\|\leqslant\int_0^t\|\varPhi(\eta(s,x_0))\|\mathrm{d}s\leqslant t.$$

当 $\eta(s,x_0)\in f^{-1}([c-\varepsilon,c+\varepsilon])\backslash N_{\frac{\delta}{2}}, s\in[0,t)$ 时有

$$\begin{aligned}f(x_0)-f(\eta(t,x_0)) &= -\int_0^t \frac{\mathrm{d}}{\mathrm{d}s}f(\eta(s,x_0))\mathrm{d}s\\ &= \int_0^t \eta_1(\eta(s,x_0))\eta_2(\eta(s,x_0))\|f'(\eta(s,x_0))\|\mathrm{d}s\\ &\geqslant bt.\end{aligned}$$

若 $x_0\in f_{c+\varepsilon}\backslash N$, 往证 $\eta(1,x_0)\in f_{c-\varepsilon}$. 由于 $f_{c+\varepsilon}\backslash N\subset f_{c+\varepsilon}\backslash N_\delta$, 于是仅需证 $x_0\in f_{c+\varepsilon}\backslash N_\delta$ 时结论成立. 由于 $\eta(t,x_0)$ 关于函数 $f(\eta(t,x_0))$ 随时间增减, 故我们断言下面结论成立.

$\forall x_0\in f^{-1}([c-\varepsilon,c+\varepsilon])\backslash N_\delta$, 有 $\eta(t_0,x_0)\in f_{c-\varepsilon}$, 这里 $t_0=\dfrac{2}{b}\varepsilon$.

(a) 若有 $t_1\leqslant t_0$, 使 $\eta(t_1,x_0)\in f_{c-\varepsilon}$, 结论正确.

(b) 若不然, 存在 $t_1>t_0$, 满足 $\eta(t,x_0)\notin f_{c-\varepsilon}, t\in[0,t_1]$, 即

$$\eta(t,x_0)\in f^{-1}([c-\varepsilon,c+\varepsilon]).$$

但当 $t\in[0,t_0]$ 时, 由于

$$\|\eta(t,x_0)-x_0\|\leqslant t\leqslant t_0=\frac{2}{b}\varepsilon<\frac{\delta}{2},$$

而 $x_0\notin N_\delta$, 故 $\eta(t,x_0)\notin N_{\frac{\delta}{2}}$.

可见当 $t\in[0,t_0]$ 时有 $\eta(t,x_0)\in f^{-1}([c-\varepsilon,c+\varepsilon])\backslash N_{\frac{\delta}{2}}$, 于是由

$$f(x_0)-f(\eta(t_0,x_0))\geqslant bt_0,$$

得

$$f(\eta(t_0,x_0))\leqslant f(x_0)-bt_0\leqslant c+\varepsilon-2\varepsilon=c-\varepsilon,$$

即 $\eta(t_0,x_0)\in f_{c-\varepsilon}$, 这显然是矛盾的! 故断言正确. 又注意到 $t_0=\dfrac{2}{b}\varepsilon<1$, 因此定理的结论正确. □

**注** 利用伪梯度, 定理 5.4.1 对 Banach 空间仍然成立, 并且 $f$ 不需要 $C^2(X,\mathbb{R})$, 只需要 $C^1(X,\mathbb{R})$ 即可.

利用形变定理与范畴, 给出 Ljusternik-Schnirelmann 重数定理. 对自然数 $k=1,2,\cdots$, 定义

$$\mathscr{B}_k=\{A\in\mathfrak{b}:H(A)\geqslant k\},$$

$$c_k=\inf_{A\in\mathscr{B}_k}\sup_{x\in A}f(x).$$

由 $\mathscr{B}_{k+1}\subset\mathscr{B}_k$, 那么 $c_{k+1}\leqslant c_k$.

**定理 5.4.2** (重数定理)　设 $X$ 是一个 Hilbert 空间, $f \in C^2(X,\mathbb{R})$ 且满足 (P.S.) 条件, 若

$$-\infty < c = c_{m+1} = c_{m+2} = \cdots = c_{k+m} < +\infty,$$

那么 $f$ 至少有 $k$ 个不同的临界点.

**证**　注意到 $K_c$ 是紧集, 根据定义, $\forall \varepsilon > 0$, 存在 $A \in \mathscr{B}_{k+m}$ 满足

$$\sup_{x \in A} f(x) < c + \varepsilon.$$

再由 $H(\cdot)$ 的性质, 存在 $K_c$ 的闭邻域 $N$, 使得

$$H(K_c) = H(N).$$

利用定理 5.4.1, 存在形变 $\eta : [0,1] \times X \to X$ 满足

$$\eta(1, f_{c+\varepsilon} \setminus \mathring{N}) \subset f_{c-\varepsilon},$$

更有

$$\eta(1, A \setminus \mathring{N}) \subset f_{c-\varepsilon},$$

这里 $\mathring{N} = \mathrm{In}(N)$ 表示 $N$ 的内部. 注意到 $H(f_{c-\varepsilon}) \leqslant m$, 于是有

$$\begin{aligned} k + m \leqslant H(A) &\leqslant H(A \setminus \mathring{N}) + H(N) \\ &\leqslant H(\eta(1, A \setminus \mathring{N})) + H(K_c) \\ &\leqslant H(f_{c-\varepsilon}) + H(K_c) \\ &\leqslant m + H(K_c), \end{aligned}$$

那么 $H(K_c) \geqslant k$, 故 $K_c$ 中至少含有 $k$ 个不同的临界点. □

Ljusternik-Schnirelmann 临界点理论有丰富的内容, 这里仅作一个简要介绍. 有关它的进一步理论和应用, 读者可见文献 [15], [22].

## 习　题

1. 设 $f \in C^1(X,\mathbb{R})$ 且满足 (P.S.) 条件, $\forall c \in \mathbb{R}$, 证明:

$$K_c = \{x \in X : f(x) = c \text{ 且 } f'(x) = 0\}$$

是 $X$ 中紧集.

2. 设 $X$ 是 Banach 空间, $A, B$ 是两个非空集合, 满足 $\bar{A}\bigcap\bar{B}=\varnothing$, 令

$$g(x)=\frac{d(x,A)}{d(x,A)+d(x,B)}.$$

证明: $g(x)$ 是 $X$ 上定义的局部 Lipschitz 函数.

3. 证明在定理 5.2.5 的条件下, 方程

$$\begin{cases} -\Delta u=f(x,u), & \text{在 } \Omega \text{ 中}, \\ u=0, & \text{在 } \partial\Omega \text{ 上} \end{cases}$$

有两个非平凡常号解 $u^+$ 及 $u^-$ 满足 $u^+\geqslant 0\geqslant u^-$.

4. 设 $X$ 是一个 Banach 空间, $f\in C^2(X,\mathbb{R})$ 且满足 (P.S.) 条件. 假设 $a$ 是 $f$ 的一个临界值, 它对应的临界点是有限多个, $f^{-1}((a,b])\bigcap K=\varnothing$ (这里 $K$ 是 $f$ 的临界点全体), 证明: $f_a$ 是 $f_b$ 的一个强形变收缩核.

5. 设 $X$ 是一个 Banach 空间, $S$ 和 $\partial Q$ 是环绕的, 且 $f\in C^2(X,\mathbb{R})$ 满足 (P.S.) 条件. 若

$$\sup_{x\in\partial Q} f(x)=\alpha,\quad f(x)>\alpha,\quad \forall x\in S;$$

$f$ 的每个临界值只对应有限多个临界点, 证明: $f$ 必有一个临界值 $c>\alpha$.

6. 考虑如下半线性椭圆方程

$$\begin{cases} -\Delta u=f(x,u), & \text{在 } \Omega \text{ 中}, \\ u=0, & \text{在 } \partial\Omega \text{ 上}. \end{cases}$$

如果 $f(x,u)$ 满足

(1) $f\in C(\bar{\Omega}\times\mathbb{R})$;

(2) 存在 $s>0$ 且 $s<\dfrac{n+2}{n-2}$ $(n\geqslant 3)$, 使 $f(x,u)=o(|u|^s)(|u|\to\infty)$ 关于 $x\in\Omega$ 一致成立;

(3) $f(x,u)=o(|u|)(|u|\to 0)$ 关于 $x\in\Omega$ 一致成立;

(4) 存在常数 $\mu>2$ 及 $R_0>0$ 满足

$$0<\mu F(x,u)\leqslant uf(x,u),\quad (x,u)\in\bar{\Omega}\times\{u\in\mathbb{R}|\ |u|\geqslant R_0\},$$

这里 $F(x,u)=\displaystyle\int_0^u f(x,t)\mathrm{d}t$.

利用山路引理证明该方程有非平凡解 $u$ 即满足

$$\int_\Omega \nabla u\cdot\nabla\varphi\mathrm{d}x=\int_\Omega f(x,u)\varphi\mathrm{d}x,\quad \forall\varphi\in H_0^1(\Omega).$$

7. 设 $X$ 是一个 Banach 空间, $\mathfrak{b}$ 表示 $X$ 中闭集全体, 对 $F\in\mathfrak{b}$, 定义

$$H(F)\triangleq\inf\left\{n\in Z_+\bigcup\{+\infty\}:\ \text{存在 } n \text{ 个可收缩闭集 } F_1,F_2,\cdots,F_n \text{ 使 } F\subset\bigcup_{i=1}^n F_i\right\}.$$

证明: (i) 若 $H(F)=n$, 则 $F$ 中至少含有 $n$ 个不同点; (ii) 若 $F$ 是紧集, 则 $H(F)<+\infty$.

8. 设 $X$ 是一个 Banach 空间, $\mathfrak{b}$ 表示 $X$ 上所有对称闭集 (即 $F=-F$) 全体. 定义 $G:\Sigma\to\mathbb{Z}_+\bigcup\{+\infty\}$ 如下:

$$G(F)=\begin{cases}\min\{n\in\mathbb{Z}_+:\ \text{存在连续奇映射}\ \varphi:F\to\mathbb{R}^n\backslash\{0\}\},\\ 0, \qquad F=\varnothing,\\ +\infty, \quad \text{连续映射对}\ \forall n\in\mathbb{Z}_+\ \text{不存在}.\end{cases}$$

证明: (1) 若 $h:X\to X$ 是连续奇映射, 则

$$G(F)\leqslant G(\overline{h(F)});$$

(2) $\forall F\in\mathfrak{b}$, 且 $F$ 是紧集, 存在 $F$ 的邻域 $N\in\mathfrak{b}$ 使

$$G(F)=G(N).$$

# 第 6 章　分 支 理 论

分支是非线性特有的一个现象, 在自然科学和工程技术领域中有广泛应用. 本章作简要介绍.

## 6.1　Lyapunov-Schmidt 约化

考虑含参数 $\lambda$ 的方程 $F(x,\lambda)=0$. 所谓的分支现象是指, 在某一点 $\lambda_0\in\Lambda$ 处方程的解 $x(\lambda)$ 的结构发生如下变化: 解 $x(\lambda)$ 的个数变多或消失一部分. 比如, 对简单的代数方程

$$x^3-\lambda x=0,\quad \lambda\in\mathbb{R}^1,$$

它的一个解为 $x=0,\forall\lambda\in\mathbb{R}$, 并且 $\lambda\leqslant 0$ 时, $x=0$ 是方程的唯一解. 然而 $\lambda>0$ 时, 方程还有另外两个非平凡解 $x=\pm\sqrt{\lambda}$, 见图 6.1.

**定义 6.1.1**　设 $X,Y$ 是两个 Banach 空间, $\Lambda$ 是一个拓扑空间, $F:X\times\Lambda\to Y$ 是一个连续映射, 对应参数 $\lambda\in\Lambda$, 记

$$S_\lambda=\{x\in X:F(x,\lambda)=0\}$$

是方程 $F(x,\lambda)=0$ 的解集. 假设 $0\in S_\lambda,\forall\lambda\in\Lambda$. 这时, 称 $(0,\lambda_0)$ 是一个分支点是指 $(0,\lambda_0)$ 的任何领域 $U$, 存在一个 $(x,\lambda)\in U$, 满足 $x\in S_\lambda\backslash\{0\}$.

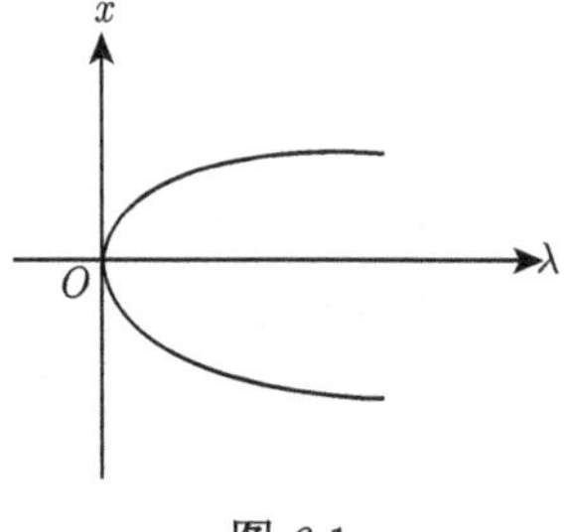

图 6.1

先考虑 $(0,\lambda_0)$ 是 $F(x,\lambda)$ 的分支点的必要条件是什么?

**性质 6.1.1**　假设 $F_x(x,\lambda):X\to L(X,Y)$ 是连续的, 那么若 $(0,\lambda_0)$ 是一个分支点, 则 $F_x(x,\lambda)$ 在 $(0,\lambda_0)$ 处没有有界逆算子.

**性质 6.1.2**　设 $F(x,\lambda)=Ax-\lambda x+N(x,\lambda)$, 其中 $A\in L(X,Y),\lambda\in\mathbb{R}^1$ 且连续映射 $N:X\times\mathbb{R}^1\to Y$ 满足, 对 $\lambda_0$ 的某一个邻域内一致地成立:

$$\|N(x,\lambda)\|=o(\|x\|),\quad \text{当 } \|x\|\to 0\text{时}.$$

若 $(0,\lambda_0)$ 是一个分支点, 则 $\lambda_0\in\sigma(A)$, 即 $\lambda_0$ 是算子 $A$ 的一个谱点.

**证**　反证法, 若不然, 则 $\lambda_0$ 是 $A$ 的一个正则点, 即 $\lambda_0\in\rho(A)$. 又因为 $\rho(A)$ 是开集, $\exists\varepsilon>0$ 及 $C_\varepsilon>0$, 使得

$$\|(A-\lambda I)^{-1}\| \leqslant C_\varepsilon, \quad \text{当 } |\lambda-\lambda_0|<\varepsilon \text{时}.$$

从而, 当 $x \in S_\lambda$ 且 $|\lambda-\lambda_0|<\varepsilon$ 时,

$$\begin{aligned}\|x\| &= \|(A-\lambda I)^{-1}N(x,\lambda)\| \\ &\leqslant C_\varepsilon\|N(x,\lambda)\| = o(\|x\|).\end{aligned}$$

这意味着存在 $\delta>0$, 使得

$$(B_\delta \bigcap S_\lambda)\times(\lambda_0-\varepsilon,\lambda_0+\varepsilon)=\{(0,\lambda):|\lambda-\lambda_0|<\varepsilon\},$$

即 $(0,\lambda_0)$ 不是一个分支点. □

**注**　前面的性质中, $\lambda_0 \in \sigma(A)$ 也不是 $(0,\lambda_0)$ 是分支点的一个充分条件. 反例如下: 取 $X=\mathbb{R}^2$. 令 $x=\begin{pmatrix} x_1 \\ x_2 \end{pmatrix}$, 且 $N(x,\lambda)=\begin{pmatrix} -x_2^3 \\ x_1^3 \end{pmatrix}$, 则

$$F(x,\lambda)=\begin{pmatrix} x_1 \\ x_2 \end{pmatrix}-\lambda\begin{pmatrix} x_1 \\ x_2 \end{pmatrix}+\begin{pmatrix} -x_2^3 \\ x_1^3 \end{pmatrix}.$$

显然, $F_x(0,\lambda)=(1-\lambda)\mathrm{Id}$, 并且 $\lambda_0=1\in\sigma(A)$, 但 $(0,1)$ 不是 $F$ 的一个分支点, 因为 $F(x,\lambda)=0$ 当且仅当 $x_1^4+x_2^4=0$, $\forall\lambda\in\mathbb{R}$ 成立, 即 $F(x,\lambda)=0$ 只有零解.

下面介绍分支理论的一个常用工具 Lyapunov-Schmidt 约化.

$X, Y$ 是 Banach 空间, $\Lambda$ 是一个拓扑空间, 设 $U\subset X$ 是零点 0 的一个邻域, 假设 $F:U\times\Lambda\to Y$ 连续, 且 $F_x(0,\lambda_0)$ 是一个 Fredholm 型算子, 即 $F_x(0,\lambda_0):X\to Y$ 满足

(1) 值域 $R(F_x(0,\lambda_0))$ 是 $Y$ 中的闭子空间;

(2) $F_x(0,\lambda_0)$ 的核空间是有限维的, 即

$$d=\dim\ker(F_x(0,\lambda_0))<\infty;$$

(3) 值域 $R(F_x(0,\lambda_0))$ 的余维是有限的, 即

$$d_1=\mathrm{codim}\ R(F_x(0,\lambda_0))<+\infty.$$

记 Index $F_x(0,\lambda_0)=d-d_1$ 为算子 $F_x(0,\lambda_0)$ 的指标. 令 $X_1=\ker(F_x(0,\lambda_0))$, $Y_1=\mathrm{R}(F_x(0,\lambda_0))$.

由于 $\dim X_1$ 和 $\mathrm{codim}\ Y_1$ 都是有限数, 可以对 $X, Y$ 进行直和分解:

$$X=X_1\oplus X_2, \quad Y=Y_1\oplus Y_2.$$

因为这种分解是唯一的, $\forall x \in X$, 存在唯一的 $x_i \in X_i (i=1,2)$, 使得

$$x = x_1 + x_2,$$

并且 $\forall y \in Y$, 存在唯一的 $y_i \in Y_i (i=1,2)$, 使得

$$y = y_1 + y_2.$$

这时, 定义投影算子 $P: Y \to Y_1$ 为

$$P(y) = y_1, \quad \forall y \in Y,$$

那么

$$F(x,\lambda) = 0,$$

当且仅当

$$\begin{cases} PF(x_1+x_2,\lambda) = 0, \\ (I-P)F(x_1+x_2,\lambda) = 0. \end{cases} \tag{6.1.1}$$

假设 $F(0,\lambda_0)=0$. 注意到

$$PF_x(0,\lambda_0): X_2 \to Y_1$$

是既单又满的有界线性算子. 那么, 应用 Banach 逆算子定理, 可知 $PF_x(0,\lambda_0): X_2 \to Y_1$ 有逆算子. 根据隐函数定理, 存在零点的邻域 $V_i \subset U \bigcap X_i, (i=1,2)$, 及 $\varepsilon > 0$, 有唯一的连续映射:

$$u: V_1 \times (\lambda_0 - \varepsilon, \lambda_0 + \varepsilon) \to V_2$$

满足

$$u(0,\lambda_0) = 0,$$

且

$$PF(x_1 + u(x_1,\lambda),\lambda) = 0.$$

这时, 求解 $F(x,\lambda)=0$ 的问题, 简化成求解 $d$ 元的 $d_1$ 个方程式的方程组即

$$(I-P)F(x_1+u(x_1,\lambda),\lambda) = 0.$$

以上的无穷维 (高维) 空间中的求解过程转化有限维 (低维) 空间中的求解过程称为 Lyapunov-Schmidt 约化.

先考虑方程 $x_2 = u(x_1,\lambda)$ 的一个简单性质:

**性质 6.1.3** 设 $F_x(0,\lambda_0)$ 是一个 Fredholm 算子, 并且进一步假设 $\Lambda$ 是一个 Banach 空间, 若 $F \in C^p(U \times \Lambda, Y), p \geqslant 1$, 那么上述 Lyapunov-Schmidt 约化过程中, 有

$$u(0,\lambda) = 0, \quad u'(0,\lambda_0) = 0,$$

并且若 $p=1$, 则

$$u(x_1,\lambda)=o(\|x_1\|+\|\lambda-\lambda_0\|).$$

若 $p=2$, 则

$$u(x_1,\lambda)=o(\|x_1\|^2+\|\lambda-\lambda_0\|^2).$$

**证** 由于 $0=F(0,\lambda)=F(x_1+u(x_1,\lambda),\lambda)$, 可知 $u(0,\lambda)=0$. 根据隐函数定理, $\forall(\bar{x}_1,\bar{\lambda})\in X_1\times\Lambda$ 有

$$u'(0,\lambda_0)(\bar{x}_1,\bar{\lambda})=-(PF_{x_2}(0,\lambda_0))^{-1}(PF_{x_1}(0,\lambda_0)\bar{x}_1+PF_\lambda(0,\lambda_0)\bar{\lambda}). \tag{6.1.2}$$

由于 $F(0,\lambda)=0,\forall\lambda\in\Lambda$, 易知

$$F_\lambda(0,\lambda)=0. \tag{6.1.3}$$

又因 $\bar{x}_1\in X_1=\ker(F_x(0,\lambda_0))$, 可知

$$PF_{x_1}(0,\lambda_0)\bar{x}_1=0. \tag{6.1.4}$$

由式 (6.1.3) 和式 (6.1.4) 可得

$$u'(0,\lambda_0)=0.$$

当 $p=1$ 时, 由 Taylor 展式

$$\begin{aligned}u(x_1,\lambda)&=u(0,\lambda_0)+u'(0,\lambda_0)(x_1,\lambda)+o(\|x_1\|+\|\lambda-\lambda_0\|),\\&=o(\|x_1\|+\|\lambda-\lambda_0\|).\end{aligned}$$

$p=2$ 时类似. □

## 6.2 Morse 引理

**引理 6.2.1** (Hadamard) 设 $X,Y$ 是 Banach 空间, 且 $f\in C^1(X,Y)$, 则存在连续映射 $u(x):X\to L(X,Y)$ 满足

$$f(x)=f(\bar{x})+u(x)(x-\bar{x})$$

和

$$u(\bar{x})=f'(\bar{x}).$$

**证** 记 $g(t)=f(\bar{x}+t(x-\bar{x})):[0,1]\to Y$, 则

$$g'(t)=f'(\bar{x}+t(x-\bar{x}))(x-\bar{x})\in Y.$$

由 Newton-Leibniz 公式

$$g(1)-g(0)=\int_0^1 f'(\bar{x}+t(x-\bar{x}))(x-\bar{x})\mathrm{d}t,$$

即

$$f(x)-f(\bar{x})=\int_0^1 f'(\bar{x}+t(x-\bar{x}))(x-\bar{x})\mathrm{d}t. \tag{6.2.1}$$

这时, 令 $u(x)=\displaystyle\int_0^1 f'(\bar{x}+t(x-\bar{x}))\mathrm{d}t$, 则由于 $f'(x+t(x-\bar{x})):[0,1]\to L(X,Y)$, 有 $u(x)\in L(X,Y)$.

特别地, $u(\bar{x})=f'(\bar{x})$, 并且

$$u(x)(x-\bar{x})=\int_0^1 f'(\bar{x}+t(x-\bar{x}))(x-\bar{x})\mathrm{d}t\in Y. \tag{6.2.2}$$

结合式 (6.2.1) 与式 (6.2.2) 有

$$f(x)=f(\bar{x})+u(x)(x-\bar{x}).$$

□

为了证明 Morse 引理, 先证明如下广义的隐函数定理.

**定理 6.2.1** 设 $X,Y,Z$ 是三个 Banach 空间, $f:X\times Y\to Z$ 是一个 $C^p$ 映射, $p\geqslant 1$, 并满足:

(1) $f(0,0)=0$;

(2) $R(f_x(0,0))=Z$;

(3) $X_1=\ker(f_x(0,0))$ 在 $X$ 中有闭的补空间, 即 $X=X_1\oplus X_2$,

那么存在 $\delta>0$, 使得对每一个 $x_1\in X_1,\|x_1\|\leqslant\delta$ 及 $y\in Y$, $\|y\|\leqslant\delta$, 方程

$$f(x_1,x_2,y)=0$$

有唯一解 $x_2=u(x_1,y)\in C^p$, 并且满足 $u(0,0)=0$.

**证** 由定义可知

$$\|f(0,x_2,0)-f(0,0,0)-f_x(0,0,0)(0,x_2,0)\|=o(\|x_2\|).$$

这说明 $f_{x_2}(0,0,0)=f_x(0,0,0)|_{X_2}:X_2\to Z$. 又注意到 $R(f_x(0,0,0))=Z$ 及 $\ker f_x(0,0,0)=X_1$, 可知 $f_x(0,0,0)|_{X_2}$ 是 $X_2$ 到 $Z$ 上的同构, 即 $f_{x_2}(0,0,0)$ 存在有界逆算子. 令 $\tilde{Y}=X_1\times Y$, 取 $\tilde{y}=(x_1,y)\in\tilde{Y}$.

定义 $G(x_2,\tilde{y})=f(x_1,x_2,y):X_2\times\tilde{Y}\to Z$, 则 $G_{x_2}(0,0)=f_{x_2}(0,0,0)$. 现对 $G(x_2,\tilde{y})$ 运用隐函数定理, 得到定理的结论. □

**定理 6.2.2** (Morse 引理) 设 $X,Y$ 都是 Hilbert 空间, $f\in C^3(X\times Y,\mathbb{R})$, 满足

$$f_x(0,0)=0,$$

且 $f_{xx}(0,0)=A\in L(X,X)$ 存在有界逆, 那么存在 $Y$ 中的 0 点邻域 $U$, 使得 $U$ 中存在一个 $C^3$ 映射 $h(y):U\to X$ 满足

$$h(0)=0, \tag{6.2.3}$$

且

$$f_x(h(y),y)=0 \tag{6.2.4}$$

以及 $X\times Y$ 中的一个零点邻域 $V\times U$ 中的可微映射 $g:V\times U\to X$ 满足

$$g_x(0,0)=\mathrm{Id}_X, \tag{6.2.5}$$

$$f(x,y)=f(h(y),y)+\frac{1}{2}(f_{xx}(0,0)g,g). \tag{6.2.6}$$

**证** 由隐函数定理, 方程 $f_x(x,y)=0$ 有解, $h(y)$ 满足式 (6.2.3) 和式 (6.2.4). 令 $\bar{x}=x-h(y)$, 下面通过待定的办法得到映射 $g(\bar{x},y)=W(\bar{x},y)\,\bar{x}$ 满足式 (6.2.5) 和式 (6.2.6), 其中 $W(x,y)\in L(X,X)$ 是未知的, 即证明 $W(x,y)$ 在 $(0,0)$ 的邻域内关于 $(x,y)$ 可微, 并且

$$W(0,0)=\mathrm{Id}, \tag{6.2.7}$$

$$\frac{1}{2}(W^*f_{xx}(0,0)W\bar{x},\bar{x})=f(x,y)-f(h(y),y), \tag{6.2.8}$$

这里 $W^*$ 是 $W$ 的共轭算子. 显然式 (6.2.7) 和式 (6.2.8) 分别等价于式 (6.2.5) 和式 (6.2.6). 故仅需要求映射 $W:V\times U\to L(X,X)$ 满足式 (6.2.7) 和式 (6.2.8) 即可.

由积分中值定理,

$$\begin{aligned}f(x,y)-f(h(y),y)&=\int_0^1(f_x(t\bar{x}+h(y),y)\bar{x})\mathrm{d}t\\&=\int_0^1\left(\int_0^t f_{xx}(\tau\bar{x}+h(y),y)\bar{x}\mathrm{d}\tau,\bar{x}\right)\mathrm{d}t\\&=\int_0^1(1-\tau)(f_{xx}(\tau\bar{x}+h(y),y)\bar{x},\bar{x})\mathrm{d}\tau.\end{aligned}$$

其中第二步, 由 $f_x(h(y),y)=0$ 可得. 令映射 $B:X\times Y\to L(X,X)$ 为

$$B(\bar{x},y)=2\int_0^1(1-t)f_{xx}(t\bar{x}+h(y),y)\mathrm{d}t, \tag{6.2.9}$$

可知对每一个 $(\bar{x},y)\in X\times Y, B(\bar{x},y)$ 是 $X$ 上的一个自伴算子, 并且

$$f(x,y)-f(h(y),y)=\frac{1}{2}(B(\bar{x},y)\bar{x},\bar{x}).$$

下面证明存在 $W(\bar{x},y)$ 满足

$$W^*f_{xx}(0,0)W=B(\bar{x},y),\quad W(0,0)=\mathrm{Id}_X. \tag{6.2.10}$$

以下利用隐函数定理来求解问题 (6.2.10).

令 $A(X)=\{T\in L(X,X):T=T^*\}$. 显然 $A(X)$ 是 $L(X,X)$ 的一个闭子空间, 其中每一个算子都是自伴的.

定义映射 $F:L(X,X)\times X\times Y\to A(X)$ 为

$$F(W,\bar{x},y)=W^*f_{xx}(0,0)W-B(\bar{x},y).$$

因为 $B(0,0)=f_{xx}(0,0)$, 可知 $F(\mathrm{Id}_X,0,0)=0$. $\forall C\in L(X,X)$ 有

$$F_W(W,\bar{x},y)C=C^*f_{xx}(0,0)W+W^*f_{xx}(0,0)C.$$

特别地, 对 $C\in L(X,X)$,

$$F_W(\mathrm{Id}_X,0,0)C=C^*f_{xx}(0,0)+f_{xx}(0,0)C=(F_W(\mathrm{Id}_X,0,0)C)^*.$$

所以 $R(F_W(\mathrm{Id}_X,0,0))\subset A(X)$. 又 $\forall T\in A(X)$, 取 $C=\dfrac{1}{2}f_{xx}^{-1}(0,0)T$, 便有 $F_R(\mathrm{Id}_X,0,0)C=T$, 即

$$R(F_W(\mathrm{Id}_X,0,0))=A(X).$$

若记 $A_1(X)=\{T\in L(X,X):T^*=-T\}$, 由于对每个 $S\in L(X,X)$ 有唯一分解

$$S=\frac{S+S^*}{2}+\frac{S-S^*}{2},$$

这里 $\dfrac{S+S^*}{2}\in A(x)$, $\dfrac{S-S^*}{2}\in A_1(x)$, 可知 $L(X,X)=A(x)\oplus A_1(x)$.

又因为

$$\ker(F_W(\mathrm{Id}_X,0,0))=f_{xx}^{-1}(0,0)A_1(X),$$

所以 $\ker(F_W(\mathrm{Id}_X,0,0))$ 有闭的补空间. 从而利用定理 6.2.1, 存在零点 $(0,0)$ 的一个邻域 $V\times U$, 及连续可微映射 $W:V\times U\to L(X,X)$ 满足问题 (6.2.10), 那么 $g(\bar{x},y)=W(\bar{x},y)\bar{x}$ 便是满足式 (6.2.5) 和式 (6.2.6) 的映射. □

**定理 6.2.3** 设 $X$ 是一个 Hilbert 空间, $f\in C^3(X,\mathbb{R}^1)$, 0 是它的一个孤立临界点, 并且 0 至多是 $f''(0)$ 的一个孤立谱点, 那么存在 0 的邻域 $V$, 微分同胚 $G:V\to X$ 以及核空间 $N=\ker(f''(0))$ 的零点邻域 $U$, 可微映射 $h:U\to N^\perp$ 满足

$$G(0)=0,\quad h(0)=0,$$

$$f(G(z,y)) = f(h(y)+y) + \frac{1}{2}(\|P_+z\|^2 - \|P_-z\|^2),$$

这里 $(z,y)\in N^\perp \times N, P_\pm$ 分别是 $f''(0)$ 对应的正谱与负谱的正交投影算子.

**证** 对 $x\in X$, 存在正交分解 $x=z+y$, 其中 $z\in N^\perp, y\in N$. 因为 $f_z(0_1,0_2)=0$ 及 $f_{zz}(0_1,0_2)=A\in L(N^\perp,N^\perp)$ 存在有界逆算子, 应用定理 6.2.2, 可有 $h\in C^3$, 以及连续可微的 $g$, 使得 $g$ 在 $X$ 的一个零点邻域上定义, 取值于 $N^\perp$, $g_z(0)=\mathrm{Id}_{N^\perp}$, 并且

$$f(x) = f(z,y) = f(h(y)+y) + \frac{1}{2}(f_{zz}(0,0)g,g). \tag{6.2.11}$$

这时令 $F(z,y)=(g(z,y),y)$. 由于 $F'(0,0)=\begin{pmatrix} g_z(0,0) & g_y(0,0) \\ 0 & \mathrm{Id}_N \end{pmatrix}$ 及 $g_z(0,0)=\mathrm{Id}_{N^\perp}$. 可知 $F'(0)$ 有有界逆. 从而 $F$ 的局部逆算子 $F^{-1}$ 存在. 又因为 $A=f_{zz}(0)$ 是自伴算子, $A=P_{N^\perp}f''(0)|_{N^\perp}$, 其中 $P_{N^\perp}$ 是 $N^\perp$ 的正交投影.

由于 0 至多是 $f''(0)$ 的一个孤立谱点, $N^\perp$ 可以写成 $N^\perp = N_+\oplus N_-$, 其中 $N_+,N_-$ 分别为 $P_+$ 和 $P_-$ 的值域空间, 即 $\forall z\in N^\perp$ 都有 $z=P_+z+P_-z$. 从而 $\forall z\in N^\perp$ 有

$$Az = AP_+z + AP_-z = A_+P_+z - A_-P_-z,$$

这里 $A_+$ 和 $A_-$ 分别为 $A$ 的正部和负部算子, 即 $A$ 有分解 $A=A_+P_+-A_-P_-$. 由于 $A_\pm$ 都是正定算子, 存在正定算子 $A_+^{\frac{1}{2}}$ 及 $A_-^{\frac{1}{2}}$ 满足 $\left(A_+^{\frac{1}{2}}\right)^2=A_+, \left(A_-^{\frac{1}{2}}\right)^2=A_-$. 这时, 作线性同胚 $T:=\left(A_+^{\frac{1}{2}}P_+ - A_-^{\frac{1}{2}}P_-\right)+P_N$.

令 $G=(T\circ F)^{-1}$. 对零点附近的 $x=(z,y)$ 作局部坐标变换 $G^{-1}(x)=\bar{x}=(\bar{z},\bar{y})$. 由于 $F|_N=\mathrm{Id}_N$ 及 $T|_N=\mathrm{Id}_N$, 可知 $G^{-1}|_N=\mathrm{Id}_N$, 从而 $(0,\bar{y})=G^{-1}(0,y)=(0,y)$. 这意味着

$$f(h(y)+y) = f(h(\bar{y})+\bar{y}). \tag{6.2.12}$$

另一方面, 根据投影算子的性质及 $A$ 的分解有

$$\begin{aligned}\langle Agx, gx\rangle &= \langle AF|_{N^\perp}x, F|_{N^\perp}x\rangle \\ &= \langle A_+P_+Fx, Fx\rangle - \langle A_-P_-Fx, Fx\rangle \\ &= \langle A_+P_+Fx, P_+Fx\rangle - \langle A_-P_-Fx, P_-Fx\rangle \\ &= \|A_+^{\frac{1}{2}}P_+Fx\|^2 - \|A_-^{\frac{1}{2}}P_-Fx\|^2.\end{aligned}$$

由于 $P_+T=A_+^{\frac{1}{2}}P_+$ 及 $P_-T=A_-^{\frac{1}{2}}P_-$, 上式变成

$$\begin{aligned}\langle Agx, gx\rangle &= \|P_+TFx\|^2 - \|P_-TFx\|^2 \\ &= \|P_+G^{-1}x\|^2 - \|P_-G^{-1}x\|^2\end{aligned}$$

$$= \|P_+ P_{N^\perp} G^{-1}x\|^2 - \|P_- P_{N^\perp} G^{-1}x\|^2.$$

根据坐标变换 $G^{-1}(x) = (\bar{z}, \bar{y})$ 有 $P_{N^\perp} G^{-1}x = \bar{z}$, 故

$$\langle Agx, gx\rangle = \|P_+\bar{z}\|^2 - \|P_-\bar{z}\|^2. \tag{6.2.13}$$

把式 (6.2.12) 和式 (6.2.13) 代入式 (6.2.10) 中便得到结论

$$f(G(\bar{z},\bar{y})) = f(h(\bar{y}) + \bar{y}) + \|P_+\bar{z}\|^2 - \|P_-\bar{z}\|^2.$$

□

下面给出一个特殊的情况:

**推论 6.2.1** 设 $f \in C^3(X, \mathbb{R}^1)$, $f(0) = 0$, 且 0 是它的一个非退化的临界点, 则必有零点的一个局部微分同胚 $g$, 满足

$$f(x) = f(0) + \frac{1}{2}(f''(0)g(x), g(x)).$$

**证** 对应定理 6.2.3, $N = \{0\}$, 取 $g(x) = R(x)x$ 即可. □

有限维的情况下, Morse 引理变得更为直观.

**推论 6.2.2** $f : \mathbb{R}^n \to \mathbb{R}$ 是 $C^2$ 映射, $f(0) = 0$, 并且

(1) $\left.\dfrac{\partial f}{\partial x_i}\right|_{x=0} = 0, i = 1, 2, \cdots, n$;

(2) $\mathrm{Det}\left(\dfrac{\partial^2 f}{\partial x_i \partial x_j}(0)\right) \neq 0 (f''(0) \neq 0)$,

则在零点邻域内存在局部坐标 $(\xi_1, \xi_2, \cdots, \xi_n)$ 使得

$$f(x) = -\sum_{i=1}^{k} \xi_i^2 + \sum_{i=k+1}^{n} \xi_i^2,$$

这里整数 $k$ 称为 Morse 指数, 是 $f''(0)$ 的负特征值的个数.

特别地, 在二维空间中有

**推论 6.2.3** $f : \mathbb{R}^2 \to \mathbb{R}$, 是 $C^2$ 映射函数, $f(0) = 0$, 并且满足推论 6.2.2 中的条件 (1) 和条件 (2), 则在零点邻域内存在局部坐标 $(\xi_1, \xi_2)$ 满足

$k = 0$ 时, $f(x) = \xi_1^2 + \xi_2^2$, 即 0 是严格局部极小点;

$k = 1$ 时, $f(x) = \xi_1^2 - \xi_2^2$, 即 0 是一个鞍点;

$k = 2$ 时, $f(x) = -\xi_1^2 - \xi_2^2$, 即 0 是一个严格局部极大点.

## 6.3 Crandall-Rabinowitz 分支理论

下面给出 Crandall-Rabinowitz 定理. 这里的证明方法取自文献 [15].

**定理 6.3.1** 设 $\Lambda=\mathbb{R}, f: C^p(X\times\mathbb{R}, Y), p\geqslant 2$, 且 $f_x(0,\lambda_0)$ 是一个 $d=d_1=1$ 的 Fredholm 算子, 即有分解 $X=X_1\oplus X_2, Y=Y_1\oplus Y_2$, 其中 $X_1=\ker(f_x(0,\lambda_0))$, $Y_1=R(f_x(0,\lambda_0))$, 且 $\dim(X_1)=\dim(Y_2)=1$.

若

(i) $f(0,\lambda)=0,\quad \forall\lambda\in\mathbb{R}$; (6.3.1)

(ii) $Y=Y_1\oplus f_{x\lambda}(0,\lambda_0)X_1$,

则 $(0,\lambda_0)$ 是方程 $f(x,\lambda)=0$ 的一个孤立的分支点, 并且

$$\exists\varepsilon>0,\quad 0\neq u_0\in\ker(f_x(0,\lambda_0))$$

及映射 $x\in C((-\varepsilon,\varepsilon),X_2)$ 和 $\lambda\in C^1((-\varepsilon,\varepsilon),\mathbb{R})$ 满足

(1) $f(su_0+x(s),\lambda(s))=0$;

(2) $\lambda(0)=\lambda_0, x(0)=\dot{x}(0)=0$.

**证** 取 $u_0\neq 0$ 满足 $u_0\in\ker(f_x(0,\lambda_0))$, 那么由于 $d=1$, 可知 $\ker(f_x(0,\lambda_0))=\mathrm{span}\{u_0\}$. 这时根据 Lyapunov-Schmidt 约化过程, 存在 $\varepsilon>0$ 及唯一的可微映射

$$u(su_0,\lambda):(-\varepsilon,\varepsilon)\times(\lambda_0-\varepsilon,\lambda_0+\varepsilon)\to X_2$$

满足 $u(0,\lambda_0)=0$ 及

$$Pf(su_0+u(su_0,\lambda),\lambda)=0,$$

这里 $P$ 为 $Y$ 到 $R(f_x(0,\lambda_0))$ 的投影算子. 从而方程 (6.3.1) 可以简化成如下分支方程:

$$g(s,\lambda)=(I-P)f(su_0+u(su_0,\lambda),\lambda)=0, \tag{6.3.2}$$

$g:\mathbb{R}^2\to Y_2$. 因为 $d_1=1$, 由 Hahn-Banach 定理, 可找到线性泛函 $\phi^*\in Y^*\backslash\{0\}$, 满足

$$\ker\phi^*=R(f_x(0,\lambda_0)),$$

则式 (6.3.2) 可以转化成

$$\begin{aligned}G(s,\lambda):&=\langle\phi^*,g(s,\lambda)\rangle\\&=\langle\phi^*,f(su_0+u(su_0,\lambda),\lambda)\rangle=0.\end{aligned} \tag{6.3.3}$$

由于式 (6.3.1), $s\equiv 0$ 对应的就是上述方程的一个平凡解, 现在寻找它的另一个解 $\lambda=\lambda(s)$.

为此引入新的 $(0,\lambda_0)$ 点附近的函数

$$h(s,\lambda)=\begin{cases}\dfrac{1}{s}G(s,\lambda), & s\neq 0,\\ G_s(0,\lambda), & s=0,\end{cases}$$

(先承认 $h$ 在 $(0,\lambda_0)$ 附近是连续可微的, 其证明稍后给出) 则 $s\neq 0$ 时, 方程 $h(s,\lambda)=0$ 的解等价于方程 (6.3.3) 的解.

根据性质 6.1.3, 可以知道 $u_s(0,\lambda_0)=0$. 又因为 $u_0\in\ker(f_x(0,\lambda_0))$, 有

$$\begin{aligned}h(0,\lambda_0)&=G_s(0,\lambda_0)\\&=\langle\phi^*,f_x(0,\lambda_0)(u_0+u_s(0,\lambda_0))\rangle\\&=0.\end{aligned}$$

因而, 根据 $\ker\phi^*=R(f_x(0,\lambda_0))$ 及 $Y=R(f_x(0,\lambda_0))\oplus f_{x\lambda}(0,\lambda_0)\ker(f_x(0,\lambda_0))$, 有

$$\begin{aligned}h_\lambda(0,\lambda_0)&=G_{s\lambda}(0,\lambda_0)\\&=\langle\phi^*,f_{x\lambda}(0,\lambda_0)[u_0+u_s(0,\lambda_0)]+f_x(0,\lambda_0)u_{s\lambda}(0,\lambda_0)\rangle\\&=\langle\phi^*,f_{x\lambda}(0,\lambda_0)u_0\rangle\\&\neq 0.\end{aligned}$$

这时应用隐函数定理, $\exists\varepsilon>0$ 及连续可微的曲线 $\lambda(s):(-\varepsilon,\varepsilon)\to\mathbb{R}$, 满足

$$\begin{cases}h(s,\lambda(s))=0,\\\lambda(0)=\lambda_0,\end{cases}$$

这时取 $x(s):(-\varepsilon,\varepsilon)\to X_2$ 为 $x(s)=u(su_0,\lambda(s))$, 则 $x(0)=u(0,\lambda_0)=0$, 且

$$\dot{x}(0)=u'(0,\lambda_0)(u_0,\lambda'(0))=0,$$

并且

$$0=G(s,\lambda(s))=\langle\phi^*,f(su_0+u(su_0,\lambda(s))),\lambda(s))\rangle,$$

即 $f(su_0+x(s),\lambda(s))=0$.

最后证明 $h$ 在 $(0,\lambda_0)$ 附近连续可微的, 即存在 $\delta>0$, 函数 $h(s,\lambda)$ 在点 $(0,\lambda_0)$ 的邻域 $B_\delta=\{(s,\lambda)\in\mathbb{R}^2:|s|^2+|\lambda-\lambda_0|^2<\delta\}$ 内连续可微. 由 $h(s,\lambda)$ 的定义只需验证 $s=0$ 时, 它是 $C^1$ 的即可.

由定义可知,

$$G(0,\lambda)=\langle\phi^*,f(u(0,\lambda),\lambda)\rangle=\langle\phi^*,f(0,\lambda)\rangle=0,$$

所以

$$\lim_{s\to 0}\frac{1}{s}G(s,\lambda)=\lim_{s\to 0}\frac{G(s,\lambda)-G(0,\lambda)}{s}=G_s(0,\lambda),$$

因此连续性是显然的.

$$h_s(0,\lambda)=\lim_{s\to 0}\frac{1}{s}[h(s,\lambda)-h(0,\lambda)]$$

$$
\begin{aligned}
&= \lim_{s\to 0}\frac{1}{s^2}[G(s,\lambda)-G(0,\lambda)-G_s(0,\lambda)s] \\
&= \frac{1}{2}G_{ss}(0,\lambda).
\end{aligned}
$$

由 Taylor 展开

$$
G(s,\lambda)=G(0,\lambda)-G_s(0,\lambda)s-\frac{1}{2}G_{ss}(0,\lambda)s^2+o(|s|^2),
$$

可知

$$
\begin{aligned}
h_s(s,\lambda)-h_s(0,\lambda) &= \frac{1}{s^2}\left[G_s(s,\lambda)s-G(s,\lambda)\right]-\frac{1}{2}G_{ss}(0,\lambda) \\
&= \frac{1}{s}\left[G_s(s,\lambda)-G_s(0,\lambda)\right]-G_{ss}(0,\lambda)+o(1) \\
&= o(1), \text{ 当 } s\to 0,
\end{aligned}
$$

又由 $h_\lambda(0,\lambda)=G_{s\lambda}(0,\lambda)$, 可知

$$
h_\lambda(s,\lambda)-h_\lambda(0,\lambda)=\frac{1}{s}G_\lambda(s,\lambda)-G_{s\lambda}(0,\lambda)\to 0, \quad \text{当 } s\to 0.
$$

所以 $h(s,\lambda)$ 在 $(0,\lambda_0)$ 附近是连续可微的. □

现给上述分支定理的一个应用.

**例 6.3.1**　在区间 $(0,\pi)$ 上考虑方程

$$
\begin{cases}
\ddot{u}+\lambda\sin u=0, \\
\dot{u}(0)=\dot{u}(\pi)=0.
\end{cases} \tag{6.3.4}
$$

取 $H^2(0,\pi)$ 的一个子空间

$$
X=\{u(t)\in H^2(0,\pi):\dot{u}(0)=\dot{u}(\pi)=0\},
$$

定义 $F(u,\lambda):X\times\mathbb{R}\to Y=L^2(0,\pi)$ 为 $F(u,\lambda)=\ddot{u}+\lambda\sin u$. 若 $(0,\lambda_0)$ 是它的一个分支点, 则隐函数定理表明 $F_u(0,\lambda_0)\in L(X,Y)$ 的有界逆算子不存在. 计算

$$
\begin{aligned}
F_u(u,\lambda)h &= \lim_{t\to 0}\frac{F(u+th,\lambda)-F(u,\lambda)}{t} \\
&= \lim_{t\to 0}\frac{\ddot{u}+t\ddot{h}+\lambda\sin(u+th)-\ddot{u}-\lambda\sin u}{t} \\
&= \ddot{h}+\lambda\cos(u)h
\end{aligned}
$$

可知 $F_u(0,\lambda_0)h=\ddot{h}+\lambda_0 h$. 从而

$$
F_u(0,\lambda_0)=\frac{\mathrm{d}^2}{\mathrm{d}t^2}+\lambda_0\mathrm{Id}.
$$

方程 (6.3.4) 的线性化方程为

$$
\begin{cases}
\dfrac{\mathrm{d}^2u}{\mathrm{d}t^2}+\lambda u=0,\\
\dot{u}(0)=\dot{u}(\pi)=0.
\end{cases}
\tag{6.3.5}
$$

(1) 若 $\lambda=0, \dfrac{\mathrm{d}^2u}{\mathrm{d}t^2}=0$, 则 $u(t)=C_1+C_2t$, 并由边界条件可知 $C_2=0$, 所以解为 $u\equiv C_1$.

(2) 若 $\lambda<0$, 通解为 $u_0=C_1\mathrm{e}^{-\sqrt{-\lambda}t}+C_2\mathrm{e}^{\sqrt{-\lambda}t}$, 由边界条件可知, $C_1=C_2=0$. 所以解方程 (6.3.5) 只有平凡解 $u\equiv 0$.

(3) 若 $\lambda>0$, 通解为 $u=C_1\cos\sqrt{\lambda}t+C_2\sin\sqrt{\lambda}t$. 代入边界条件可知

$\lambda\neq n^2$ 时, 只有平凡解 $u\equiv 0$;

$\lambda=n^2$ 时, 方程除了平凡解 $u\equiv 0$ 之外, 还有解 $u=C_1\cos nt$.

由线性化理论, 可知 $(0,\lambda_0)$ 是原方程的非平凡的分支点的必要条件为 $\lambda=n^2(n=1,2,\cdots)$. 由于 $\ker(F_u(0,n^2))=\ker\left\{\left(\dfrac{\mathrm{d}^2}{\mathrm{d}t^2}+n^2\mathrm{Id}\right)\right\}=\{s\cos nt: s\in\mathbb{R}^1\}$, 可知 $\dim\ker(F_u(0,n^2))=1$.

另外, 由于每个 $u\in X$ 有 $\dot{u}(0)=\dot{u}(\pi)=0$, $\forall u,v\in X$ 有

$$
\left\langle\frac{\mathrm{d}^2}{\mathrm{d}t^2}u,v\right\rangle=\int_0^{\pi}u'v'\mathrm{d}x=\left\langle u,\frac{\mathrm{d}^2}{\mathrm{d}t^2}v\right\rangle,
$$

即微分算子 $\dfrac{\mathrm{d}^2}{\mathrm{d}t^2}$ 在 $X$ 中是自伴的, 进而算子 $F_u(0,n^2)$ 也是 $X$ 中的自伴算子. 那么

$$
\{s\cos nt: s\in\mathbb{R}^1\}\oplus R(F_u(0,n^2))=Y,\quad d_1=1,
$$

另外

$$
F_{u\lambda}(0,n^2)=\cos nu|_{u=0}=\mathrm{Id},
$$

从而

$$
F_{u\lambda}(0,n^2)\cos nt=\cos nt\notin R(F_u(0,n^2)),
$$

即

$$
R(F_u(0,n^2))\oplus F_{x\lambda}(0,n^2)\ker(F_u(0,n^2))=Y.
$$

现在可以应用 Crandall-Rabinowitz 定理, 得到连续可微映射族 $(\lambda_n(s),x_n(s)):(-\varepsilon,\varepsilon)\to\mathbb{R}^1\times Z_n$ 满足

$$
\begin{cases}
\lambda_n(0)=n^2,\\
\dot{x}_n(0)=x_n(0)=0,
\end{cases}
\qquad n=1,2,3,\cdots,
$$

这里 $Z_n$ 为 $\text{span}\{\cos nt\}$ 的补空间, 并若令

$$y_n(s,t) = s\cos nt + (x_n(s))(t), \quad t \in [0,\pi],$$

则

$$\begin{cases} \dfrac{\partial^2}{\partial t^2} y_n(s,t) + \lambda_n \sin(y_n(s,t)) = 0, \\ \dfrac{\partial}{\partial t} y_n(s,0) = \dfrac{\partial}{\partial t} y_n(s,\pi) = 0, \end{cases} \quad 0 < t < \pi, |s| < \varepsilon.$$

图 6.2 描述了本例的分支.

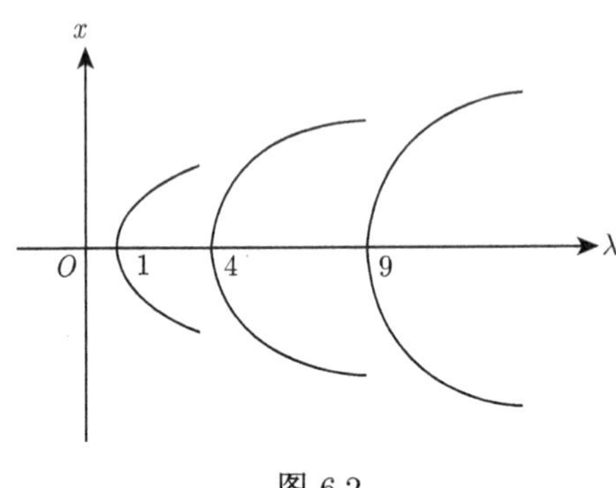


图 6.2

如果映射 $f$ 是一个线性算子的扰动形式, 则定理 6.3.1 得到如下推广.

**定理 6.3.2**　令 $X, \Lambda, Y$ 是三个 Banach 空间, 设 $f \in C^2(X \times \Lambda, Y)$ 有如下形式:

$$f(x,\lambda) = A(\lambda)x + P(x,\lambda),$$

这里 $A(\lambda) \in L(X,Y), \forall \lambda \in \Lambda$. 对每一个 $\lambda \in \Lambda$ 满足 $P(0,\lambda) = 0, P_x(0,\lambda) = 0$, 且对某一个 $\lambda_0 \in \Lambda$ 有 $P_{x\lambda}(0,\lambda_0) = 0$. 若存在 $u_0 \in \ker A(\lambda_0)\backslash\{0\}$ 和 $X$ 的闭子空间 $Z$, 使得

$$(z,\lambda) \mapsto A(\lambda_0)z + \lambda A'(\lambda_0)u_0 : Z \times \Lambda \to Y$$

是一个线性同胚, 那么 $(0,\lambda_0)$ 是 $f$ 在空间 $(\text{span}\{u_0\} \times Z) \times \Lambda$ 中的一个分支点, 更精确地, $\exists \delta > 0$ 以及两个连续可微的映射

$$\varphi : (-\delta,\delta) \to Z,$$

$$\lambda : (-\delta,\delta) \to \Lambda,$$

满足 $(\varphi(0),\lambda(0)) = (0,\lambda_0)$ 且

$$f(s(u_0 + \varphi(s)), \lambda(s)) = 0.$$

**证** 类似于定理 6.3.1 的证明, 定义

$$h(s,z,\lambda)=\begin{cases}\dfrac{1}{s}f(s(u_0+z),\lambda), & s\neq 0,\\ f_x(0,\lambda)(u_0+z), & s=0.\end{cases}$$

于是, 先声明, $h\in C^1((\mathbb{R}^1\times Z)\times \varLambda, Y)$. 这只需要验证 $s=0$ 点的连续可微性. 由中值积分公式

$$\begin{aligned}h(s,z,\lambda)-h(0,z,\lambda)&=s^{-1}[f(s(u_0+z),\lambda)-f(0,\lambda)-f_x(0,\lambda)(s(u_0+z))]\\&=s^{-1}\left[\int_0^1 f_x(rs(u_0+z),\lambda)\mathrm{d}r-\int_0^1 f_x(0,\lambda)\,\mathrm{d}r\right](s(u_0+z))\\&=\int_0^1[f_x(rs(u_0+z),\lambda)-f_x(0,\lambda)]\,\mathrm{d}r(u_0+z)\\&=s\int_0^1\int_0^1 f_{xx}(rts(u_0+z),\lambda)r\mathrm{d}t\mathrm{d}r(u_0+z)^2,\end{aligned}$$

根据 $f$ 的二阶连续可微性, 得到

$$h_s(0,z,\lambda)=\frac{1}{2}f_{xx}(0,\lambda)(u_0+z)^2,$$

并且

$$\begin{aligned}&h_s(s,z,\lambda)-h_s(0,z,\lambda)\\=&-s^{-2}\left[f(s(u_0+z),\lambda)-sf_x(0,\lambda)(u_0+z)-\frac{s^2}{2}f_{xx}(0,\lambda)(u_0+z)^2\right]\\&+s^{-1}[f_x(s(u_0+z),\lambda)-f_x(0,\lambda)](u_0+z)\\&\to 0,\ \text{当}\ s\to 0\text{时}.\end{aligned}$$

由于 $P_\lambda(0,\lambda)=0$, 可知

$$f_\lambda(0,\lambda)=A(\lambda)0+P_\lambda(0,\lambda)=0.$$

从而

$$\begin{aligned}&h_\lambda(s,z,\lambda)-h_\lambda(0,z,\lambda)\\=&\frac{1}{s}[f_\lambda(s(u_0+z),\lambda)-f_\lambda(0,\lambda)-f_{x\lambda}(0,\lambda)s(u_0+z)]\\=&o(1),\end{aligned}$$

所以 $h$ 是连续可微的. 已知

$$h(0,z,\lambda_0)=A(\lambda_0)(u_0+z)+P_x(0,\lambda_0)(u_0+z),$$

注意到 $u_0 \in \ker A(\lambda_0)\backslash\{0\}$, 从而有

$$h(0,0,\lambda_0) = A(\lambda_0)u_0 + P_x(0,\lambda_0)u_0 = 0,$$

并且根据假设 $P_x(0,\lambda) = 0$ 及 $P_{x\lambda}(0,\lambda_0) = 0$, $\forall(\bar{z},\bar{\lambda}) \in Z \times \Lambda$ 有

$$\begin{aligned} h_{(z,\lambda)}(0,0,\lambda_0)(\bar{z},\bar{\lambda}) &= A(\lambda_0)\bar{z} + A'(\lambda_0)u_0 \cdot \bar{\lambda} + P_{x\lambda}(0,\lambda_0)u_0 + P_x(0,\lambda_0)\bar{z} \\ &= A(\lambda_0)\bar{z} + \bar{\lambda}A'(\lambda_0)u_0, \end{aligned}$$

从而由假设可知 $h_{(z,\lambda)}(0,0,\lambda_0)$ 是同胚的, 那么可用隐函数定理, 存在 $(0,\lambda_0)$ 点的邻域 $U$ 及 $\delta > 0$, 和连续可微的映射 $s \to (\varphi(s),\lambda(s)) \in Z \times \Lambda$, 当 $|s| < \delta$ 时, 满足 $(\varphi(0),\lambda(0)) = (0,\lambda_0)$ 且

$$h(s,\varphi(s),\lambda(s)) = 0,$$

即 $f(s(u_0+\varphi(s)),\lambda(s)) = 0$. □

作为上述定理的应用, 现考虑如下常微分方程的 Hopf 分支, 见文献 [15].

考察线性微分方程

$$\dot{x} = Ax \tag{6.3.6}$$

的周期解, 其中 $x \in C^1([0,2\pi],\mathbb{R}^n)$, $n\times n$ 的矩阵 $A = \begin{pmatrix} B & O \\ O & C \end{pmatrix}$, $B = \begin{pmatrix} 0 & 1 \\ -1 & 0 \end{pmatrix}$, $C$ 是 $(n-2)\times(n-2)$ 矩阵, 若我们假设矩阵 $\mathrm{e}^{2\pi C} - I$ 是可逆的, 那么线性系统 (6.3.6) 有如下一族周期解:

$$x(t) = \begin{pmatrix} a\cos t + b\sin t \\ -a\sin t + b\cos t \\ 0 \\ \vdots \\ 0 \end{pmatrix}, \quad \forall a,b \in \mathbb{R}.$$

现在, 引入参数 $\mu \in (-1,1)$ 来考虑系统 (6.3.6) 的非线性扰动系统

$$\dot{x} = A(\mu)x + P(x,\mu), \tag{6.3.7}$$

其中

$$A(\mu) = \begin{pmatrix} B(\mu) & O \\ O & C(\mu) \end{pmatrix}, \quad B(\mu) = \begin{pmatrix} \mu & \beta(\mu) \\ -\beta(\mu) & \mu \end{pmatrix}$$

且对每一个 $\mu \in (-1,1)$, $\mathrm{e}^{2\pi C(\mu)} - I$ 是 $(n-2)\times(n-2)$ 的可逆矩阵, 并进一步假设, $P : \mathbb{R}^n \times (-1,1) \to \mathbb{R}^n$ 满足

$$P(0,\mu) = P_\lambda(0,0) = P_{x\mu}(0,0) = 0,$$

及 $\beta:(-1,1)\to\mathbb{R}^1$ 满足

$$\beta(0)=1,\quad \beta'(0)\neq 0.$$

显然, $\forall\mu\in(-1,1), x\equiv 0$ 是式 (6.3.7) 的一个平凡解. 通过分支理论来寻找它的非平解.

**定理 6.3.3** 设 $A(\mu)$ 及 $P(x,\mu)$ 是两个 $C^2$ 的映射, 并满足上面的假设, 则存在常数 $a_0>0$ 及 $C^1$ 的映射:

$$(\mu,w,x):(-a_0,a_0)\to\mathbb{R}^1\times\mathbb{R}^1\times C^1(\mathbb{R}^1,\mathbb{R}^n).$$

满足 $\mu(0)=0, w(0)=1$, 并且 $x(a)$ 是一个 $2\pi w(a)$ 周期函数, 满足式 (6.3.7), $x(a)$ 有如下形式:

$$(x(a))(t)=\begin{pmatrix} a\sin w(a)^{-1}t \\ a\cos w(a)^{-1}t \\ 0 \\ \vdots \\ 0 \end{pmatrix}+o(|a|).$$

**证** 由于 $w$ 连续的依赖于 $\mu$, 通过变换 $t=w\tau$, 把方程 (6.3.7) 变成

$$\frac{\mathrm{d}x}{\mathrm{d}\tau}=wA(\mu)x+wP(x,\mu). \tag{6.3.8}$$

下面寻找方程 (6.3.8) 的 $2\pi$ 周期解, 令

$$\Lambda=\mathbb{R}^2, \lambda=(w,\mu)\in\Lambda.$$
$$X=C^1_{2\pi}(\mathbb{R}^n)=\{u\in C^1(\mathbb{R},\mathbb{R}^n): u \text{ 是 } 2\pi \text{ 周期函数}\}.$$
$$Y=C_{2\pi}(\mathbb{R}^n)=\{u\in C(\mathbb{R},\mathbb{R}^n): u \text{ 是 } 2\pi \text{ 周期函数}\}.$$
$$A_1(\lambda)x=\frac{\mathrm{d}x}{\mathrm{d}\tau}-wA(\mu)x,$$
$$P_1(x,\lambda)=-wP(x,\mu).$$
$$\lambda_0=(1,0).$$

取

$$u_0=\begin{pmatrix}\sin\tau\\ \cos\tau\\ 0\\ \vdots\\ 0\end{pmatrix},\quad u_1=\begin{pmatrix}\cos\tau\\ -\sin\tau\\ 0\\ \vdots\\ 0\end{pmatrix},$$

则 $\ker A_1(\lambda_0)=\mathrm{span}\{u_0,u_1\}$.

定义

$$Z=\left\{z\in X:\int_0^{2\pi}z(t)u_j(t)\mathrm{d}t=0,j=0,1\right\},$$

现在只需要证明, $\forall y\in Y$, 线性方程

$$\begin{aligned}&A_1(\lambda_0)z+[A_1'(\lambda_0)\lambda]u_0\\=&\frac{\mathrm{d}z}{\mathrm{d}\tau}-A(0)z-wA(0)u_0-\mu A'(0)u_0\\=&y.\end{aligned}$$

有唯一解 $(w,\mu,z_0)\in\mathbb{R}^2\times Z$. 根据 Fredholm 选择定理, 这等价于 $\forall y\in Y$, 存在唯一的 $(w,\mu)\in\mathbb{R}^2$ 满足

$$y+wA(0)u_0+\mu A'(0)u_0\in\ker A_1^*(\lambda_0)^{\perp}.$$

由于

$$\ker A_1^*(\lambda_0)=\ker A_1(\lambda_0),$$

所以只需验证

$$I=\begin{vmatrix}\displaystyle\int_0^{2\pi}(A(0)u_0(t))u_0(t)\mathrm{d}t & \displaystyle\int_0^{2\pi}(A'(0)u_0(t))u_0(t)\mathrm{d}t\\ \displaystyle\int_0^{2\pi}(A(0)u_0(t))u_1(t)\mathrm{d}t & \displaystyle\int_0^{2\pi}(A'(0)u_0(t))u_1(t)\mathrm{d}t\end{vmatrix}\neq 0$$

通过计算可知 $I=-4\pi^2\beta'(0)$, 从而我们可以应用定理 6.3.2 得到结论. □

# 习　　题

1. 考虑如下微分方程的零点处分支的稳定性:

$$\dot{x}=f(x,\lambda)=\lambda x-x^2,\quad x\in\mathbb{R},\lambda\in\mathbb{R}.$$

2. 考虑如下微分方程的零点处分支的稳定性:

$$\dot{x}=f(x,\lambda)=-x^3-\lambda x,\quad x\in\mathbb{R},\lambda\in\mathbb{R}.$$

3. 考虑如下微分方程的零点处分支的稳定性:

$$\dot{x}=f(x,\lambda)=-x^3+\lambda,\quad x\in\mathbb{R},\lambda\in\mathbb{R}.$$

4. 考虑如下的椭圆微分方程的边值问题:

$$\begin{cases}-\Delta u-\lambda u=|u|^{p-1}u, & \text{在 } \Omega \text{ 内},\\ u=0, & \text{在 } \partial\Omega \text{ 上},\end{cases}$$

这里 $\Omega \subset \mathbb{R}^n$ 是一个有界光滑区域, $p \in (1, +\infty)$. 设 $\lambda_1$ 是方程的第一特征值, 证明 $(0, \lambda_1)$ 是一个分支点.

5. 设 $X$ 是一个 Banach 空间. 映射 $f : X \times \mathbb{R} \to X$ 有如下形式.

$$f(x, \lambda) = x - (\mu_0 + x)Tx + g(x, \lambda),$$

其中 $\mu_0 \neq 0, T : X \to X$ 是一个线性紧算子. $g : X \times \mathbb{R} \to X$ 为非线性紧算子. 若 $g(0, \lambda) \equiv 0; g(x, \lambda) = o(\|x\|)$ 关于 $|\lambda| < \varepsilon$ 一致成立, 并且 $\dfrac{1}{\mu_0}$ 是 $T$ 的一个奇数重特征值, 则 $(0, 0)$ 是 $f(x, \lambda) = 0$ 的一个分支点.

# 参考文献

[1] 定光桂. 巴拿赫空间引论. 2 版. 北京：科学出版社, 2008
[2] Brezis H. 泛函分析——理论和应用. 叶东, 周风译. 北京：清华大学出版社, 2009
[3] Dixmier J. 谱理论讲义. 姚一隽译. 北京：高等教育出版社, 2009
[4] Kelly J L. 一般拓扑学. 2 版. 吴从炘, 吴让泉译. 北京：科学出版社, 2010
[5] 陆文端. 微分方程中的变分方法. 成都：四川大学出版社, 1995
[6] Evans L C. Partial Differential Equations. New York: American Mathematical Society, 1997
[7] 张恭庆. 临界点理论及其应用. 上海：上海科学技术出版社, 1986
[8] Diestel J, Uhl J J. Vector Measures. New York: American Mathematical Society, 1977
[9] Hu S C, Papageorgiou N S. Handbook of Multivalued Analysis(Volume II)Applications. Dordrecht: Kluwer Academic, 2000
[10] 陈文塬. 非线性泛函分析. 兰州：甘肃人民出版社, 1982
[11] 郭大钧. 非线性泛函分析. 2 版. 济南：山东科学技术出版社, 2004
[12] 钟承奎, 范先令, 陈文塬. 非线性泛函分析引论. 修订版. 兰州：兰州大学出版社, 2004
[13] 孙经先. 非线性泛函分析及其应用. 北京：科学出版社, 2008
[14] Deimling K. Nonlinear Functional Analysis. Berlin: Springer-Verlag,1998
[15] Chang K C. Methods in Nonlinear Analysis. Berlin: Springer, 2005
[16] Aubin J P, Ekeland I. Applied Nonlinear Analysis. New York: Wiley Interscience, 1984
[17] Aubin J P, Cellina A. Differential Inclusions. Heidenberg: Springer, 1984
[18] Aubin J P. L'analyse non linéaire et ses motivations économiques. Paris: Masson, 1984
[19] Zeidler E. Nonlinear Functional Analysis and Its Applications. Berlin: Springer, 1985
[20] Struwe M. Variational Methods: Applications to Nonlinear Partial Differential Equations and Hamiltonian Systems. Berlin: Springer-Verlag, 1990
[21] Wang Z Q. Topics in Variational Methods: Minimizations and Morse Theory, 2010
[22] Berger M S. 非线性及泛函分析. 罗亮生, 林鹏译. 北京：科学出版社, 2005